中国消防救援学院规划教材

森林火灾扑救

主　　编　齐方忠　白　夜

参编人员　张　勇　孙　辉　李　勇　郭赞权

　　　　　张志强　常　宁　石　宽　武英达

　　　　　闫　淳　王爱斌　曹　萌　杨少斌

　　　　　宫大鹏　杜秋洋　张富精　郝慎思

应急管理出版社

·北　京·

图书在版编目（CIP）数据

森林火灾扑救/齐方忠，白夜主编． －－北京：应急
管理出版社，2022（2024.3 重印）
中国消防救援学院规划教材
ISBN 978 - 7 - 5020 - 9410 - 2

Ⅰ．①森… Ⅱ．①齐… ②白… Ⅲ．①森林灭火—高
等学校—教材 Ⅳ．①S762.3

中国版本图书馆 CIP 数据核字（2022）第 116884 号

森林火灾扑救（中国消防救援学院规划教材）

主　　编	齐方忠　白　夜
责任编辑	闫　非　罗秀全　郭玉娟
责任校对	张艳蕾
封面设计	王　滨

出版发行 应急管理出版社（北京市朝阳区芍药居 35 号　100029）
电　　话 010 - 84657898（总编室）　010 - 84657880（读者服务部）
网　　址 www.cciph.com.cn
印　　刷 北京盛通印刷股份有限公司
经　　销 全国新华书店

开　　本 787mm×1092mm$^1/_{16}$　**印张** 14$^1/_2$　**字数** 317 千字
版　　次 2022 年 7 月第 1 版　2024 年 3 月第 3 次印刷
社内编号 20220833　　　　**定价** 45.00 元

前　　言

　　中国消防救援学院主要承担国家综合性消防救援队伍的人才培养、专业培训和科研等任务。学院的发展，对于加快构建消防救援高等教育体系、培养造就高素质消防救援专业人才、推动新时代应急管理事业改革发展，具有重大而深远的意义。学院秉承"政治引领、内涵发展、特色办学、质量立院"办学理念，贯彻对党忠诚、纪律严明、赴汤蹈火、竭诚为民"四句话方针"，坚持立德树人，坚持社会主义办学方向，努力培养政治过硬、本领高强，具有世界一流水准的消防救援人才。

　　教材作为体现教学内容和教学方法的知识载体，是组织运行教学活动的工具保障，是深化教学改革、提高人才培养质量的基础保证，也是院校教学、科研水平的重要反映。学院高度重视教材建设，紧紧围绕人才培养方案，按照"选编结合"原则，重点编写专业特色课程和新开课程教材，有计划、有步骤地建设了一套具有学院专业特色的规划教材。

　　本套教材以马克思列宁主义、毛泽东思想、邓小平理论、"三个代表"重要思想、科学发展观、习近平新时代中国特色社会主义思想为指导，以培养消防救援专门人才为目标，按照专业人才培养方案和课程教学大纲要求，在认真总结实践经验，充分吸纳各学科和相关领域最新理论成果的基础上编写而成。教材在内容上主要突出消防救援基础理论和工作实践，并注重体现科学性、系统性、适用性和相对稳定性。

　　《森林火灾扑救》由中国消防救援学院教授齐方忠、白夜任主编。参加编写的人员及分工：齐方忠、郭赞权、石宽编写第一章，李勇、王爱斌、杜秋洋编写第二章，孙辉、张富精编写第三章，常宁、曹萌编写第四章，白夜、石宽、杨少斌编写第五章，齐方忠、宫大鹏、郝慎思编写第六章，张勇、张志强、闫淳编写第七章，齐方忠、武英达编写第八章。

　　本套教材在编写过程中，得到了应急管理部、兄弟院校、相关科研院所的大力支持和帮助，谨在此深表谢意。

由于编者水平所限，教材中难免存在不足之处，恳请读者批评指正，以便再版时修改完善。

中国消防救援学院教材建设委员会

2022 年 5 月

目　　录

第一章 森林火灾概述

森林是以木本植物为主体的生物群落，是集中的乔木与其他植物、动物、微生物和土壤之间相互依存相互制约，并与环境相互影响，从而形成的一个生态系统总体。森林也是人类赖以生存的家园。然而，森林极易受自然灾害的影响，如森林火灾、病虫草鼠害、冻害、风灾等，其中森林火灾对森林的破坏最为严重。因此，如何保护重要的森林资源免于火灾灾害意义重大。

第一节 森林火灾及其防控

在 1.3 亿年前，当地球上出现森林后，火就不断地对森林产生影响，森林火灾的发生伴随人类文明延续至今。进入 21 世纪，全球大面积的森林火灾仍在不断发生，成为世界林业的一个突出问题。

一、森林火灾

森林火灾是指失去人为控制，在林地内自由蔓延和扩展，对森林、森林生态系统和人类带来一定危害和损失的林火行为。森林火灾突发性强、破坏性大，它既是一种与高温、干旱、大风等极端天气高度关联的自然灾害，又与我们人类的日常生产生活密切相关，具有极强的人为属性。

森林火灾造成的生物质燃烧不仅是造成土地类型变化和气候变化的重要因素，而且是气溶胶和大气微量气体产生的重要源头。森林火灾排放物会对云的属性、大气化学、辐射平衡有重要影响。生物质燃烧约占全球温室气体排放量的四分之一，其产生的烟尘颗粒与工业和城市硫酸盐颗粒产量相当。烟尘颗粒被证明是有效的云凝结核，影响雨滴的大小和反射率，可能与硫酸盐具有同样的辐射效应。随着人们生活水平的不断提高及对生态环境的认识不断充分，这些危害亟待解决。近年来，森林火灾对人类、环境、野生动物、生态系统功能、天气和气候等产生了巨大影响，引起了人们的广泛关注。随着人们生活水平的提高，出现了越来越多的森林城市，森林－城镇交界域的森林火灾发生率也越来越高，危险性也更大。

二、草原火灾

草原是一种以草本植物为主的植被形态，分布于各大洲，属于土地类型的一种。草原是具有多种功能的自然综合体，分为热带草原、温带草原等多种类型。我国七大草原包括呼伦贝尔草原、伊犁草原、锡林郭勒草原、鄂尔多斯草原、川西高寒草原等。

草原火灾是影响草原发生与发展的一个重要因素。火不仅是草原生态系统重要的生态因素，而且是影响草原牧区的社会因素和经济因素。在草原火灾发生与发展过程中，它既能产生诸多有益的生态效应，又因具有强烈的破坏性而成为一种灾害。草原火灾都各有其客观规律性，特别是草原火灾发生的时间与环境条件有极其密切的关系。如果掌握了这些规律，并采取各种有效措施和手段，就能做到防患于未然。

我国是一个草原火灾比较严重的国家。草原火灾对牧区的经济建设秩序和生产生活秩序构成了很大威胁。多年的实践证明，做好草原防火工作，不发生草原火灾，对保障牧区人民生命财产安全和边疆稳定，保障牧区改革开放和经济建设成功具有十分重要的意义。

我国草原防火工作实行预防为主、防消结合的方针。草原火灾的预防工作是防止草原火灾发生的先决条件。这是一项群众性和科学性很强的工作，必须充分发动群众，宣传群众，建立健全各级草原防火组织机构和专群结合防火队伍，并根据各牧场的具体情况制定多种有效的经济承包责任制，从而依法治草。同时要根据各草场的自然特点和社会经济条件进行草原防火规划，建立各种防火设施，并采用系统工程、电子计算机技术等各种先进的科学技术，不断加强草原火灾控制能力和草原火灾管理水平。只有这样，才能使草原火灾的发生次数和火烧面积降到最低限度。

本教材主要以森林火灾为主，供草原火灾参考。

三、森林草原火灾等级

我国森林火灾等级区分标准来源于《森林防火条例》。该条例于 1988 年 1 月 16 日发布，2008 年 11 月 19 日国务院第 36 次常务会议修订通过。2009 年以前我国森林火灾等级仅仅按照受害森林面积来划定，分为森林火警、一般森林火灾、重大森林火灾、特大森林火灾。修订后的《森林防火条例》第四十条规定，按照受害森林面积和伤亡人数将森林火灾分为 4 个等级，具体标准见表 1-1。

表 1-1　我国森林火灾等级区分

序号	等　级	受害森林面积标准	伤亡人数标准	案　例
1	一般森林火灾	1 ha 以下	死亡 1 人以上 3 人以下的，或者重伤 1 人以上 10 人以下	
2	较大森林火灾	1 ha 以上 100 ha 以下	死亡 3 人以上 10 人以下的，或者重伤 10 人以上 50 人以下	
3	重大森林火灾	100 ha 以上 1000 ha 以下	死亡 10 人以上 30 人以下的，或者重伤 50 人以上 100 人以下	2019 年广东佛山"12·5"森林火灾

表 1-1（续）

序号	等 级	受害森林面积标准	伤亡人数标准	案 例
4	特别重大森林火灾	1000 ha 以上	死亡 30 人以上的或者重伤 100 人以上	2019 年四川木里"3·30"森林火灾

注："以上"包括本数，"以下"不包括本数。

修订后的森林火灾等级区分标准最大的特点就是加入了伤亡指标，避免了单纯以过火面积单个维度对森林火灾进行等级区分。比如说 2019 年四川木里"3·30"森林火灾虽然火场总过火面积约 20 ha，但造成了 31 名扑火人员牺牲，因其影响巨大，则其被定义为特别重大森林火灾。

我国《草原火灾级别划分规定》（农牧发〔2010〕7 号）根据受害草原面积、伤亡人数和经济损失，将草原火灾划分为特别重大（Ⅰ级）、重大（Ⅱ级）、较大（Ⅲ级）、一般（Ⅳ级）草原火灾四个等级。

（1）特别重大（Ⅰ级）草原火灾，符合下列条件之一：①受害草原面积 8000 ha 以上的；②造成死亡 10 人以上，或造成死亡和重伤合计 20 人以上的；③直接经济损失 500 万元以上的。

（2）重大（Ⅱ级）草原火灾，符合下列条件之一：①受害草原面积 5000 ha 以上8000 ha 以下的；②造成死亡 3 人以上 10 人以下，或造成死亡和重伤合计 10 人以上 20 人以下的；③直接经济损失 300 万元以上 500 万元以下的。

（3）较大（Ⅲ级）草原火灾，符合下列条件之一：①受害草原面积 1000 ha 以上5000 ha 以下的；②造成死亡 3 人以下，或造成重伤 3 人以上 10 人以下的；③直接经济损失 50 万元以上 300 万元以下的。

（4）一般（Ⅳ级）草原火灾，符合下列条件之一：①受害草原面积 10 ha 以上1000 ha 以下的；②造成重伤 1 人以上 3 人以下的；③直接经济损失 5000 元以上 50 万元以下的。

上述表述中，"以上"含本数，"以下"不含本数。

四、森林火灾防控

世界各国森林火灾防控都经历了一个相当漫长的阶段，不同国家针对自身森林火灾特点，投入了大量的人力、物力和财力，探索了一系列行之有效的扑救方法，在一定程度上减少了森林火灾的影响。

从防火模式上来看，全球公认的防火模式主要有以下三种：

（1）北美森林防火模式。主要指加拿大和美国，这些国家人口较少，但工业十分发达，他们每年用于森林防火的经费比较多，在森林防火方面已形成全国林火预测预报网、航空巡护网、地面探火和交通网，能及时发现火情，有较强的监测报警系统和能力。

（2）北欧森林防火模式。北欧森林防火的特点是加强森林经营和地面交通网建设，增强地面防火措施，使森林火灾明显下降，成为世界森林火灾损失最小的地区。

（3）澳大利亚森林防火模式。澳大利亚处在南半球的亚热带和温带地区，森林以桉树林为主。澳大利亚森林防火工作者经过长期研究，提出了计划烧除的防火策略。在防火安全期，以低能量人为火烧取代高能量的大面积森林火灾。后来，又研究出空中点火技术和棋盘式点火方法，使计划烧除技术得到进一步发展，为澳大利亚森林防火闯出了一条新路。

从扑火队伍建设来看，主要有 4 种典型的建设模式：①以美国、加拿大为代表的高薪专业扑火队伍模式；②以澳大利亚为代表的经专业培训的志愿者扑火队伍模式；③以中国为代表的以专业队伍为突击力量，以地方专业和半专业扑火队伍为主要力量，与群众队伍相结合的扑火队伍模式；④第三世界发展中国家的群众扑火队伍模式。

从扑火技术装备发展来看，主要经历了 4 个阶段的转变：第一阶段是从原始的树枝、扫把向简单的手持扑火工具的转变；第二阶段是从简单的手持扑火工具向半机械化的转变；第三阶段是从半机械化向机械化的转变；第四阶段是从机械化向多种高新技术装备和器材的转变。

从扑火技术方法来看，目前主要扑火方法有以水灭火、风力灭火、以火灭火、化学灭火、爆炸灭火、开设隔离、航空灭火、人工降雨灭火等。

时至今日，各国对发生在高火险天气条件下、复杂地形环境中的火灾特别是高强度燃烧的森林火灾仍难以控制。火灾造成扑救人员伤亡不断发生，如何有效控制和消灭森林火灾并且避免扑救人员伤亡是摆在全世界森林消防人员面前的一个重大课题。随着科技进步，各种高新技术也不断应用于森林防灭火领域，推动森林火灾防控工作水平向前发展。

第二节　森林火灾形势

在多种威胁森林资源的因素中，森林火灾是破坏自然及社会平衡的灾害之一。近几十年来，森林火灾发生的危险性提高，防御和控制森林火灾也成为各国关注的焦点。

一、全球森林火灾形势

人口膨胀、工业化进程加快，全球变暖、火险等级提高，森林火灾遍及世界各个角落，森林火灾所引发的灾难性后果已引起全世界广泛关注。

1. 全球森林火灾发生频繁

全世界每年发生森林火灾几十万次、受灾面积达几百万公顷，占森林总面积的0.1% ~ 0.3%。20 世纪 80 年代以来，全球变暖，林火每年都呈上升趋势。1987 年中国大兴安岭发生特大森林火灾，过火森林面积达 101 万 ha；1989 年美国黄石公园的森林火灾面积达 50 万 ha；1994 年澳大利亚新威尔士州烧毁 100 多万公顷珍贵的原始森林；1996 年蒙古国和中国内蒙古发生的森林火灾，在中国境内过火面积达 30 万 ha；1997—1998 年印度尼西亚的森林大火过火面积达 456 万 ha；2000 年美国森林大火烧毁森林面积超过 250 万 ha；2000 年 4—8 月俄罗斯共发生森林火灾 1 万多起，过火森林面积达 61.8 万 ha；2002 年前 8 个月，蒙古国已有 15.3 万 ha 的森林和草原被大火烧毁；2006 年美国发生 6 次森林大火，共 80.35 万 ha 的森林和草原被大火吞噬；2006 年印度尼西亚各地频发林火事件,6—8 月出现 5.2 万处火点,发生大火 8400 多起,造成 840 万 ha 林地被烧毁;2006 年 12 月澳大利亚遭遇了一场 70 年来最大的林区大火,失控的火势吞噬了近 20 万 ha 林地。

从林火次数看，美国要远远高于其他国家，其次是俄罗斯和加拿大。美国每年林火总次数均在 9.5 万次以上，1981 年最高达 18.9 万次；俄罗斯每年林火次数一般在 1.7 万 ~ 2.6 万次，加拿大在 1 万次左右；法国、德国、英国、挪威、土耳其等国每年林火次数在几十至几千次。

从林火面积看，加拿大、美国和俄罗斯每年的森林火灾面积明显高于其他国家。其中，1989 年加拿大森林火灾面积最多（756 万 ha）；1991—1994 年俄罗斯的森林火灾面积在 112 万 ~ 120 万 ha；20 世纪 90 年代以来美国的森林火灾面积在 111 万 ~ 183 万 ha；法国、德国、挪威、土耳其等欧洲国家每年森林火灾面积为几十至几千公顷。

从平均每次林火面积看，美国的林火次数与面积最多，每 1 万 ha 森林发生火灾 5.72 次，火灾面积为 105.33 ha，平均每次火灾面积为 18.42 ha；加拿大平均每 1 万 ha 森林发生火灾 0.41 次，火灾面积为 37.66 ha，平均每次火灾面积为 92.07 ha；俄罗斯每 1 万 ha 森林平均火灾次数与面积分别为 0.23 次和 21.86 ha，平均每次火灾面积为 94.50 ha，是这些国家中平均每次火灾面积最高的国家；挪威平均每次火灾面积只有 0.15 ha，是比较低的国家。平均每次火灾面积小，说明对于火灾可以及时发现和组织力量进行扑救，对于火灾的控制能力强。

从火源看，造成森林火灾的原因有两大因素，一个是自然因素，另一个是人为因素。自然因素有阳光照射造成的自燃、雷电导致的燃烧等；人为因素主要是人为点火或不经意地遗留火星引起的火灾。据统计，人为放火和跑火是欧洲国家发生森林火灾的主要原因，天然火源只占总火源的 5% 左右；而美国和加拿大的天然火源所占比例约为 30%。在这两大因素下，气候也是造成森林火灾的重要条件。当自然或人为因素造成了火源，在气候条件的影响下，火势很有可能会一发不可收拾，尤其是在干燥且有大风的天气。

2. 森林火灾损失巨大

森林火灾被联合国粮食及农业组织列为世界八大自然灾害之一，尤其是大面积的森林火灾持续数月，损失巨大，令人震惊。

烧毁林木与林下植物资源，破坏森林植被和林分的质量。据统计，20 世纪 60 年代美国平均每年森林火灾损失木材 2 亿 m^3，占林木生长量的 35%，同时 1973、1985、1997 年 3 次境内森林卫星测量显示，24 年间林木高大的森林面积比率从原来的 55% 减少到 38%，而低矮森林面积则由 35% 上升到 50%，森林覆被率由 51% 下降到 39%。1967—1976 年，日本平均每年烧毁森林 1 万多公顷，相当于 1976 年全国造林面积的 5%，损失达 200 多万日元。1971—1975 年，瑞典平均每年烧毁森林 1000 多公顷，损失 200 多万克朗。

威胁人民生命财产安全，影响经济运行、社会稳定和国家安全。主要是大火烧毁村镇、建筑、重要设施，影响列车运行、电力输送等。2006 年美国发生的 3 次森林大火，焚毁住宅 539 栋，22 人死亡，2000 多人被迫离开家园，1 万多头牛马死亡，5 名消防队员殉职；2010 年夏季，俄罗斯西部发生森林火灾，共计有 400 个着火点，烧死 83 人，大火烧掉全国 1/4 的庄稼，直接损失超过 150 亿美元。2018 年夏季，希腊首都雅典西部发生了近一个多世纪以来欧洲最为致命的森林火灾，大火先后袭击了 4 个村镇，共造成 91 人死亡，约 500 栋房屋被毁，高速公路被迫紧急关闭，铁路系统也受到影响。

危害野生动物安全，破坏栖息地，破坏生物多样性。2019 年 7 月以来，巴西、俄罗斯相继爆发森林大火，被誉为"地球之肺"的巴西亚马孙雨林火灾持续燃烧了近一个月，大量野生动物死亡。同年 9 月，澳大利亚爆发森林火灾，更是持续燃烧 4 个月之久。澳大利亚动物以珍奇闻名于世，仅袋类动物就达百种以上。据统计，全球只有 43000 只野生考拉，这场"跨年山火"就烧死了 8000 只。

森林火灾发生后，各国政府必须投入大量人力和物力进行扑救。美国用于森林火灾的投入逐年增加，2018 财年美国林业局用于灭火的预算为 10.6 亿美元，而 2017 财年该局扑救山火支出超过 25 亿美元。2007 年夏季发生在希腊的特大森林火灾，欧盟共计向希腊援助 10 亿欧元，投入扑火力量上万人，动用飞机 50 余架次。

此外，森林火灾会产生大量烟雾及有毒物质，并释放到大气中，对全球变暖、生物地球化学循环、空气质量和人体健康都会产生严重的负面影响。森林火灾发生后，在短时间内释放出巨大能量，产生火灾烟气羽流，受气流浮力的驱动，排放出大量有毒有害气体，主要有 CO、CO_2、NO_x、HCl、H_2S、HN_3、HCN、P_2O_5、HF、SO_2、O_3 等无机类和 CH_4、CH_3Cl、NMHC 等有机类，以及炭黑粒子、灰分、PM2.5 和 PM10 等悬浮颗粒物。2021 年夏季，美国西部遭到大规模山火袭击，浓烟不断向东蔓延，横跨北美，从加拿大多伦多到美国费城，各地均发布了空气质量预警。

3. 未来全球森林火险形势严峻

全球变暖将使林火发生概率增加、火险等级提高，只要有火源，无论雷电或疏忽还是人为纵火，林火很容易发生。科学预测表明，气候变暖会导致全球遭遇更为极端、频繁的气象异常事件，未来森林火险形势不容乐观。地表气温持续上升，将使火险期提前和延长；气温日较差进一步减小，将使火险等级长期维持在较高水平，加大引燃的可能性并增加扑救难度；极端天气气候事件频发，将使区域性高温干旱发生频率增加、范围加大、程度加重，并最终导致高温干旱地区火灾频发及重特大森林火灾发生的可能性增大。

二、我国森林火灾形势

我国是森林火灾多发国家。1950—2019 年，我国累计发生森林火灾约 82 万起，年均发生森林火灾约 1.2 万起，受害森林面积约 3817 万 ha，因灾伤亡约 3.4 万人。1987 年大兴安岭"5·6"特大森林火灾之后 32 年（1988—2019 年）与之前 38 年（1950—1987 年）相比，年均森林火灾次数、受害森林面积和伤亡人数分别下降了 58%、92%、80.4%。1998—2008 年，我国平均每年发生森林火灾 9842 起，森林受损面积 11.4 万 ha，因灾伤亡 234 人。2009—2018 年，我国平均每年发生森林火灾 6842 起，森林受损面积 9.14 万 ha，因灾伤亡 112 人。火灾发生次数下降，森林受损面积减少，伤亡人数减少。然而，根据我国各地的实际情况，综合分析各种因素，我国森林火灾的形势依然十分严峻。

1. 极端气候事件加剧林火发生

森林火灾是受气候条件影响最明显、最直接的自然灾害之一。从全球气候环境的大背景看，目前地球正处于极端天气频发阶段。据世界气象组织通报，受厄尔尼诺、拉尼娜等现象影响，1860 年以来全球气温大约上升了 0.9 ℃，降水年减少 1.23 mm，其中 11 个最暖年份出现在 1985 年之后，而且目前仍然以每 10 年上升 0.2 ℃ 的速度在变暖。预计到 21 世纪末，全球平均地表温度将升高 1.4 ~ 5.8 ℃，森林火灾发生率增加。据专家预测，未来十年全球气温仍将继续攀升，我国温度升高的幅度由南向北递增，西北和东北地区温度上升明显，极端天气与气候事件发生概率增大，遭受干旱天气的范围有明显增加趋势，尤其是华北和西南气候干旱趋势加强，天气冷暖变化剧烈，持续干旱少雨，更容易导致森林火灾集中爆发，我国森林火灾更有增加的趋势。2019 年我国部分地区遭遇了 50 年不遇的极度干旱，高温、大风、干雷暴等极端天气导致多起重大、特别重大森林火灾发生，损失十分严重。

2. 可燃物载量持续增加

我国森林资源日益增长，林内可燃物载量持续增加，我国已进入森林火灾高危期，森林防火压力加重。据第九次全国森林资源清查结果显示，我国森林资源已进入数量增长、质量提升的稳步发展时期。与第八次全国森林资源清查结果相比，森林面积由 2.08 亿 ha 增加到 2.2 亿 ha，净增 1275 万 ha；森林覆盖率由 21.63% 提高到 22.96%，提高 1.33%；森林蓄积由 151.37 亿 m^3 增加到 175.60 亿 m^3，净增 24.23 亿 m^3。随着森林资源总量不断增长和停止天然林商业性采伐，加之我国绝大多数林区多年来没有发生过大的森林火灾，计划烧除力度不够，林内可燃物越积越厚，林区可燃物载量持续增加。特别是林内站杆倒木、采伐剩余物很多，增加了可燃物载量，一旦着火，极易酿成大灾。国际上普遍认为林下可燃物载量平均为 30 t/ha 是发生特大火灾的可燃物载量临界点，然而我国部分重点林区可燃物载量已高达 50 ~ 60 t/ha，大大超出了国际公认发生森林大火的警戒线。

3. 人工林面积多，火险等级高

我国人工林面积居世界前列，从 20 世纪 50 年代就大量营造人工林，特别是近年来改造的速生丰产林大多数都已郁闭成林，但树种单一，燃烧性强，并且林区情况复杂，林田交错，火源控制难度很大。现有人工林中，中幼龄林占 67.9%，纯林占 90%。中幼龄林、人工纯林所占比重大，森林抗火性差，一旦起火非常容易成灾。

4. 境外火威胁较大

从地理环境看，我国与蒙古国、俄罗斯、朝鲜、缅甸等国相邻，森林连接地段达数千公里，加之防火期多处于下风口，每年都有外来火烧入。1996 年 4 月 23 日，蒙古国大火从边境线 15 处烧入我国境内，造成 26 人伤亡，1 万多头（只）牲畜被烧死。2019 年 3 月 18 日，吉林延边珲春市敬信镇中俄边境，俄方境内发生森林火灾，并向我国蔓延，吉林省延边森林消防支队迅速出动，采取以火攻火方式实施扑救。2020 年 4 月 3 日，中老边境交界 14 号界碑至 13 号界碑与勐腊县易武镇接壤的老方一侧出现火情，并燃烧过境殃及易武镇刮风寨附近的森林，勐腊县立即组织人员全力实施扑救。2021 年 4 月 18 日，蒙古国苏赫巴托尔省达里甘嘎县发生草原大火，并由西向东经过额尔登查干县蔓延至中国境内。

5. 野外火源管控难度持续加大

近年来，随着林区经济和森林旅游的快速发展，进入林区的人员逐年增多，野外火源管理极其困难，火灾隐患不断增加。一是进山旅游人次增加，给火源管控增加了难度。2005 年，我国境内旅游人数突破 13 亿人次，如湖南省 120 多处以森林资源为主的风景旅游区，每年接待入山人员达 5000 万人次。二是随着林业经济发展，进入林区从事生产活动的人员也逐渐增多。据统计，黑龙江省森工系统每年入山搞副业的人数就将近 40 万，大兴安岭地区进入林区从事生产活动的外来人员高达 8 万多人，这些入山人员成分复杂，活动分散，防火意识不强，极大地增加了火灾隐患。三是我国大部分林区林、农、牧交错，森林防火期正值农事生产繁忙期，受生产水平和耕种习惯影响，森林防火与生产用火的矛盾十分突出。此外，林区少数民族较多，上坟烧香烧纸等传统习俗屡禁不止，加之林区基础设施建设不完善，一旦出现森林火灾，很难及时进行火场指挥、扑火战斗以及人员疏散，给森林消防带来了巨大的压力。

6. 森林防灭火人力、财力、物力投入不足

目前我国森林防灭火投入仍然严重不足，距国家规划还有很大差距。地方投资相对更少，平均每亩林地投入还不足 1 元。地区间森林防灭火投入差距也很大，广西、江苏、浙江、湖北等省区年均投入森林防灭火的资金超过了 1 亿元，有些西部省区生态脆弱地区每年对森林防火的投入仅 500 万 ~ 1000 万元不等。有些省区还没有森林防火专业队伍和专门的物资储备库。此外，目前我国林区防火道路网密度仅为 1.7 ~ 3.1 m/ha（世界林业发达国家为 8 ~ 10 m/ha），直接影响了扑火人员和扑火物资的输送速度。

第三节　森林火灾特点

森林火灾突发性强、破坏性大，一旦失去控制，处置救助十分困难，被称为世界性难题。

一、全球森林火灾特点

受多种原因影响，全球每年有大面积森林遭到破坏，近10年年均减少面积470万ha。从影响因素来看，森林火灾居于首位，并呈现出如下特点。

1. 火灾次数多受害面积大

根据全球森林资源评估，2001—2018年，受多种原因影响，全球每年有大面积森林遭到破坏，从影响因素来看，森林火灾居于首位，其次为病虫害及气候变化等。2001—2018年平均过火面积达4亿ha，尽管2013—2018年森林过火面积低于长期平均水平，但不存在明显的总体趋势。据估计，90%的火灾很快得到控制，占总烧毁面积的10%或以下。另外，90%的火灾影响面积由5%～10%的火灾造成。有些野火超过了能够抑制的限度，因此无法控制。2001—2018年（不含2007年和2008年数据）全球野外火灾的过火面积对比如图1-1所示。

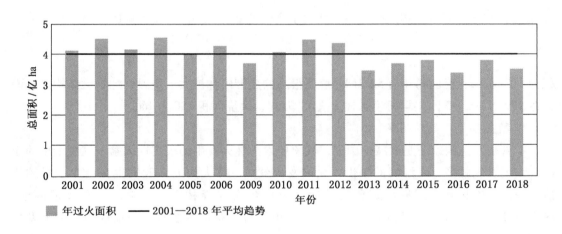

图1-1　2001—2018年（不含2007年和2008年数据）全球野外火灾过火面积及变化趋势
（数据来源：《全球森林资源评估（2020）》）

2. 各地火灾分布不均

因不同国家、地区天气条件和森林植被等不同，森林特点也不同，所以不同地区的森林火灾情况也不同。从不同区域来看，2001—2018年，烧毁面积最大的依次是非洲东部和南部、非洲西部和中部、大洋洲（主要是澳大利亚）、非洲北部和南美洲等地区。其中，非洲东部和南部16年间总过火面积占比最大（30.10%），如图1-2所示。

3. 森林大国火灾严重

森林面积大，发生火灾的可能性也大。森林资源丰富的国家森林火灾严重。美国、加拿大、俄罗斯等国家，其森林覆盖率都在30%以上（美国33%、加拿大45%、俄罗斯36%），森林火灾次数和受害森林面积均名列前茅。近20年来，俄罗斯年均过火的森林面

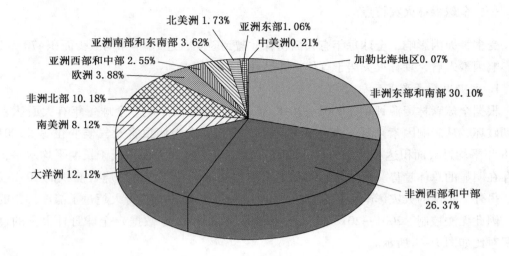

图 1-2　2001—2018 年（不含 2007 年和 2008 年数据）全球野火过火面积占比分布

（数据来源：《全球森林资源评估（2020）》）

积为 117 万 ha；巴西每年有 52 万 ha 价值很高的热带雨林被大火烧毁；加拿大年均烧林面积达 299 万 ha；美国年均发生森林火灾 11 万起，火烧面积 180 万 ha。

4. 随气候变化波动明显

不管是发达国家还是发展中国家，气象要素是林火发生的决定性因素。气候干旱的年份，火灾发生就多，而湿润的年份，火灾发生就少。特大火灾一般发生在极为干旱的年份。1997—1998 年厄尔尼诺现象发生时，全球各大洲森林大火不断。如印度尼西亚，1997 年 7 月，在苏门答腊占碑、廖内、西加里曼丹、东加里曼丹、中加里曼丹相继发生森林火灾 1000 多起，约 150 万 ha 的森林被烧毁。森林大火的烟雾扩散到新加坡、马来西亚、泰国等国上空，有毒烟雾引发严重生态灾难，不仅有害于东南亚国家，在某种意义上可以说是全球性灾难。

二、我国森林火灾特点

据新中国成立以来的统计资料分析，我国森林火灾有以下特点。

1. 森林火灾呈下降趋势

1987 年以前我国年均森林火灾发生率、受害森林面积等指标均排在世界前列，1987 年以后我国年均森林火灾次数、受害森林面积和伤亡人数分别下降了 52%、91% 和 78%。1950—2017 年全国森林火灾发生次数、受害森林面积、受伤人数、死亡人数及伤亡人数等 5 个参数随时间具有相似的变化规律，且相互之间存在极显著的正相关关系（$P <$ 0.01），见表 1-2。

表1-2　全国森林火灾主要特征间的相关性（1950—2017年）

参数	森林火灾次数	受害森林面积	受伤人数	死亡人数	伤亡人数
森林火灾次数	1				
受害森林面积	0.705 **	1			
受伤人数	0.494 **	0.625 **	1		
死亡人数	0.744 **	0.672 **	0.561 **	1	
伤亡人数	0.543 **	0.657 **	0.996 **	0.633 **	1

注："**"表示$P < 0.01$。

1950—2017年，全国共发生森林火灾814655次，年均发生火灾11980.22次；全国受害森林面积为3813.82万ha，年均受害森林面积56.09万ha。1951、1955、1956、1961、1962、1972、1976、1977、1979、1987年分别是受灾森林面积最大的10年；而1991、1993及2011—2017年为受害森林面积最小的9年。1950年以来，全国森林火灾次数及受害森林面积变化趋势一致，均呈显著下降趋势，1987年以后我国的森林火灾特征存在一个显著转折，即由重转轻。无论是年均森林火灾次数、年均受害森林面积，还是年均伤亡人数等指标，均出现大幅下降。1987年以后，全国森林火灾发生次数及成灾面积均显著减小，且二者总体表现为一致的先上升后下降趋势，其中2002—2006年是成灾面积较大的时期。1987年前后森林火灾的年值特征见表1-3。

表1-3　1987年前后森林火灾的年值特征

时　间	年均森林火灾次数/次	年均受害森林面积/hm²	年均受伤/人	年均死亡/人	年均人员伤亡/人
1950—1987	15932.47	947238.24	677.76	109.95	787.70
1988—2017	6974.03	71438.00	105.60	50.70	156.30
1950—2017	11980.22	560855.78	421.57	83.42	504.99

总体而言，森林火灾导致的伤亡人数与火灾发生次数及受害森林面积变化规律较一致，均在1988年以后呈现明显下降趋势。其中1988—2017年，全国森林火灾共造成的伤亡人数为4689人，而年均伤亡人数为156人，其中死亡和受伤人数分别占32.4%和67.6%。从年际变化来看，全国森林火灾受伤死亡人数总体呈下降趋势。1956年是森林火灾造成伤亡人数最多的一年，伤亡人数共计4462人，其中死亡203人，受伤4259人；全年伤亡人数接近1988—2017年间伤亡人数的总和，如图1-3所示。

2. 森林火灾具有时空特点

从时间分布来看，受气候和大气环流影响，我国各地形成了不同的森林火险期。从空间分布来看，森林火灾呈现出东部多西部少的特点，加之东部森林多为连续分布，西部多为间断分布，因此，东部地区森林火灾次数和过火面积明显多于西部。

11

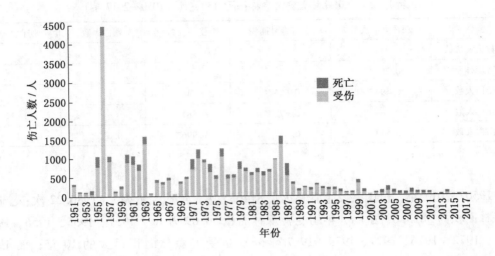

图1-3　1951—2017年全国森林伤亡人数年际变化

我国林火，在东北林区主要分布在春秋两季，冬季林地积雪不发生森林火灾，春季地面雪开始融化，地面可燃物和杂草裸露，就有可能发生火灾。因为春季干旱期长、风大，往往容易发生大面积森林火灾。夏季进入雨季，植物生长季节一般不发生或很难发生火灾。9月中旬以后，林木停止生长，林内枯落物逐渐增加，森林易发生火灾。所以，东北、内蒙古林区春季防火期为3月中旬至6月中旬，紧要期是4—5月；秋季防火期从9月中旬至11月中旬，紧要期为10月。

在我国南方、华北及西北大部分地区，冬季寒冷，林木开始落叶进入冬季防火期，直到翌年春季树木生长，防火期结束，故该地区防火期主要分布在冬春两季，大部分地区防火期为11月中旬至翌年5月底，紧要期为2—4月。

在我国西北部分地区，南疆防火期主要集中在每年的4、5、6月，天山一带防火期在7、8月，阿尔泰山防火期主要在9、10月，火灾主要分布在夏季。

我国是一个地形复杂的国家，火灾出现深受地形影响，随海拔高度的变化出现不同森林带谱，地形每升高100 m，气温（平均）下降0.6 ℃。因此，随海拔升高，出现了不同的火灾季节。同时，也影响林火蔓延和火灾强度以及火灾格局。如长白山南坡发生火灾的概率比北坡要高，在湖北的神农架也是如此。此外，海拔高度愈高，火灾季节愈晚。

3. 森林火灾具有地域特点

从火灾发生频率看，南方多于北方，火灾次数最多的是浙江、福建、四川、云南等省区，占全国火灾总数的80%以上。从发生地域看，火灾面积最大的是黑龙江和内蒙古，受害森林面积占全国总过火面积的70%以上。从火灾规模看，我国森林火灾90%以上为一般森林火灾，但其过火面积仅为全国森林火灾面积的5%；而难以控制的重特大森林火灾，虽然次数不足总次数的10%，但面积却占总过火面积的95%以上。从火灾损失看，东北、内蒙古受害森林面积大；南方、华北、西北等大部分地区山高坡陡，地形复杂，容易导致人员伤亡。

森林火灾面积，北方多南方少，但我国西南部火灾次数和面积均居中。我国北方森林面积大、人口稀少，加上林区交通不便，林火管理水平较低。一旦发生火灾，容易酿成大面积森林火灾和特大森林火灾。我国西南部为云南松林，非常易燃，又为少数民族居住区，火源较多。因此，在我国东北应该控制大面积火灾，尤其是黑河、大兴安岭地区和呼伦贝尔盟是我国大面积火灾集中处，是重点火险区。对于我国南方主要是控制在林中用火不慎引发的大火，西南部是我国大量发生森林火灾的场所，应提高警惕。

4. 森林火灾起因多为人为

我国引发森林火灾的火源分布极其复杂，绝大多数是由于人为用火不慎引起的。根据2010—2019 年的统计数据，人为火灾多达 97% 以上。人为火灾中主要分为生产性用火、非生产性用火以及故意纵火。我国大多数森林火灾主要还是农业生产用火不慎引起的火灾，如烧荒、烧垦、烧茬子、烧灰积肥等。北方多为吸烟、农林业用火不慎引起的山火，还有些人搞副业生产引起山火。我国南方大部分次生林与农田接壤，因农业生产用火引起次生林发生火灾较多。农林交错促使林火不断，给我国林业带来不应有的损失。此外，自然火源中主要为雷击火，仅占 1% 左右，但主要分布在我国的新疆阿尔泰林区和大兴安岭林区，尤其大兴安岭林区最为突出。从雷击火时间分布看，5 月占 11%，6 月高达 82%。因此，在个别地区自然火源成为该地区重要火源。

习题

1. 简述森林火灾和草原火灾的定义。
2. 森林火灾的主要危害有哪些？
3. 我国森林火灾等级划分的标准是什么？
4. 森林火灾起火原因有哪些？如何做好火源管控？
5. 我国森林火灾发生情况和规律特点有哪些？
6. 我国森林火灾南北方差异有哪些？

第二章　森林灭火原理

燃烧是人类最早认识的自然现象之一，一旦燃烧失去控制就会酿成灾害。林火是森林中燃烧现象的总称，同时也是影响森林的重要生态因子，林火的发生、发展有其内在和外在的客观规律。世界各国高度重视森林火灾扑救工作，大力支持相关灭火原理的研究工作以及对森林燃烧基本规律的研究，为森林火灾扑救提供科学可靠的理论支持。

第一节　森　林　燃　烧

一、森林燃烧的概念

燃烧是可燃物与氧快速结合放热发光的化学反应。但严格地说燃烧不只是强烈的氧化反应，现代燃烧学认为，燃烧是可燃物与氧化剂作用发生的放热反应，通常伴有火焰、发光和（或）发烟现象。还应包括各类氧化反应、热分解反应和其他放热反应，其中有基态、激发态的自由基、电子、离子和原子出现并伴有光辐射现象的所有反应，所以燃烧的本质是化学反应过程，同时也包括许多物理过程。

森林燃烧是指森林中可燃物在一定温度条件（点火源）下与氧（助燃物）快速结合，发热放光的化学反应。森林燃烧会伴随能量、光、声、烟气释放等现象。

森林可燃物燃烧后产生的新物质称为燃烧产物，燃烧产物多达百余种。其中，散布于空气中的云雾状燃烧产物，实际上是燃烧产生的悬浮固体、液体粒子和气体的混合物。森林燃烧产物组分和含量因燃烧的可燃物种类和燃烧状况而有所差异，其粒径一般在 $0.01 \sim 10~\mu m$。完全燃烧时除产生 CO_2、H_2O 等物质外，还有许多其他产物，这些产物可分上、中、下三层，上层主要是 CO_2、CO、NO_2、CH 化合物等，中层主要是多环芳香烃和颗粒物（烟尘），下层则是向土壤渗透的焦油类物质和残留的灰分物质。其中 CO_2 是造成全球温室效应的主要来源。燃烧产物对火灾扑救工作有很大影响，有利方面主要包括大量生成的完全燃烧产物，可以阻止燃烧进行；根据烟雾特征和流动方向，可以识别燃烧物质类型，判断火源位置和火势蔓延方向。不利方面主要是造成人员中毒；引起扑火人员受伤；影响灭火人员视线；成为影响火势发展、蔓延的因素。

二、森林燃烧特点

由于森林燃烧是在开放的森林系统内进行的，所以森林燃烧是反应、流动、传热和传质并存、相互作用的综合现象，并呈现出与一般燃烧不一样的特点。

1. 森林燃烧是一种短时间内释放出巨大热量的过程

地球上一切绿色植物都是太阳能的产物，森林是由绿色植物组成的最大的生物群体，贮存的化学能也最多，其进行光合作用的同时也是贮存大量化学能的过程（1.50×10^{10} t/a）；而森林燃烧则是森林突然释放大量能量的过程。森林贮存能量的过程是缓慢的，而森林释放能量的过程十分迅速。森林燃烧是在高温作用下进行快速氧化反应的现象。

2. 森林燃烧是开放性燃烧

森林燃烧是在森林开放系统内进行的，在森林中发生、蔓延和扩展。因此，森林燃烧受可燃物类型与火环境的制约和控制，使得森林的燃烧过程不易控制，也相对复杂。

3. 森林燃烧为固体可燃物的燃烧

森林中可以燃烧的物质，如乔木、灌木、草本植物、树根、大枝丫、小枝、树皮、苔藓、地衣、枯枝落叶、泥炭、腐殖质等都为固体形态。因此，森林燃烧为固体可燃物的燃烧。

4. 森林燃烧过程的林火行为千差万别

森林燃烧是在开放的森林系统内进行，森林燃烧的进程在不同程度上会受可燃物类型、气象因子、地形因子等自然条件的影响和制约，使得不同的森林燃烧各具特点。

5. 森林燃烧具有双重性

现代生态学观点认为火是一个重要的生态因子。它具有双重性：一方面火能烧毁森林，使森林遭受严重危害；另一方面火又能给森林带来有益的影响，如改善林内卫生条件、促进森林演替等，其关键在于森林燃烧的强度和持续时间。

三、森林燃烧条件

森林燃烧是森林在特定条件下发生的燃烧，发生森林燃烧必须具备可燃物、助燃物和点火源这 3 个条件，又称燃烧三要素。如果把每个要素作为三角形的一个边，连在一起就构成了森林燃烧三角，如图 2－1 所示。

燃烧三要素三者同时存在，彼此相互作用燃烧才会发生。破坏其中任何一个，燃烧就会减弱甚至熄灭，灭火工作就是围绕破坏燃烧三角来进行的。如图 2－2 所示，扑火队员在燃烧的可燃物与未燃烧的可燃物之间开设隔离带，这正是破坏森林燃烧三角中的可燃物因素连续性来达到灭火的目的。

图 2－1　森林燃烧三角

图 2-2　扑火人员开设隔离带

1. 可燃物

所有能与氧或氧化剂结合并产生光和热的物质都是可燃物。因此，森林可燃物是指森林中所有的有机物。在森林防火实践中，森林可燃物通常指森林植物及其枯落物，包括森林中的乔木、灌木、草本植物、苔藓、地衣，干枯植株、倒木或凋落地面的叶、枝、皮、果以及腐殖质层、泥炭等。这些可燃物按照它们的燃烧性质和特点可以分为两类：一类为有焰燃烧可燃物，另一类为无焰燃烧可燃物。有焰燃烧和无焰燃烧的可燃物比较见表 2-1。

表 2-1　有焰燃烧和无焰燃烧的可燃物比较

森林可燃物种类	有焰燃烧的可燃物	无焰燃烧的可燃物
燃烧类型	明火	暗火
燃烧蔓延速度	快	慢
燃烧面积	较大	较小
扑救方式	扑救	清理

森林可燃物是林火发生、发展的物质基础，没有森林可燃物，就不可能发生森林燃烧；可燃物不同，其燃烧性不同，即树种不同其燃烧特性也不同，通常针叶林比阔叶林易燃。与此同时，可燃物的燃烧状态（火行为）不同，森林可燃物数量的多少，都会影响林火蔓延的特征。

2. 助燃物

森林燃烧是森林可燃物与助燃物（氧气）化合再产生新物质的过程。氧气是帮助和支持可燃物燃烧的物质。若没有氧气或氧气浓度低，燃烧就不能进行。通常，1 kg 的木材完全燃烧需要氧气 0.6～0.8 m³，折算为空气需要 3.2～4.0 m³，若空气中氧气含量降低到 14%～18%（体积比），燃烧就会停止。在地球近地面空气中，通常氧气的含量为 21%，这一浓度足以使森林可燃物在火源作用下进行燃烧。

但在森林燃烧过程中，氧气的供给量是变化的，若氧气供应充分，火焰明亮且基本无烟雾，燃烧后生成的物质主要是二氧化碳、水蒸气和灰分，不能再次燃烧，释放热量也多，这种燃烧称为完全燃烧；若氧气供应不充分，火焰暗红并伴有大量烟雾，燃烧产生大量还可以再次燃烧的中间产物，如焦油、碳粒子和一氧化碳等，释放热量较少，这种燃烧则称为不完全燃烧。燃烧完全与否不仅与空气供给量有关，而且还与空气同可燃气体扩散混合的均匀程度有关。如果空气供给量充足，并与可燃气体混合得非常均匀，则燃烧近于完全。在森林火场中，不完全燃烧往往比较普遍。氧指数是表示物质燃烧难易程度的量，指在规定条件下，固体材料在氧、氮混合气流中，维持平稳燃烧所需的最低氧含量。氧指数高表示材料不易燃烧，氧指数低表示材料容易燃烧，一般认为氧指数小于 22 属于易燃材料，氧指数在 22～27 之间属于可燃材料，氧指数大于 27 属于难燃材料。表 2-2 列出了几种常见可燃材料着火所需的最低氧含量。

表 2-2　几种可燃材料着火所需的最低氧含量　　　　　　　　　　　　　%

可燃物	最低氧含量	可燃物	最低氧含量
汽油	14.4	棉花	8.0
煤油	15.0	橡胶屑	12.0
乙炔	3.7	蜡烛	16.0

3. 点火源

点火源是指供给可燃物与助燃物发生燃烧反应的能量来源。常见的是热能，其他还有化学能、电能和机械能等转变的热能。空气中，有些物质在常温条件下就可以燃烧，如钠、镁遇到空气或水就剧烈燃烧并发出明亮火焰。但大多数性质稳定的物质包括森林可燃物，常温条件下一般不易燃烧。森林可燃物要发生燃烧反应，就必须达到一定温度（有点火源）。在规定的试验条件下，液体或固体能发生持续燃烧的最低温度称为燃点。一些森林可燃物的燃点见表 2-3。

表 2-3　某些森林可燃物燃点　　　　　　　　　　　　　　　　℃

可燃物名称	试验部位	燃　点
莎草	茎、叶	399
马尾松	枝	260
	叶	270

表 2 - 3（续）　　　　　　　　　　　　　　　　℃

可燃物名称	试验部位	燃　点
杉木	枝	275
	叶	276
柳杉	心材	430 ~ 440
樟树	边材	440 ~ 460

森林可燃物温度达到燃点，依靠其自身释放的热量，就能继续保持燃烧所需的温度，不再需要外界点火源。一般性的着火，就是可燃物在受外界点火源持续加热时，自身温度逐渐上升并开始进行燃烧，如果移除点火源，可燃物仍能维持燃烧的现象。

可燃物燃点的高低与着火燃烧的关系十分密切。可燃物的燃点低，星星之火就可以引起可燃物着火，并能迅速蔓延酿成火灾；若可燃物的燃点高，就需要较高温度的火源才能将其点燃。用同样的火源点燃可燃物，燃点高的可燃物着火所需的时间较长；燃点低的可燃物着火所需的时间较短。一般情况下，森林燃烧的发生，都需要有外界点火源。

没有外界火源点燃而可燃物自然着火燃烧的现象就是自燃，如褐煤没有热源加热也能燃烧，湿稻草长期堆放会自发着火。森林或草地中泥炭也会自燃，但在森林中，由于自身温度升高而引起的自燃现象十分少见，一般森林可燃物自燃所要求的最低温度要比其燃点高出 100 ~ 200 ℃。几种常见可燃物的自燃温度见表 2 - 4。

表 2 - 4　几种常见可燃物的自燃温度　　　　　　　　　　　℃

可燃物	自燃温度	可燃物	自燃温度
汽油	415 ~ 530	煤油	380 ~ 425
柴油	350 ~ 380	机油	300 ~ 350
酒精	423	豆油	460
棉花	407	木柴	350
干草	333	煤	250 ~ 500
氨	630	乙炔	305
甲烷	595	一氧化碳	605

液体（固体）表面上能产生足够的可燃蒸气，遇火能产生一闪即灭的火焰燃烧现象称为闪燃。在规定的试验条件下，产生闪燃的最低温度称为闪点。闪点温度下，可燃性气体的蒸发速度不快，当表面聚积的蒸气燃尽时，新的蒸气来不及补充，产生一闪即灭的瞬间燃烧现象。木材的闪点在 260 ℃ 左右。

四、森林燃烧过程

森林可燃物都是固体燃料，在着火之前，必须释放出可燃性气体，才能开始燃烧。在生成气体的不同阶段，其化学与物理性质不同，这些差异取决于时间、温度和供氧情况。根据燃烧表现的不同特点，燃烧过程大致可划分为 3 个阶段，即预热阶段、气体燃烧阶段和固体燃烧阶段。

1. 预热阶段

预热阶段是指森林可燃物在火源作用下，因受热而干燥、收缩，并开始分解生成挥发性可燃气体如 CO、H_2 和 CH_4 等，但是尚不能进行燃烧的点燃前阶段。

自然条件下，森林可燃物都含有水分，在预热阶段，外界火源提供的热量使可燃物温度不断升高，体内水分被不断蒸发，同时形成烟雾。当可燃物达到一定温度后，开始进行热分解。可燃物受热分解为小分子物质的过程，叫作热分解。随着热分解的发生，小分子的挥发性可燃气体不断逸出，因此这个阶段需要环境提供热量，预热阶段也称为吸热阶段。

预热阶段的长短既与火源体的大小有关，也与可燃物的干湿有关。对同一火源，干燥的可燃物，预热阶段十分短暂；湿润的可燃物，则需要较长的预热阶段。

2. 气体燃烧阶段

随着温度持续上升，可燃物被迅速分解成可燃性气体（如 CO、H_2 等）和焦油液滴，它们形成的可燃性挥发物与空气接触形成可燃性混合物。当混合物温度达到燃烧极限（即燃点），而且挥发物浓度达到一定数值时，在固体可燃物上方可形成明亮的火焰，并释放出大量热量，产生 CO_2 和 H_2O。有焰燃烧也称为明火，其蔓延速度快，进行直接扑救的危险大。

这个阶段就是气体燃烧阶段，气体燃烧阶段是放热阶段。气体燃烧阶段为森林火灾快速发展和传播的阶段。在这一阶段中，空气（氧气）供给充分与否，直接影响燃烧反应过程，氧气充足则完全燃烧，氧气不充足则不完全燃烧。这一阶段以各种可燃性气体的链式反应为主。

3. 固体燃烧阶段

在气体燃烧阶段末期，固体木炭表面上会继续发生缓慢的氧化反应，木炭燃烧阶段的本质是：木炭表面碳粒子由表及里进行缓慢的氧化反应，木炭完全燃烧后产生灰分。该阶段的热量释放速度较缓慢，释放出的热量较前一阶段少，这一过程一般看不见火焰，此时的燃烧呈辉光燃烧。木炭燃烧得充分与否，取决于空气（氧气）供应情况和环境温度。

大多数森林可燃物，如木材、枝丫、枯枝等，在燃烧时都可以明显观察到以上 3 个阶段。一些细小可燃物，则几乎是在同一时刻完成燃烧的三阶段；也有些森林可燃物如泥炭、腐殖质、腐朽木和病腐木等，由于不能挥发出足够的可燃性气体，所以看不到明显的火焰，没有明显的气体燃烧阶段。无焰燃烧也叫暗火，其燃烧速度缓慢，但持续时间长，不易被发现和扑灭。

第二节 林 火 理 论

林火是指发生在林区除了城镇、村屯、居民点以外的所有火。包括受控的火和失控的火。

一、热传播方式

森林燃烧发生、发展的整个过程始终伴随着热传播。热传播是影响火灾发展的决定性因素。热传播有三个途径，即传导、辐射和对流。

（一）热传导

热传导指热量从物体高温一端传递到低温一端或从一个高温物体传递到一个与之相接触的低温物体，传递过程中不发生明显位移的传热方式。它是一种基本传热方式，是固体中热传递的主要方式，在不流动的液体或气体层中层层传递，在流动情况下往往与对流同时发生。

热传导实质是由大量物质的分子热运动互相撞击，使能量从物体的高温部分传至低温部分，或由高温物体传给低温物体的过程。从热传导产生的机理看，它的本质是热能改变了分子运动，因而这种传热方式就会要求温度差，同时它又是微观物质间的能量传递，因此要求微粒间要有接触，唯有如此能量才会发生传递。

在传热过程中有许多因素影响热传导的速度和大小，主要有以下几方面。

1. 温度梯度

温度梯度是指传导方向上单位距离上的温度变化。它影响热传导的速度，也就是温差越大，导热方向的距离越小，导热越快。森林燃烧中细草比粗树枝更易燃烧，这也是重要原因之一。

2. 导热物体的厚度与面积

导热物体的厚度越小，截面积越大，传导的热量越多。当增加传递热量的面积时，通过这一面积的热流量增加。

3. 传导时间

在其他条件一定时，传导时间越长，传递的能量越多。

4. 导热系数

导热系数是指单位时间、单位长度上温度降落 1 K 时单位面积上流过的热量〔W/(m·K)〕。导热系数反映了材料的导热能力大小。不同的物质，其导热系数不同。一般非晶体结构、密度较低的材料，导热系数较小；材料的含水率、温度较低时，导热系数较小；比重越小，质地越疏松的物质导热系数越小。导热系数越大的物质传导热量的能力越强，在火场上，导热系数大的物质很容易成为火灾发展蔓延的因素。

以上四点均直接影响通过热传导传出的能量大小和速度。

热传导在林火蔓延中所起的作用较小。它对林火行为的影响主要表现在支持燃烧方面。由于热传导支持燃烧的作用，使其成为地下火蔓延过程中能量传递的主要途径。

热传导维持的燃烧，在火场中形成大量隐火，隐火复燃，会导致人员被困，发生重大伤亡。当灭火人员与正在燃烧的可燃物直接接触时，通过热传导传热会造成灭火人员被灼伤、烫伤。

（二）热辐射

热辐射是指物体热量以电磁波的形式向各个方向进行直线传播的热传播方式。辐射在未被吸收、散射、反射前是直线传播的，能量传递过程不依靠其他媒介，并且可以瞬间到达接受物体。热辐射射线到达物体后，发生吸收、反射，吸收到一定程度后向外辐射，直至达到平衡。热辐射向外辐射的电磁波谱与温度密切相关。温度越高短波成分越多，温度越低则长波成分越多。

影响热辐射的因素有许多，辐射物体温度越高，辐射面积越大，辐射出的热量越多。实验表明，辐射热量与辐射物体温度的 4 次方和辐射面积成正比。

受辐射物体与辐射热源之间的距离越大，受到的热辐射越小。物体受到的辐射热量与辐射热源的距离平方成反比，即距离辐射热源 10 m 处的物体所得到辐射热量只是距离辐射热源 1 m 处物体所得到辐射热量的 1%。

受辐射热量随辐射角的余弦而变化。当辐射物体辐射面与受辐射物体处于平行位置，即辐射角为 0° 时，受辐射物体接受的热量最高。

物体吸收辐射热的能力与物体表面状况有关。物体的颜色越深，表面越粗糙，吸收的热量越多；物体表面光亮，颜色较淡，反射的热量越多，则吸收的热量越少；透明物体仅吸收一部分热量，其余热量则穿过透明物体。

在林火中，热辐射对热的传播作用较大，热辐射传递的热量约为总热量的 20%。通过火焰辐射可以加快预热燃烧区域前方或上方的可燃物速度，热辐射是地表火蔓延过程中热量传播的主要途径。由于存在热辐射，燃烧得以越过无可燃物的地段持续发展。

火线上的灭火人员如果长时间接受火焰辐射，当体表温度达到一定极限，会产生热射病，威胁灭火人员的人身安全。

热辐射不依靠介质传播热量，在高能量林火蔓延时，林火释放热量有可能会越过隔离带对灭火人员造成伤害。

（三）热对流

通过流动介质将热量由空间的一处传到另一处的现象称为热对流。

林火发生后，热空气由于比冷空气轻，燃烧的热空气就会向上运动，燃烧区气压降低，周围的冷空气会不断向燃烧区补充，这样便产生由下向上的空气对流，空气对流将热量由地面带到空中，形成对流传热方式。通常表现为升起的烟云或烟柱。

热对流关系极为复杂，当热流体与低温流体接触时它们之间的热量传递会受到许多因素的影响。在层流流动中，流体的微粒运动是有秩序的，并且不互相超越，流体内微粒间以分子导热方式传递热能。在紊流流动中，流体的微粒运动是杂乱无章的，各个微粒的流线也不规则，并在流动过程中会产生涡流。此时，流体内微粒间除了热传导外，同时依靠涡流扰动的对流作用互相掺混，促进了流体微粒间动量和热量交换。紊流强度愈大，混合愈剧烈，传递热量愈多。

流体的物性，如黏度、导热系数、比热等指标不但影响流体的速度分布，而且也影响温度分布和热量传递。通常流体流量与密度成正比关系，密度增加，流体在单位时间内携带的热量增加，从而加强换热能力。流体的比热对热对流的影响与上述类似。导热系数表示流体导热能力，导热系数大的流体热对流作用大。流体的黏度是阻碍流体运动的阻力，因而黏度大的流体热对流减弱。

传热面形状、大小和位置也会影响热对流。

由流体各部分的密度差异而引起的对流称为自然对流。在外力作用下（如风的影响），改变了自然对流流体运动的方向和速度，这种对流称为强制对流。强制对流的对流热流比自然对流大得多。

热对流携带了大量热量，是森林燃烧热传递的主要方式。热对流能够往任何方向传递热量（一般是向上传递），高温热气流能够加热其流经过程中的可燃物，并可能引起燃烧。在山地、有风条件下，热对流的存在会加速林火的蔓延。强烈的对流使空气更加流通，热量更多地被集聚传递，在它的影响下会形成高强度的火；强大的对流气流也可将正在燃烧的碎片抛向未燃烧区域，进而产生飞火，引起新的燃烧区。所以，灭火时经常使用对流柱来判断火势大小和空气的稳定程度。

热对流的影响使得上山火和大风作用下的林火较平坦无风时的林火更迅猛地发展和蔓延，并会更加严重地威胁灭火人员安全。同时，热对流会使燃烧区域的空气运动异常活跃，易形成火旋风和爆发火等极端火行为，形成高强度燃烧，并对灭火作战指挥造成影响。

在林火中，热对流与热辐射所传递的热能，主要是预热火焰前方或上方的可燃物，是外部传热方式；热传导则是可燃物内部的传热方式。3 种传热方式共同影响林火的发生、发展和蔓延。灭火实践中，由于森林燃烧的热量主要依靠热对流和热辐射传递（一般认为热对流占 75%，热辐射占 25%。据报道，在松树林枯枝落叶层中形成的线性火中，热对流和热辐射之比为 3∶1；在松树林采伐迹地内静止空气中燃烧的大火中，热对流和热辐射之比为 9∶1），热传导的作用往往忽略不计。在森林灭火工作中不能忽视任何一种热传播，否则就有可能带来灾难性后果。

二、林火行为

（一）林火行为概念

林火行为是指森林火灾发生、发展全过程的表现和特征，即火灾从着火、蔓延直至熄灭全过程的全部特征。林火的蔓延扩展具有时间和空间双重特征。森林燃烧的火行为受火环境的影响，其特征主要表现为火场范围的扩大、火场形状、火焰特征、火强度、蔓延速度等。狭义的林火行为主要指林火的蔓延、火强度、火焰高度、火烈度、对流柱、火旋风、飞火、火爆、高温热平流等。通常将描述林火行为的参数分为物理参数和几何参数两类，物理参数包括火蔓延速度、火强度等，几何参数包括火焰高度、火蔓延形状、火场面积和周长等。林火蔓延速度、火强度、火焰高度是林火行为三大主要定量指标。研究林火行为有助于及时掌握林火的发生和发展规律，为森林火灾扑救提供理论依据。

自从人们关注森林火灾，就开始重视对林火行为的研究。林火行为研究距今已有百余年历史，主要经历了4个阶段：第一阶段为早期对影响林火行为因子的探索阶段；第二阶段是以森林燃烧中化学变化和物理变化为主要研究对象的理化阶段；第三阶段为利用大量点烧实验结合实际火灾观测得到数据建立火行为模型的统计分析阶段；第四阶段为利用计算机、RS（遥感）和GIS（地理信息系统）等先进技术进行火行为模拟的空间模拟阶段。

初发火、小面积的森林火灾一般属于低能量火或者称为低强度森林火灾，火焰高度一般在1.5 m左右，最高不超过3.5 m，属于低度和中度地表火。对此类火，人们可以靠近直接扑打。此类火主要是以热源的形式来释放能量，仅有千分之几的能量转变为动能。因此，在林冠层上方100 m处为羽毛状烟团，其对流烟柱主要是浮力造成的。在平原地区，此类火发生后20 km范围之内就可以被看到。然而，在山地条件下则不容易被发现，只有卫星观测或当飞机飞至火场上空才可能发现火场。大多数的计划火烧也属于此类火。

随着低能量火的能量积累，低能量火可以转变为高能量火（又称爆发火）。高能量火的出现经常伴随大面积的森林火灾。其特点是：林火发展异常凶猛，火强度一般在4000 kW/m以上，由二维向三维火转变，有高大的对流柱，有5%的热能转变为动能，形成强制性对流，浓烟翻滚，烟柱有时可高达数千米，火头前方飞火数量骤增。此类火无论发生在平原还是山区，均能在远离火场120 km以外的地方发现。此类火往往给森林带来巨大损失，有时甚至会造成整个森林生态系统崩溃与毁灭。低能量火转变为高能量火的主要因素包括可燃物发生有利林火发展的变化，如可燃物类型发生变化、可燃物数量骤增等；火进入有利发展地形，如V字峡谷地形；天气条件发生有利于林火发展的变化，如午后突然增温，或是突然发生大风，都能促使低能量火向高能量火发展。高能量火可以产生以下特殊火行为。

1. 对流柱

对流柱是指火场上空产生热对流、形成不同温度差，随着热空气上升，四周冷空气补充，形成对流烟柱的现象。对流柱的发展和衰落能反映火场状态。在野外依据对流烟柱的特点，可以判断不同类别的火灾和火灾发展趋势。单位长度火线在单位时间内燃烧可燃物的数量与对流烟柱的发展密切相关。火线1 m/min燃烧不到一千克可燃物时，对流烟柱高度仅为几百米；火线1 m/min消耗几千克可燃物时，对流烟柱可高达1200 m；如果火线上1 m/min燃烧十几千克可燃物时，对流烟柱则可发展到几千米高度。此外，火场面积大小与地形条件也都能影响对流烟柱的发展。

2. 飞火

飞火是指燃着的可燃物受火羽流影响被抛至空中，在环境风的驱动下飞越到未燃可燃物区，引燃未燃可燃物，产生新的燃烧区的一种火灾蔓延方式。飞火这一特殊火行为具有较大的随机性，易受风速、火强度和可燃物等多种因素影响，其传播距离可为几十米、几百米，也可达几千米甚至几十千米，经常会飞越河流、防火隔离带等难以预料的区域，大大增加了森林火灾的扑救难度。

能否形成飞火，取决于燃烧物持续燃烧时间，同时还决定于燃烧物所落到的林地可燃物的温度和含水率。飞火距离远近则取决于燃烧物的下降速度和高空风速。飞火距离可以被估测，如我国伊春地区根据多年经验，提出估测飞火距离的计算公式：

$$D = 50 \times 最大风速 \tag{2-1}$$

如果是由对流烟柱形成的飞火，其距离可按式（2-2）计算：

$$D = \frac{h \times w}{d_s} \tag{2-2}$$

式中　D——飞火距离，m；

　　　h——飞火从对流烟柱抛出的高度，m；

　　　d_s——飞火下降速度，m/s；

　　　w——高空最大风速，m/s。

3. 火旋风

火旋风又称火焰龙卷风，是由火羽流和四周环境涡量场的复杂作用而引起剧烈燃烧的一种旋转火焰。火旋风常伴有强烈的螺旋式上升运动，其切向速度、空气卷吸速率和轴向速度等都远大于普通火羽流，使其火焰温度更高、高度更大、燃烧速率更快，加速了林火蔓延。

产生火旋风的原因有很多，其主要原因是地面受热不均，如两火相遇速度不同就会造成火旋风；火锋遇到湿冷森林和冰湖也可产生火旋风；林火遇到地形障碍物或大火越过山脊的背风面或遇到重型可燃物时，都可能形成火旋风。火旋风是形成飞火的一个重要原因，也是形成大火的危险信号，会给灭火人员带来危险。

4. 火爆

火爆是火场上许多火聚合在一起，产生巨大的内吸力而形成的爆炸式燃烧。火爆与移动的火头不同，前者是静止的，燃烧速度极快，产生能量骤增，在一个较大空间范围内形成一个强烈的内吸气流的巨浪，席卷起重型可燃物。火爆汇集了许多分散的火头，这些小火头汇集后，在能量释放空间和对流作用控制的空间范围内，互相影响，互相促进，骤然地加速燃烧作用。火爆形成的条件极为复杂，比如地形作用下，林火烧到狭窄的山脊、单口山谷、陡坡、鞍部和草塘沟等特殊地形，使可燃物同时预热，共同燃烧，瞬间形成巨大火球和蘑菇云；比如特殊可燃物集聚条件下，林内可燃物载量大，堆积时间长、发生腐烂，产生以沼气（CH_4、CO 等）为主的可燃气体，突然遇火再加上细小可燃物作用也可能发生火爆。

特殊火行为一旦发生，往往会打乱原有灭火计划，给灭火工作带来麻烦，或是灭火队员难以靠近火场，给灭火带来困难。对不同能量的森林火灾，需要采取的灭火方法是不相同的，并且火后对火烧迹地的处理方法也不相同。

一般林火行为主要包括林火蔓延方向和速度、火强度、火持续时间以及火烈度等，林火行为受可燃物类型、火环境、火源条件和扑火方法制约，每次森林燃烧的林火行为都不尽相同。针对不同的林火行为，采取适宜的扑火方法才能对林火进行有效控制。

（二）林火蔓延

林火蔓延是林火行为的一个重要指标，它包括林火蔓延速度、火场面积、火场蔓延形状和林火蔓延模型等。这些林火行为都是扑火的重要依据。

1. 林火蔓延速度

林火蔓延速度是指火线在单位时间内向前移动的距离。由于火场部位不同，风向与火蔓延的方向不一致，所以火场上各个方向的蔓延速度也是不同的。蔓延速度的差异可以形成复杂的火场形状。林火蔓延速度可以通过在野外林火实践中直接测得，也可以通过数学模型计算和预测获得。常用的林火蔓延速度有 3 种。

1）线速度

林火蔓延的线速度指单位时间内火线向前推进的直线距离，即火线向前推进的速度，通常以 m/s、m/min 或 km/h 表示。线速度的测算方法有 2 种：一种是现地测算法，该方法是利用自然物体或人为投放的物标，估算几个明显物标间的距离并测定物标之间火的蔓延时间，然后测算林火蔓延的线速度，面对大面积火场时可以采用飞机等距离投放物标的方式来确定林火蔓延距离；另一种是图像判读法，该方法是利用不同时间间隔拍摄的航片或卫星照片，从图像上判读测算出林火蔓延的线速度。

2）面积速度

林火蔓延的面积速度指单位时间内火场扩大的面积，通常以 m^2/min 或 ha/h 表示。计算林火蔓延速度之前，需要先计算出火场面积。确定火场面积的方法有 2 种：一种是当遇到大面积火灾时，通过拍摄的航片和卫星照片进行判读，当遇到小面积火灾时可以现场进行目测；另一种是用火线速度推算林火蔓延速度。

初发火场面积的推算公式如下：

$$S = \frac{3}{4}(V_1 t)^2 \qquad (2-3)$$

式中　　S——初发火场面积，m^2；

V_1——火头蔓延线速度，m/min；

t——自着火时起到计算林火蔓延燃烧持续时间，min。

再比如，苏联 И. В·奥弗斯扬尼柯夫计算火场蔓延面积的公式为

$$S = kt^n \qquad (2-4)$$

式中 S——林火面积，ha；

k——该级林分自然火险系数，无量纲；

t——火灾燃烧持续时间，h；

n——该级自然火线林分的火灾程度和火险季节系数，无量纲。

3）周长速度

林火蔓延的周长速度指单位时间内火场周长增加的长度，通常 m/min、m/h 或 km/h 表示。火场周边长度及其增加速度快慢，是计算扑火人员数量和火场布设的重要参考指标。在灭火实践中，可以通过顺风火头线速度来估测火场周边长度，进而推算出周长速度。

初发火场周长的计算公式如下：

$$C = 3V_1T \qquad (2-5)$$

式中 C——初发火场周长，m，km；

V_1——火头蔓延的线速度，m/min，km/h；

T——火烧持续时间，min，h。

2. 火场面积

火场面积蔓延速度也是用以估算扑火人员数量和火场布设的重要依据。估算方法较多，主要有以下几种：

如果是刚发生的小面积火场，在地表平坦、无风的条件下，可以按圆面积和圆周长公式计算，即

$$S_{火场} = \pi r^2 \qquad (2-6)$$
$$L_{周长} = 2\pi r \qquad (2-7)$$

如果火场发展为椭圆形，按照长轴和短轴比例求算火场面积和火场周边长度，采用近似椭圆计算，即将火蔓延速度、侧翼火蔓延速度和火尾逆风火蔓延速度相加后除以3，求得火平均蔓延速度，以此为半径，再按圆面积计算公式进行计算，求得火场面积。

另外，还有按照火头前进方向抛物线，以火翼速度为半径画圆来算火场面积的方法。上述几种方法都必须经过实测之后方可估算火场面积。

3. 火场蔓延形状

一场林火的发生、发展中，火的蔓延随可燃物、地形和气象等因素的不同，会出现不同情况，或是发展，或是减缓，或是停止，呈现出不同的火场蔓延形状。火场蔓延形状通常有3种典型类型。

1）无风、无坡蔓延类型

这种类型火场的火焰呈垂直状态，它是辐射对流热能在有限范围内传播造成的现象。高湿条件下，清晨与夜间无风、无坡的草原火就具有这种形态。该类型火线近似等距向四周传播蔓延。

2）坡地蔓延类型

　　由于火焰垂直发展的特性，无风、无坡情况下发生的林火用于预热周围可燃物的辐射、对流热能量有限，而当林火发生在坡地上，情形将会发生变化，此时林火蔓延以水平方向为主。该类型蔓延模型扩大了用于预热周围可燃物的辐射和对流热能，故发生在坡地上的林火蔓延形状呈椭圆形，且火头窄。

　　在鸡爪形山地条件下，植被相同，火在谷地间的蔓延缓慢；而向两个山脊方向蔓延速度则非常迅速，因此常会出现两个火头。

　　3）风驱火焰蔓延类型

　　风驱火焰的特征是水平火焰。水平火焰以辐射、对流热能传播的热能最多。风助火势常常会形成跳跃的火团，间歇性放出高能热量。

　　当风速达到 40 km/h 时，则林火不存在逆风传播，此时火头顺风迅速向前蔓延。

　　一般情况下，在风驱火焰火场中，顺风火蔓延速度要快于侧风火蔓延速度，侧风火蔓延速度要快于逆风火蔓延速度。

　　当地面风向不固定时，经常成 30°或 40°的角度变化，则蔓延模型呈扇形。火场开始时顺风蔓延较快，后由于风向转变，侧风变为主风时，则椭圆形火场的长轴方向就会发生改变。

　　有风天气条件下，发生在坡地上的林火会比较难处理，此状态的火焰受坡度与风速双重作用，火焰向水平方向发展，会造成宽火头，不同于受风速单一因子作用时所形成的狭窄火头。另外，此状态的两侧火翼蔓延紊乱，热能释放量极高，极有可能形成飞火。

　　林火的各种蔓延类型都具有各自的蔓延特点，须有充分的认识。灭火时应集中力量设法控制住火头，进而才能更好地控制住火势。

　　对林火蔓延的仿真预测研究主要集中在林火蔓延模型的构建方面。林火蔓延模型是根据实际的火烧实验，以及在获得多种可燃物信息、地形和气象数据的前提下，运用数学方法计算得出林火蔓延速度、火强度以及其他相关数据。根据林火蔓延模型得出的蔓延速度等指标可以帮助管理者预测要发生的林火行为的具体情况，辅助制定扑火措施和进行日常的林火管理等。目前，林火蔓延经典模型包括加拿大林火蔓延模型（半机理半统计模型）、基于能量守恒定律的 Rothermel 模型（物理机理模型）、澳大利亚的 McArthur 模型（统计模型）、王正非的林火蔓延模型和 Van Wagner 林冠火蔓延模型等。

　　（三）林火强度

　　林火强度简称火强度，指森林可燃物燃烧时整个火场的热量释放速度。早在 20 世纪50 年代，美国物理学家拜拉姆就提出了火强度的计算公式：

$$I = 0.007HWR \qquad\qquad (2-8)$$

式中　　I——火强度，kW/m；

　　　　H——有效可燃物发热量，J/g；

　　　　W——有效可燃物负荷量，t/ha；

　　　　R——蔓延速度，m/min。

森林火灾扑救中很难精确测算火强度，可以采用经验算法，如通过火焰长度、高度估算火强度。

火焰长度是火焰从地面到火舌尖端的距离；火焰高度则是火舌垂直于地面的距离。火强度难以测量，但可以按火焰长度估算火强度，其公式为

$$I = 258L_f^{2.17} \tag{2-9}$$

式中　　I——火强度，kW/m；

　　　　L_f——火焰长度，m。

也可以按火焰高度估算火强度（误差为20%），其公式为

$$I = 3(10 \times H)^2 \tag{2-10}$$

式中　　I——火强度，kW/m；

　　　　H——火焰高度，m。

在长期实践基础上，林火管理工作者总结得出了火焰高度和林火强度的关系，见表2-5。

表2-5　林火强度和火焰高度关系

	林火强度/(kW·m^{-1})	火焰高度/m
弱度	<75	<0.5
低度	75~750	0.5~1.5
中度	750~3500	1.5~3.5
高度	3500~10000	3.5~6.0
强度	>10000	>6.0

此外，火强度还可以按照林火烧伤地被物的状况来判别。灌木林树冠烧毁不超过40%，其中有残留未烧或轻度火烧的带有树叶和小枝条的灌木为低强度火；有40%~80%的灌木树冠被烧毁，残留直径0.6~1.3 cm的树干为中强度火；灌木树冠全部被烧毁，只残留直径在1.3 cm以上的树干为高强度火。火场上还可以根据火烧后土壤剖面变化和土壤的颜色来判断火强度。枯枝落叶层被烧焦，土壤剖面无变化为低强度火；枯枝落叶层被烧成黑灰状，土层的颜色、结构也无变化为中强度火；枯枝完全烧成白灰状，土层的颜色、结构都发生了变化为高强度火。

（四）火烧持续时间与林火烈度

1. 火烧持续时间

火烧持续时间与火的温度高低对于活的可燃物的影响存在差异。火烧持续半小时，温度达49 ℃时，针叶才会死亡；火烧持续几分钟，温度达到56 ℃时，针叶死亡；火烧持续

半分钟，温度达到 60 ℃时，针叶死亡；当温度达到 62 ℃时，针叶会立即死亡。因此，火烧持续时间与火强度具有同样作用。

火烧持续时间的含义有 2 种：一种是指整个火焰在可燃物上停留的时间；另一种是指火锋持续时间。由于可燃物种类不同，火烧持续时间也不同。火在粗大杂乱物上停留的时间长，在细小杂乱物上停留的时间短。

2. 林火烈度

林火烈度简称火烈度，指林火对森林生态系统的破坏程度。

火烈度表达方法主要有 2 种。

1）火烧前后的蓄积量变化

森林燃烧前后的林木蓄积量变化表示森林受危害程度，火烧造成的林木蓄积量的损失与火烧前林木蓄积量的比值为火烈度。

$$P_{M} = \frac{M_0 - M_1}{M_0} \times 100\%　　　　　　(2-11)$$

式中　P_M——火烈度，%；

　　　M_0——火烧前的林木蓄积量，m^3；

　　　M_1——火烧后的林木蓄积量，m^3。

2）火烧前后林木株数变化

森林燃烧后林木死亡株数表示森林受危害程度，火烧后林木死亡株数与火烧前林木株数的比值为火烈度。

$$P_{N} = \frac{N_0 - N_1}{N_0} \times 100\%　　　　　　(2-12)$$

式中　P_N——火烈度，%；

　　　N_0——火烧前的林木株数；

　　　N_1——火烧后存活的林木株数。

三、林火种类

林火种类也是林火行为的一项重要指标，同时它也是其他林火行为指标的综合体现。林火种类不同，给森林带来的危害也不同。了解林火种类，对正确估计火灾危害和可能引起的后果，对扑火力量的组织、扑火战术的运用、扑火机具的选择以及怎样利用有利的时机灭火等都具有现实意义。按燃烧部位划分，林火通常可划分为地表火、地下火和树冠火 3 种类型。

（一）地表火

沿林地表面蔓延的林火称为地表火（图 2-3）。地表火是最常见的一种林火。在北方，地表火占林火总数的 90% 以上。火从地面地被物开始燃烧，地表火沿地表面蔓延，烟为灰白色，主要燃烧森林枯枝落叶层、枝丫、倒木、地被物、灌丛并危害幼树、下木、烧伤大树的根部，影响树木生长，引起森林病虫害，较高强度的地表火会造成大面积林木枯死，破坏森林生态系统。地表可燃物特别多时，易转为树冠火和树干火。但轻微地表火对土壤及林木有一定益处。地表火的燃烧速度和火强度容易受气象因素（特别是风向、风速）、地形、可燃物影响。

图 2-3　地表火

通常情况下，地表火蔓延速度为 4～5 km/h，上山火可达 8～9 km/h，有强风时火的行进速度可达 10 km/h 以上。

按蔓延速度和对林木的危害，地表火又可分为急进地表火和稳进地表火。

1. 急进地表火

急进地表火是在大风或坡度较大情况下形成的地表火。火蔓延速度快，通常可达 5 km/h 以上。这种火因蔓延速度快，往往燃烧不均匀，常留下未烧的地块，林地被烧成"花脸"，一般只烧林地的干枯杂草、枯枝落叶等，对乔、灌木危害较轻。形成火烧迹地的形状与风速有直接关系，一般呈长椭圆形或顺风伸展成三角形。由于急进地表火蔓延速度快，如果不及时组织力量扑救，控制火头，就会迅速扩大火场面积，容易酿成大灾。

2. 稳进地表火

稳进地表火蔓延速度较慢，一般为 2～3 km/h，有时很缓慢，仅前进几十米或几百米。这种地表火主要烧毁地被物，有时能烧毁幼树和乔木。在密集的原始森林里杂草少、苔藓多、林内湿度大、风速不大的情况下，火势小，蔓延慢。由于燃烧时间长，温度高，火经过的地方可燃物燃烧彻底，对高大的原始森林的根部和树干基部危害严重。在稀疏的次生林内，因下木丛生、杂草繁茂，火强度大。在采伐迹地，干燥的杂草及乱物多，火燃烧猛烈，容易蔓延到树冠形成遍燃火。稳进地表火的火烧迹地呈椭圆形。稳进地表火蔓延速度慢，只要发现、扑救及时，就能控制火场面积，不至于酿成大灾。

（二）地下火

1. 森林地下火概念

地下火是一种阴燃过程，它是指林地土壤中粗腐殖质层有机物质（包括泥炭等）着火所发生的燃烧。其中，在腐殖质中燃烧的火称作腐殖质地下火，在泥炭层中燃烧的火称作泥炭地下火。地下火是林间地下可燃物的燃烧，在地表看不见火焰，有时会有烟，可一直烧到矿物层和地下水层的上部。地下火蔓延速度缓慢（4~5 m/h），一昼夜可以烧几十米至几百米，火烧迹地呈现弯弯曲曲马蹄形向四周伸展，温度高，持续时间长，可以跨季节甚至越冬燃烧，破坏力极强，能烧掉腐殖质、泥炭和树根等，导致树木枯黄而死。这类火灾一般只在特别干旱的年代才发生，只占森林火灾总数的1%。如2002年干旱夏季大兴安岭北部原始林区发生的"7·28"内蒙古自治区满归特大林火，就是以地下火为主的森林火灾。

2. 森林地下火分布

林火的发生随森林植被类型、气候条件、纬度变化具有显著不同的分布特征。由于受降水、积雪、气温、湿度、植被、人口密度、交通、水源等因素影响，林火具有一定的垂直分布特征。森林地下火往往发生在长期处于干旱、降水少、蒸发量大、高温低湿季节中的原始森林里。地下火有空间和时间分布特征。

在空间分布上，相对于腐殖质，泥炭是限制地下火空间分布的主要因素，全球约80%的泥炭分布在北温带，15%~20%分布在热带和亚热带，仅少量分布于南温带。在北温带，加拿大和阿拉斯加都有大量的泥炭层分布，是地下火的高发区域。在温带和亚热带，英国的苏格兰地区以及美国东南部的北卡罗来纳州和佛罗里达州是地下火的高发区域。而在热带，印度尼西亚和巴西是地下火高发的国家。我国的森林地下火主要发生在东北大小兴安岭林区和新疆阿尔泰林区这些北方寒冷的针叶林中，南方区域的林区因气候等原因较少发生森林地下火，但在四川甘孜、阿坝和云南保山等林区中也有发生。

在时间分布上，地下火绝大部分发生在夏季。夏季可燃物处于生长期，活可燃物可依靠降水和借助吸收土壤中的水分补充水分，活可燃物含水量相对于死可燃物含水量大，而地下死可燃物只能依靠降水来补充水分，遇到干旱，地下枯落可燃物缺乏水分补充，变得越来越干燥，极易发生地下火。地下火一般出现在干旱季节，东北大小兴安岭林区地下火主要发生在6—7月，新疆阿尔泰林区地下火主要发生在8—9月。

（三）树冠火

树冠火（图2-4）指地表火遇到强风或特殊地形向上烧至树冠，并沿树冠蔓延和扩展的林火。这种火是由地表火遇强风或遇针叶幼树群、枯立木、风倒木或低垂树枝，烧至树冠，并沿树冠顺风扩展。通常情况下树冠火易出现在树脂成分较多的针叶林区域。上部烧毁针叶，烧焦树枝和树干；下部烧毁地被物、幼树和下木。在火头前方，经常有燃烧枝丫、碎木和火星，加速了火灾蔓延，扩大了森林损失。树冠火燃烧猛烈，灭火困难，遇有大风天气，树冠火燃烧更为猛烈，烟为青灰色，称为狂燃树冠火。在我国北方，树冠火占5%左右。树冠火也有因雷击树的干部和树冠起火形成的林火。树冠火燃烧时可以产生局部气旋，遇有大风天，这种气旋可将燃烧着的树枝、树皮吹到几十米至百米远的地方，进而形成新的火点。树冠火的扑救难度较大，目前主要是采取开设隔离带、以火攻火、洒水灭火或飞机灭火的方法扑救。

图2-4　树冠火

树冠火多发生在长期干旱的针叶林、幼中林或异龄林。根据蔓延速度，树冠火又可分为急进树冠火和稳进树冠火。

1. 急进树冠火

树冠火蔓延时如果地表火在后，树冠火在前，火焰在树冠上跳跃前进，蔓延速度快，则该类火为急进树冠火。火蔓延速度顺风时可达8～25 km/h或更大，形成向前伸展的火舌。这种火是由于强风的推进而形成的，又称为狂燃火。这种火可以烧毁树冠的林系，烧焦树皮进而导致树木枯死。通常火烧迹地呈长椭圆形。

2. 稳进树冠火

地表火与树冠火同时向前蔓延，且火的蔓延速度相对较慢，这样的树冠火称为稳进树冠火。火蔓延速度一般情况下为2～4 km/h，顺风时在5～8 km/h。这种火可以烧毁树冠的大枝条，烧着林内的枯立木，燃烧较彻底。稳进树冠火又称遍燃火，是危害森林最严重的林火之一。通常火烧迹地呈椭圆形。

据统计，世界各国的林火均以地表火为最多，占90%以上，其次是树冠火，最少是地下火。我国东北地区地表火约占94%，树冠火约占5%，地下火约占1%，但全国各地有所差异。地表火、树冠火和地下火这三类林火可以单独发生，也可以并发。特大森林火灾发生时，三类火往往是交织在一起。一般来讲，林火都由地表火开始，烧至树冠引起树冠火，烧至地下则形成地下火，树冠火也可能下降到地面形成地表火。地下火也可以从地表的缝隙中蹿出烧向地表。通常针叶林易发生树冠火，阔叶林易发生地表火，长期干旱年份易发生树冠火或地下火，林火种类与森林类型以及可燃物类型密切相关。

<h2>第三节　灭 火 机 理</h2>

<h3>一、燃烧四面体理论</h3>

森林燃烧需要具备森林可燃物、助燃物和点火源三个条件。这三者构成了燃烧三要素，缺少其中一个，燃烧就会停止。在燃烧三要素的基础上，沃尔特黑斯勒（Walter-Haessler）提出了燃烧四面体，它的提出更加深入地解释了燃烧过程。他提出，燃烧一旦发生并要使燃烧持续，必须存在一定数量和种类的游离基。也就是说，燃烧时除了必须满足燃烧三要素以外，若想燃烧持续进行，必须存在一定数量和种类的游离基。因此，需要掌握燃烧四面体才能更加准确地描述燃烧条件，燃烧的必要条件可以用燃烧四面体表示，如图 2－5 所示。

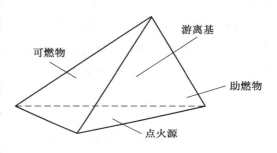

图 2－5　燃烧四面体

对于灭火，就是要破坏已经形成的燃烧条件，扑救森林火灾就是破坏至少一个要素而使林火熄灭的过程。燃烧四面体是指导林火扑救的基本原理，限制燃烧四面体的任何一面，都会有效控制森林火灾的发展和蔓延。由此理论产生的灭火方法有隔离法、窒息法、冷却法和抑制法，并在实际扑火工作中衍生出森林消防特有的灭火措施。

1. 隔离法

根据燃烧四面体，把可燃物与引火源或氧气隔离开，燃烧区得不到足够的可燃物就会自动熄灭。扑救森林火灾中，可通过人工、机械、爆破和洒水等措施使燃烧的可燃物与未燃的可燃物分开使林火熄灭，例如开设防火线、挖防火沟和利用索状炸药炸出生土带等。利用飞机或水车洒水、洒化学阻火剂和泡沫灭火剂等都能在一定程度上起到隔离可燃物与氧气的作用。

2. 窒息法

根据燃烧四面体，要使可燃物的燃烧发生，氧气浓度必须在一定数值以上才能进行，否则燃烧就不能持续进行。因此，通过减低燃烧物周围的氧气浓度可以起到灭火作用。扑救森林火灾中，可以通过隔绝燃烧所需要的氧气来阻止火势的发展和蔓延。当空气中氧气浓度低于 14% ～18% 时，燃烧现象就会停止。用土覆盖、用化学灭火剂（化学灭火剂受热分解产生不燃性气体，使空气中氧气浓度下降，从而使火窒息）等都是利用此原理灭火。

3. 冷却法

根据燃烧四面体，可燃物的点燃需要足够强度的点火源。因此，将可燃物冷却到其燃点或闪点以下，已经燃烧的可燃物就不能点燃未然的可燃物，燃烧反应就会终止。冷却法的原理是将相应的灭火剂直接喷射到燃烧的物体上，促使燃烧区的温度减低到可燃物的燃点之下，使燃烧停止；或者将灭火剂喷洒在火源附近的可燃物上，使其不因火焰热辐射作用而形成新的火点。扑救森林火灾中，采用降温办法使燃烧停止的措施很多，例如喷洒水、覆盖湿土等都可达到降低可燃物的温度从而灭火的目的。

4. 抑制法

根据燃烧四面体，抑制燃烧反应自由基的方法也是一种有效的灭火方法，称为抑制法。燃烧过程中，使灭火剂参与到燃烧反应中去，它可以销毁燃烧过程中产生的游离基，形成稳定分子或降低游离基活性，从而使燃烧反应终止，达到灭火目的，例如使用化学灭火剂、气溶胶灭火剂进行抑制灭火。需要注意的是，使用抑制法灭火时一定要将灭火剂准确喷射到燃烧区内，使灭火药剂参与到燃烧反应中去，否则起不到抑制反应的作用。

实际扑救森林火灾中，使用的灭火方法并不容易归结为以上 4 种方法中的单一一种，可能是多种灭火方法共同起作用的结果。

二、开口系统理论

此部分我们将从能量角度，通过对开口系统理论的灭火分析，讨论冷却法的灭火机理。在非绝热情况下，混合气体（森林燃烧产物中可燃性气体与氧气）的质量分数变化计算比较复杂，为了计算简便，乌里斯提出在一个假想的简单开口系统进行着火和灭火分析，建立了理想的"零维"模型。利用这个理想模型，可通过热量和质量的输入、输出写出形式较为简单的热平衡和质量平衡关系，并据此建立反应系统质量分数与温度间的关系。在非绝热情况下，混合气体浓度的变化比较复杂，但不难理解，由于混合气体浓度降低，放热速度将会变慢，放热曲线不会始终上升而会出现下降；而散热曲线与混合气体浓度变化关系不大，仍呈直线。于是放热曲线与散热曲线的交点在一般情况下不是原来的 2 个点而是 3 个点 A、B、A'，如图 2-6 所示。

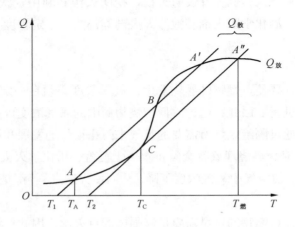

图 2-6　燃烧过程中放热曲线与散热曲线的关系

如果提高环境温度至 T_2，使散热曲线与放热曲线相切于 C 点，则 A' 移到 A''。在这样的条件下，可燃混合气体必将出现着火过程，而 A'' 点则是混合气体能够实现的高温稳定燃烧状态，对应的 $T_{燃}$ 即为燃烧温度。灭火分析要充分考虑混合气体浓度的变化，把高温稳定燃烧状态作为实际的研究对象。利用该理想模型系统可提出 3 种灭火措施。

1. 降低系统环境温度灭火

随着环境温度下降，系统的放热速率减小。当系统散热速率总是大于放热速率时，系统灭火，进入低温状态。

设系统已经在 A''' 进行稳定燃烧，其对应的环境温度为 T_3，如图 2 - 7 所示。

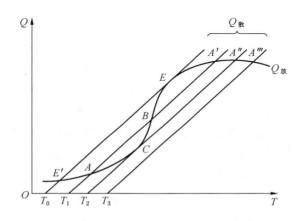

图 2 - 7　降低环境温度使系统灭火

现欲使系统灭火，将环境温度降低到 T_2，此时燃烧点 A''' 移到 A''，因 A'' 是稳定点，系统则在 A'' 进行稳定燃烧。这就是说，环境温度降到着火的临界温度 T_2，系统仍不能灭火。同样，因 A' 仍然是稳定燃烧态，环境温度降低到 T_1 时也不能灭火。

当环境温度降低到更低温度 T_0 时，放热曲线与散热曲线相切于 E 点。E 点是处于高温氧化状态的不稳定点，因为系统稍微出现降温扰动，只要散热速度大于放热速度，系统就会自动降温移到 E'，E' 是低温缓慢氧化态，这样系统就由高温燃烧态 A''' 过渡到低温缓慢氧化态 E'，即系统灭火。

2. 改善系统散热条件灭火

当对流换热系数增大时，系统的散热速率增大。一旦系统散热速率大于放热速率，系统灭火，此时，系统将稳定在低温状态。

设系统已经在 A''' 点进行稳定燃烧，系统的环境温度为 T_0，如图 2 - 8 所示。

若保持环境温度 T_0 不变，为使系统灭火，改善系统散热状态，在 $Q - T$ 图上就是改变散热曲线的斜率。增大系统散热曲线斜率，使散热曲线与放热曲线相切于 C 点，相应地 A''' 点移向 A''，此时因 A'' 是稳定燃烧态，系统不能灭火；继续增大斜率，使 A'' 点移向 A'

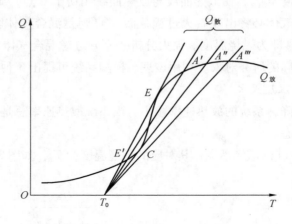

图 2-8　改善系统散热条件使系统灭火

点，A' 也是稳定燃烧态，系统仍不能灭火；如果进一步增大斜率，使散热曲线与放热曲线相切于 E 点，因 E 点是不稳定点，系统将向 E' 移动，并在 E' 进行缓慢氧化，于是系统完成了从高温燃烧态 A''' 向低温缓慢氧化态 E' 的过渡，即系统灭火。

3. 降低系统混合气体浓度灭火

随着系统混合气体浓度降低，反应放热速率下降。当高温状态的散热速率大于放热速率时，系统灭火，进入低温状态。

设系统已经在 A''' 点进行稳定燃烧，系统的浓度为 C_0，环境温度为 T_0，如图 2-9 所示。

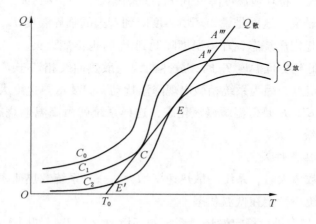

图 2-9　降低系统混合气体浓度使系统灭火

现保持环境温度 T_0 和散热条件不变，为使系统灭火，降低系统中混合气体的浓度

C_0。如图 2-9 所示，放热速度 $Q_{放}$ 变小，放热曲线将下移。混合气体浓度从 C_0 降到 C_1，A''' 点移向 A''，因 A'' 是稳定燃烧态，系统不能灭火。继续降低混合气体浓度至 C_2，使散热曲线与放热曲线相切于 E 点，因 E 点是不稳定点，系统将向 E' 移动，并在 E' 进行缓慢氧化，于是系统完成了从高温燃烧态 A''' 向低温缓慢氧化态 E' 的过渡，即系统灭火。

灭火实际就是从高温稳定态（燃烧态）向低温稳定态（缓慢氧化态）转变的过程。对已经燃烧的系统进行灭火，必须使系统处于比着火更不利的条件下才能实现，系统的灭火与着火不可逆，灭火要在比着火更苛刻的条件下才能实现。

三、连锁反应理论

根据连锁反应理论也可以解释灭火应用中的抑制法。物质燃烧反应的机理也是连锁反应的过程。连锁反应是指由一个单独分子的变化产生自由基，而引起其他一连串分子也发生变化的化学反应。其特点是反应体系中存在一种高能量的活性中间物链载体——自由基（游离基），只要自由基不消失，反应就会一直进行下去，直到反应完成。林火燃烧气体燃烧阶段中各种可燃性气体的燃烧就是以链式反应为主。燃烧中瞬间进行的循环连续的化学反应被称为燃烧链式反应或燃烧反应链。下面以氢、一氧化碳、烃类和碳的燃烧反应链为例来说明各物质燃烧过程及连锁反应。

1. 氢燃烧反应链

由于一些外来的影响，如高能量分子的碰撞等，氢分子（H_2）分解成氢原子（$H·$）：

$$H_2 + M \longrightarrow 2H· + M$$

式中 M 表示除氢以外的其他高能分子或原子。

氢原子遇到氧分子（O_2）生成氧原子（$·O·$）和氢氧游离基（$·OH$）：

$$H· + O_2 \longrightarrow ·OH + ·O·$$

氧原子和氢分子相互作用，又生成氢原子和氢氧游离基：

$$O· + H_2 \longrightarrow H· + ·OH$$

氢氧游离基与氢分子相互作用，生成水分子（H_2O）和氢原子：

$$OH + H_2 \longrightarrow H_2O + H·$$

氢的链式反应还有许多复杂情况，如氢氧游离基相互反应生成氢分子和氧原子；在中等压力下，氢原子与氧分子在外来能的作用下，生成过氧化氢游离基；在高压下过氧化氢游离基与氢分子作用生成双氧水和氢原子，双氧水分解生成氢氧基。

2. 一氧化碳燃烧反应链

一氧化碳遇氧原子或氢氧游离基生成二氧化碳：

$$CO + ·OH =\!=\!= CO_2 + H·$$

$$CO + ·O· =\!=\!= CO_2$$

一氧化碳在干燥条件和 700 ℃ 下，不与氧发生燃烧反应。但当有少量水蒸气和氢气存在时，则发生燃烧反应，并大大加速此反应。

3. 烃类燃烧反应链

烃类燃烧反应链极为复杂，以最简单的甲烷为例，一般认为按下列反应进行：甲烷分解成烷基游离基（·CH_3）和氢原子；氢原子与氧分子作用生成氢氧游离基和氧原子；烷基游离基与氢氧游离基作用生成甲醇（CH_3OH）；甲醇氧化生成甲醛（$HCHO$）和水；甲醛还可进一步分解生成氢分子和一氧化碳。其反应方程式如下：

$$CH_4 = \cdot CH_3 + H \cdot$$
$$H \cdot + O_2 = \cdot OH + \cdot O \cdot$$
$$CH_3 \cdot + \cdot OH = CH_3OH$$
$$CH_3OH + \cdot O \cdot = HCHO + H_2O$$
$$HCHO = H_2 + CO$$

4. 碳的燃烧反应链

碳与氧相遇会发生下面各种情况：

$$C + O_2 = CO_2$$
$$2C + O_2 = 2CO$$
$$4C + 3O_2 = 2CO_2 + 2CO$$
$$3C + 2O_2 = 2CO + CO_2$$

一氧化碳是可燃气体，它与氧反应生成二氧化碳。二氧化碳是燃烧的最终产物，但二氧化碳与炽热的碳粒子反应，生成一氧化碳，进行二次燃烧。其反应如下：

$$2CO + O_2 = 2CO_2$$
$$C + CO_2 = 2CO$$

在有水蒸气存在的情况下，碳可以与水蒸气反应生成一氧化碳和甲烷（CH_4）等可燃气体。所以水蒸气在某种情况下会加速燃烧。过去曾用燃烧木炭加水生成甲烷作为汽车发动机的燃料。其反应方程式如下：

$$C + 2H_2O = CO_2 + 2H_2$$
$$C + H_2O = CO + H_2$$
$$C + 2H_2 = CH_4$$

以上链式反应的条件是在燃烧区内存在活性物质，即游离基，这些活性物质称为活化中心。如果破坏反应链的活化中心，燃烧反应不能继续，燃烧就会停止。常用的灭火药剂氟利昂是在分解时产生溴游离基，溴游离基再捕捉活化中心的氢原子、氢氧游离基，使火熄灭。原理就是中断燃烧反应链。其反应方程式如下：

$$Br + H \cdot \longrightarrow HBr$$
$$HBr + \cdot OH \longrightarrow H_2O \cdot Br$$

连锁反应一般分为链引发、链传递、链终止三个阶段。借助于光照、加热和引发剂等方法使反应物分子共价键断裂产生自由基的过程，称为链引发。连锁反应中自由基作用于反应物分子，产生新的自由基和产物，使化学反应一个传一个，自动不断地进行下去的过程叫链传递。链传递阶段是连锁反应的主体阶段，自由基等活泼粒子是反应链的中间传递载体。自由基销毁使连锁反应不再进行的过程叫链终止。在链终止阶段，自由基如果与自由基碰撞或与其他惰性分子碰撞后，可以失去能量从而成为稳定分子，自由基消失，则连锁反应终止。在外界点火源作用下产生游离基，链被引发，然后游离基中间载体互相碰撞，不断产生新游离基和产物分子，自动进行链传递，直到反应物消耗殆尽，链即终止，燃烧熄灭。链终止有两种方式：自由基与自由基、惰性分子等作用时形成稳定分子的过程叫气相销毁；自由基碰到固体颗粒等，传递能量失去活性的过程叫固相销毁。

$$H_2 + Br_2 \longrightarrow 2HBr \qquad （总反应）$$

$$Br_2 \xrightarrow{能量} 2Br\cdot \qquad （Br\cdot 链引发）$$

$$\left.\begin{array}{l} Br\cdot + H_2 \longrightarrow HBr + H\cdot \\ H\cdot + Br_2 \longrightarrow HBr + Br\cdot \end{array}\right\} \qquad （链传递）$$

$$\left.\begin{array}{l} H\cdot + H\cdot \longrightarrow H_2 \\ H\cdot + Br\cdot \longrightarrow HBr \\ Br\cdot + Br\cdot \longrightarrow Br_2 \end{array}\right\} \qquad （链终止）$$

$$M + 2Br\cdot \longrightarrow Br_2 + M \left\{\begin{array}{l} 气相销毁 \\ 固相销毁 \end{array}\right. （链终止）$$

式中 M 称为第三体，表示惰性分子、固体颗粒和器壁等。

据此原理，对灭火工作的启示是：若要灭火，可使用惰性物质对火焰进行扫射，抑制或销毁游离基，中止链传递。

连锁反应理论揭示，着火过程的核心是链增长和传递。因此，只要设法使系统中自由基的销毁速度大于自由基增长速度，就能让系统不发生着火，或使已经着火的系统灭火。研究表明，链引发之后，链传递过程是决定自由基增长速度的关键因素，故降低自由基能量以及截断链传递途径以抑制自由基数目增长是实现灭火的有效方法。具体措施有：降低系统温度，减慢自由基增长速度；增加自由基固相销毁速度；增加自由基气相销毁速度等。

📖 习题

1. 什么是森林燃烧三角？什么是燃烧四面体？

2. 风力灭火机灭火时利用了什么样的林火理论？在这些理论指导下还可以使用什么方法灭火？

3. 连锁反应有何特点？

4. 火场蔓延形状主要受哪些因素的影响？会形成哪几类火场形状，其典型火行为各有哪些？

5. 林火强度与火焰高度有什么关联？如果有关联请具体说明。

森林火灾扑救

6. 分析不同速度地表火火行为差异，结合防火实践分析如何有针对性地扑救地表火。

7. 分析树冠火的形成原因，并结合实际提出如何减少树冠火发生，降低树冠火损失。

40

第三章　森林灭火技术

森林灭火技术是随着我国森林防火事业的发展而建设起来的，经历了近 80 年的成长历程。森林灭火技术既是广大务林人集体智慧的结晶，也是几代森林消防队伍浴血奋战的经验总结。森林灭火技术伴随森林灭火装备的发展经历了手工具灭火向半机械化发展、半机械化向机械化发展、直接灭火向间接灭火发展和地面灭火向立体灭火发展 4 个阶段。现如今随着森林灭火装备的完善，森林灭火技术也不断地改革创新，极大地提高了森林灭火效率。

第一节　地面灭火技术

地面灭火技术主要是指风力灭火技术、以水灭火技术、化学灭火技术、火攻灭火技术、阻隔灭火技术、火场清理技术等。这些灭火技术在几十年来的火场实践中发挥了重要作用，在森林灭火战斗中是不可替代的。

当林火发生时，由于可燃物类型、气象条件及地形条件不同，火线的形状、火的强度、火焰高度等林火行为特征也不同，可采用不同的灭火手段。

一、风力灭火技术

现阶段，我国的风力灭火技术主要是通过风力灭火机来达到灭火效果。

风力灭火机多以小型二冲程汽油机为动力驱动风轮产生高速气流，距风筒出口 2.5 m 处的风速为 20~30 m/s，相当于 9 级以上大风，可吹散燃烧释放的热量，降低火场温度，减小热辐射，破坏燃烧的必要条件，从而达到灭火目的。另外，有的风力灭火机还可接上水带或干粉盒以提高灭火效果。

风力灭火机适用于扑救幼林、次生林、荒山草坡和草原火灾。但是，在视线不清，灌木、杂草超过 1 m 时应谨慎使用；火焰高度超过 2.5 m 的火，因为火势蔓延过快，消防人员撤退不及时，使用风力灭火机时容易造成伤亡。

风力灭火机分为背负式和手持式，目前消防救援机动队伍配备的大都是斯蒂尔背负式风力灭火机，手持式风力灭火机在地方扑火队运用比较广泛。

1. 灭火技术原理

风力灭火机在近距离扑救森林火灾中是主战装备，它具有阻燃效果。风力灭火机在加大风力作用下，可产生高速气流，能够吹散火场可燃物和火焰，让可燃物周围环境温度迅速降至燃烧点温度以下，达到阻止可燃物继续燃烧的效果。

2. 操作技术方法

风力灭火机能够有效切割火焰底部，隔绝可燃物与空气之间的氧气，吹散热量，达到灭火目的。如果在操作灭火机中，灭火机使用不当可能会助燃，以致引火烧身，给扑火人员造成身体烧伤，所以，正确掌握风力灭火机的操作方法至关重要。扑灭 0.5 m 以下的火，1 人可单机作战。2 人 2 台风力灭火机时采取"一打一清"战术，一号风机手在前面灭火，二号风机手在后面清理余火，也可以一机压火头，降低火焰，一机切割火焰底部，阻隔可燃物与空气接触面，并将可燃物用灭火机风力吹到火场以内，达到灭火目的。4 人 4 台使用灭火机，采取单点突破分进合围战术，选择火势最弱点突破，分别向两翼推进合围。火焰在 1.5 m 以上时可采用多机组合灭火战术，5 人 5 台风力灭火机，一号机压火头，二号风机手顶吹火焰中上部，三号风机手顶吹火焰中下部，四号风机手切割火焰底部，五号风机手给灭火队员吹风散热，掩护前四机手，防止后面边缘复燃。

灭火机多机配合可阻止火焰蔓延速度，也可以保护扑火人员的人身安全，在防护措施不到位的情况下，多机的风力可有效避免扑火人员受到伤害。另外，扑火人员可从远处对火头、火焰进行压制，降低火焰向前燃烧的速度，进而达到灭火目的，也能最大限度保护扑火人员的安全。

二、以水灭火技术

以水灭火技术是利用水直接灭火或间接灭火的技术，随着技术的发展和对设备的功能需求，我国研制了背负式水枪、高压细水雾、消防水泵、消防水车等消防设备，随着这些设备的配备，消防救援人员的灭火能力大幅度提升。另外，随着科学技术的发展，人工增雨灭火、智能消防机器人灭火、吊桶灭火等也在很大程度上提升了灭火效能。

（一）水枪灭火

水枪主要用于扑灭初期森林火灾，扑打中低强度地表火和地下火的火线以及清理火场，其使用方法有点射式、直线式、喷雾式和扇面式，在火场中可根据实际情况进行选择。

1. 点射式

点射式主要用于扑打局部火点或火势较强的火焰。扑打时，身体面向火线，右手抓住水枪头置于腰际，左手伸直将枪管拉开，对准火点。左手均匀用力回压，使水击中目标。

2. 直线式

直线式主要用于扑打中、低强度地表火。扑打时，右手抓住水枪头置于腰际，左手将水枪向上拉开 45°角，将水直射向火线。

3. 喷雾式

喷雾式主要用于消灭暗火，防止隐火复燃。扑打时，身体半面面向火点，两手协力将枪管拉开，左臂伸直在左腿前，枪头成 45°对准火线，食指第一节适当用力堵塞枪口约 1/2。右手置于右胸前，抓握水枪握把和杠杆握柄，枪头指向火线。俯身同时利用两手合力按右、左、右的顺序摆动枪管将水枪呈雾状沿火线喷洒。当枪头第二次摆至右腿前，左脚在右脚前交叉上步着地的同时，左脚跨步将枪头摆至左腿前，照此法动作反复进行。

4. 扇面式

扇面式主要用于扑打低强度地表火或清理火线。扑打时，水枪手侧面面向火线，两手合力将水枪拉开，左臂伸直枪口对准火线，右臂约与左臂同高。枪管左右摆动，将水成扇面射向火线。

（二）高压细水雾灭火

高压细水雾在森林火灾发生初期火势较小的情形下使用效果更佳，射程根据需要自行调节，可在 2～5 m 之间变换。如果森林火灾中出现了阴燃区域，即使有大量气流也很难停止燃烧。风速加大反而会使其转化为明火加速火灾蔓延。高压细水雾灭火与普通水灭火方式相比，灭火效果和冷却性能好，抑制性强，吸收热量快。高压细水雾具有一定的透过性，有非常好的扩散性，对屏蔽火源也有很好的效果，可以隔绝氧气控制阴燃火，防止阴燃火复燃。

高压细水雾灭火不同于传统的喷洒方式，其由一个或多个水雾喷嘴、供水管网、压力设备和控制装置组成。经过高压喷嘴喷出的细水雾比水有更大的覆盖面积，避免了人员近距离接触火场。并且吸热效率很高，它除了可以像普通的水灭火一样通过对燃烧物表面冷却达到灭火效果之外，还能通过汽化吸热、衰减热辐射等作用快速降低火场周围温度，保障消防救援人员的生命安全。在同样灭火效率下，高压细水雾用水量仅为直流喷淋的 10%，大大节约了水资源，减少了消防救援人员往返于火场与后援水补给点之间的次数，有利于消防救援人员保持战斗力。

（三）消防水泵灭火

消防水泵是用水灭火必不可少的设备，水泵灭火（图 3-1）是在火场附近的水源架设水泵，向火场铺设水带，并用水枪喷水灭火的一种方法。

图 3-1　水泵灭火

由于野外火场水的来源困难，往往需要长距离输水，所以适用性好的消防水泵应当采用相对较低的流量和较高的扬程；此外，消防水泵还必须尽可能重量轻、体积小以便于携带。

消防水泵的使用有很大的局限性，首先要求火场附近有充足的水源可供使用，其次一些地势复杂、比较陡峭的原始林区也不适合架设水泵灭火。

1. 消防水泵的架设方法

消防水泵主要架设方法有单泵架设、接力泵架设、并联泵架设、并联接力泵架设等，应根据火场实际情况选择架设方法。

（1）单泵架设主要用于小火场，水源近和初发阶段的火场。可在小溪、河流、湖泊、沼泽等水源边缘架设一台水泵向火场输水灭火。

（2）接力泵架设主要用于大火场，水源离火场距离远，输水距离长及水压不足时。可根据需要在水带线的合适位置上架设水泵，来增加水的压力和输水距离。通常情况下，在一条水带线的不同位置上，可同时架设 3~5 个水泵进行接力输水。

（3）并联泵架设主要用于输水量不足时。可在同一水源或两个不同水源各架设一台水泵，用一个"Y"形分水器把两台水泵的输水带连接在一起，把水输入主输水带，增加输水量。

（4）并联接力泵架设主要用于输水距离远，水压与水量同时不足时。可在架设并联泵的基础上在水带线的不同位置架设若干个水泵进行接力输水。

2. 消防水泵的使用方法

实施灭火时，火场内、外的水源与火线的距离不超过 2.5 km，地形坡度在 45°以下时可利用水泵扑救地下火。如果火场面积较大，可在火场不同方位多找几处水源架设接力泵，向火场铺设水带并接上"Y"形分水器，然后在"Y"形分水器的两个出水口上分别接上渗水带和水枪。在接近火场后使用渗水带的目的是防止水带被火烧坏漏水。两个水枪手在火线上要兵分两路，向不同方向沿火线外侧向腐殖质层下按"Z"字形注水，对火场实施合围。当与对进灭火的队伍会合后，应将两支队伍的水带末端相互连接在一起，并在每根水带的连接处安装自动喷灌头，使整个水带线形成一条自动喷灌的"降雨带"，为扑灭的火线增加水分，确保被扑灭的火线不发生复燃火。当对进灭火的队伍不是用水泵灭火时，应在自己的水带末端用断水钳卡住水带使其不漏水，然后在每根水带的连接处安装自动喷灌头。当火线较长，火场离水源较远，水压及水量不足时，可利用架设不同水泵的方法加以解决。

（四）人工增雨灭火

人工增雨灭火适合于持续时间较长不易扑打的森林大火，同时也可以对比较干燥的部分林区进行人工增雨，用以降低该地区的火险等级，起到预防森林火灾的目的。但人工增雨存在很大的局限性，对积雨云的覆盖面积和含水程度要求极严格，而且受气团运动方向、速度的影响很大。人工增雨灭火是通过在有形成降雨条件的云层中撒播降雨剂（干冰、碘化银等），使其成为凝结核并吸收空气中的湿气，当云中水滴的重量超过空气浮力时就会下降形成雨水。人工增雨有两种方式：一种是利用高射炮以炮弹形式将人工冰核送上天空，冰核在炮弹爆炸之后散布在云层中随后产生冰晶降雨；另一种是利用飞机在云层中喷洒制冷剂，使云体局部迅速冷却，进而产生冰晶形成降雨，如图 3 - 2 所示。

图 3 - 2　人工增雨灭火

（五）消防水车灭火

消防水车主要是指载水消防车，车上装配有储水仓、水泵、消防水带和其他消防工具。除驾驶员控制车辆外，灭火时还需要水泵手和灭火手配合操作。消防水车在火场实施灭火任务时可以完成多种任务，因此在森林消防中应用非常广泛。

由于森林消防车受火场地势和火情等影响，以至于在很多情况下消防水车无法行驶至起火地带。因此，目前在森林消防基层灭火作战中，消防水车一般被用作辅助灭火，如远距离供水、开设隔离带等。以常见的履带式多功能消防车为例，在灭火实战中有多种方法，可根据火场实际情况选择合适的方法。

1. 单车行进灭火

（1）扑救高强度火。使用单车扑救火焰高度在 3 m 以上的火线时，消防车要在位于火线外侧 10 ~ 15 m 处沿火线行驶，同时使用两支水枪，一支向侧前方火线射水，另一支向侧面火线射水。同时派一个班的兵力沿火线随车跟进，扑打余火和清理火线。

（2）扑救中强度火。在扑救火焰高度为 1.5 ~ 3 m 的中强度火时，消防车要在位于火线外侧 8 ~ 10 m 处沿火线行驶，使用一支水枪向侧前方火线射水，用另一支水枪向侧面火线射水，车后要有扑打组和清理组配合作战。

（3）扑救低强度火。扑救火焰高度在 1.5 m 以下的低强度火时，消防车在突破火线后压着火线行驶的同时，使用一支水枪向车的正前方火线射水，另一支水枪换上雾状喷头向车后被压过的火线喷水。扑打组和清理组要跟在车后扑打余火和清理火线。在无水情况下，消防车对低强度火可直接沿火线行驶碾压进行扑火。在碾压火线时，左右两条履带要交替使用以防履带温度过高，影响扑火进度。

2. 双车交替灭火

（1）顶风扑火。顶风扑火时，前车要位于火线外侧 10 m 左右沿火线行驶，同时使用水枪向侧前方和侧面火线射水。后车要与前车保持 15～20 m 的距离，压着前车扑灭的火线跟进，安装雾状喷头向车后被压过的火线洒水清理火线。当前车需要加水时，后车要迅速接替前车扑火。前车加满水后迅速返回火线接替碾压火线和清理火线跟进，等待再次交替作战。

（2）顺风扑火。双车顺风扑火时，前车从突破火线处压着火线向前行驶，用一支水枪向火线射水，用另一支水枪向车后被扑灭的火线射水。后车要与前车保持 15～20 m 的距离压着火线跟进，当前车需要加水时，后车要迅速接替前车扑火。前车返回火线后，接替后车继续压着被扑灭的火线跟进，并做好接替扑火的准备。

3. 三车配合灭火

（1）三车配合相互穿插作战。三车配合相互穿插作战主要用于车辆顶风行驶扑火。为了加快扑火进度，应采取相互穿插作战方式扑火。第一台车在火线外侧适当位置沿火线行驶，用两支水枪同时向侧前方和侧面火线射水。第二台车在后从火线内迅速插到第一台车的前方 50 m 左右处，突破火线冲到火线外侧，用与第一台车相同的方法沿火线顶风扑火。第一台车在迅速扑灭与第二台车之间的火线后，从火线内迅速穿插到第二台车前方 50 m 左右处，突破火线，冲到火线外侧，继续向前扑火。第三台车在后面用履带压着被扑灭的火线跟进，用一支水枪扑打余火和清理火线。当前面相互穿插扑火的车辆需要加水时，第三台车要迅速接替穿插扑火。加满水的车辆返回后要接替碾压火线，扑打余火和清理火线，随时准备再次接替穿插扑火。

（2）三车配合相互交替作战。三车配合相互交替作战主要用于车辆顺风扑火时。这时，第一台车要在位于火线外侧 10～15 m 处沿火线行驶，用两支水枪同时向侧前方和侧面火线射水。第二台车接近火线与前车保持 15～20 m 的距离行驶，用一支水枪扑打余火。第三台车压着被扑灭的火线与第二台车保持 15～20 m 的距离行驶。当第一台车需要加水时，第二台车要迅速接替第一台车扑火，第三台车接替第二台车扑火。第一台车返回火线后，压着火线跟进，等待再次实施交替扑火。

4. 预设隔离灭火

在火场风大、可燃物干燥、火强度高、烟雾浓度大、车辆及扑火人员无法接近火线时，可调集多辆消防车以公路、河流、林间空地、山脚等为依托，用消防车反复碾压可燃物并形成一定宽度的阻隔带，同时向阻隔带上喷水或化学灭火药液，在阻隔带外侧一字排开，利用车上的水枪、水炮同时向接近阻隔带的火线射水灭火。在没有依托的情况下，可借助履带式消防车碾轧出的车辙实施点烧防火线，以减缓点烧时的燃烧速度。通常前面车轧辙，队员在地面沿车辙点烧，后面的车辆碾轧点烧火线或以水灭火，最后由清理组消灭残火或清理火线，形成一定宽度的阻隔带。

5. 纵深穿插灭火

在扑火过程中，经常发生风向突变，在原有火头其他方向产生一个新的火头，并使火势迅猛发展，火场出现险情并危及扑火队员和安全情况。此时可抽调消防车穿越火烧迹地，直插火头，支援处于险段的扑火队伍，凭借消防车快速机动和较强的灭火能力，控制火势，消灭火头。在危急情况下，也可以将处于险境的扑火队员解救出来。

6. 多车重点灭火

当火场面积大、火势发展迅猛、扑打速度跟不上林火发展速度时，可集中多辆消防车进行集群攻坚。用少量消防车的水枪、水炮压制火场两翼火势，给使用风力灭火机的队员创造扑火条件，提高扑火速度的同时，调集多台消防车追赶火头或迎着火头"一字排开"，以高压水枪、水炮阻击和消灭火头，并沿火线向两翼逆风扑火，接应火场两翼的队伍，达到快速合围火场的目的。

无论是单车灭火还是双车、多车群体作战，都要配置足够的扑火队员，随车跟进消灭余火、清理火线并留有足够的人员看守火场，以达到履带式消防车灭火的最佳效果。

三、化学灭火技术

化学灭火是将配置好的化学灭火药剂以灭火弹或直接喷洒的方式作用在火场中，阻止火灾蔓延或直接扑灭火灾。化学灭火技术也是我国森林灭火工作的主要发展方向之一。

（一）灭火机理

灭火剂的灭火机理是破坏、干扰或中止燃烧三要素（可燃物、空气、温度）中的一个或几个要素，使火灾的燃烧链不完整，燃烧无法继续进行达到灭火目的。其灭火机理分为物理和化学灭火机理两类。其中，物理灭火机理包括吸收热量，降低可燃物温度；降低分解反应的速度，隔绝空气；生成难燃气体，降低可燃物的燃烧速度。化学灭火机理包括生成稳定的游离基和改变燃烧反应的途径。

（二）灭火剂的组成

森林化学灭火剂一般由主剂、助剂、黏稠剂、湿润剂、防腐剂、着色剂等成分组成。各种成分在灭火剂中发挥着不同的作用。

（1）主剂。主剂是药剂中起阻火、灭火作用的化学物质，是药剂的主要成分。

（2）助剂。助剂在药剂中起增强和提高主剂阻火、灭火的作用，最大化地促进主剂阻火、灭火作用的发挥。

（3）黏稠剂。黏稠剂是指为了增强灭火剂的黏度及在可燃物上的附着力，减少药剂流失和飘散而添加的化学药剂。

（4）湿润剂。湿润剂的作用是降低溶剂－水的表面张力，增强水的铺展力。

（5）防腐剂。防腐剂是指为防止和减弱灭火药剂对金属的腐蚀和自身成分的破坏而添加的药剂。

（6）着色剂。着色剂是指在灭火剂中加入色彩鲜艳的染料，作用是正确判断喷洒药带、架次间密切衔接，防止因衔接不上而导致火头蹿出，形成新的火头。

（三）灭火方法

化学灭火通常有直接灭火和间接灭火两种方法。

1. 直接灭火

直接灭火方法就是用森林消防车或其他装备装载化学药剂，直接向火线喷洒实施灭火的一种方法。

2. 间接灭火

间接灭火方法就是在林火蔓延前方预定的地域，将化学药剂喷洒在林火蔓延前方的可燃物上，达到阻止林火蔓延的目的。或者用森林消防车在火前方进行横向碾压可燃物，翻出生土或压出水，然后在碾压出的隔离带内侧喷洒一定宽度的化学药剂达到阻隔林火蔓延的目的。

四、火攻灭火技术

火攻灭火是在火线前方一定位置，通过用人工点烧法烧出一条火线，在人为控制下使这条火线向火场烧去，留下一条隔离带，从而达到控制火场扑灭林火目的的一种方法。

（一）适用范围

（1）用直接灭火法难以扑救的高强度地表火或树冠火。

（2）林密且可燃物载量大，灭火人员无法实施直接灭火的地段。

（3）有可利用的自然依托，如铁路、公路、河流等。

（4）在没有可利用的自然依托时，可开设人工阻火线作为依托。

（5）在可燃物载量少的地段采取直接点火，扑灭外线火。

在灭火实战中要结合火场周围条件，例如可燃物的因素、气象条件及地形条件采取不同的点火方法。以火攻火的运用方法有带状点烧方法、梯状点烧方法、垂直点烧方法、直角梳状点烧方法、封闭式点烧方法等。

（二）技术方法

1. 带状点烧

带状点烧是指以控制线作为依托，在控制线内侧沿与控制线平行的方向连续点烧的一种方法。它是最常用的一种火攻灭火点烧方法，具有安全、点烧速度快、灭火效果好等特点，主要在控制线（如河流、湖泊、公路、铁路等）条件好的情况下使用。具体实施时，可三人一组交替进行点烧。点烧时，第一名点火手在控制线内侧适当位置沿控制线向前点烧，第二名点火手要迅速到第一名点火手前方5~10 m处向前点烧，第三名点火手迅速到第二名点火手前方5~10 m处向前点烧。当第一名点火手点烧到第二名点火手点烧的起始点后，要迅速再到第三名点火手前方5~10 m处沿控制线继续点烧，其他点火手依次交替进行，直至完成预定的点烧任务。

2. 梯状点烧

梯状点烧是指以控制线作为依托，在控制线内侧由外向里的不同位置上分别进行点烧，使点烧形状呈阶梯状的一种点烧方法。梯状点烧方法主要在控制线不够宽、风向风速不利，但又需在短时间内烧出较宽隔离带的地段采用。具体实施时，第一名点火手要在控制线内侧距控制线一定距离处沿控制线方向先平行点烧。当第一名点火手点烧出 10 ~ 15 m 的火线后，第二名点火手在控制线与点烧出的火线之间靠近火线的一侧继续进行平行点烧，其他点火手以此进行点烧。在具体点烧时，要结合火场实际情况，根据预开设隔离带的宽度来确定点火手的数量。另外，在点烧过程中，要随时调整各点火手间的前后距离，勿使前后距离过大。

3. 垂直点烧

垂直点烧是在控制线内侧一定距离处，由几名点火手同时或交替向控制线一方进行点烧的一种点烧方法。它主要适用于可燃物载量较小，控制线条件好且点火手较多的情况。在具体点烧时，各点火手应间隔 5 ~ 10 m 位于控制线内侧 10 ~ 15 m 处，交替向控制线方向进行纵向点烧。

4. 直角梳状点烧

直角梳状点烧是垂直点烧方法的一种变形。它适用于可燃物载量特别少，控制线条件好且点烧人员充足的情况。在垂直点烧过程中，各点火手应间隔 5 ~ 10 m 位于控制线内侧 10 ~ 15 m 处，交替向控制线方向进行纵向点烧。当点火手将火点烧到控制线一端时，点火手向左或右进行直角点烧，即先直点再平点，最终使各火线相连，火线是"梳状"。

5. 封闭式点烧

封闭式点烧是指在控制线内侧沿控制线平行方向逐层点烧的一种点烧方法，属于多层带状点烧方法。它适用于可燃物载量大、控制线条件差、地形条件不利及风速大的情况。采用此方法时，首先要在控制线上确定点烧起点及点烧终点，然后由起点向终点进行平行点烧，即进行带状点烧。这条带称为封闭带。当烧出的封闭带与控制线间有一定宽度后，根据该宽度确定点烧第二条封闭带的点烧位置，其他封闭带的点烧方法以此类推。这样，通过点烧多条封闭带逐步加宽隔离带，从而达到阻火和灭火目的。封闭带的点烧数量视火场具体条件而定。

（三）注意事项

火攻灭火虽然是一种好的灭火方法，但是技术要求高且有一定的危险性，因此在采用时须注意以下事项：一是采用火攻灭火方法时，各灭火组应密切协同。除组织点火组外还应组织扑打组、清理组及看护组。以上各组人员均须由专门的、有经验的灭火队员来担任。二是在利用公路、铁路等控制线作为依托时，要在点烧前对桥梁和涵洞下的可燃物采取必要的防护措施，防止点火后火从桥梁、涵洞跑火。三是当可燃物条件不利时，例如幼林、异龄针叶林、森林可燃物密集且载量大时，一定要集中足够的扑火力量，尽可能把点烧火的强度控制在可以控制的范围内。四是当气象条件不利时，例如点放逆风火时，如果火势较强，风速较大，往往会出现点烧火越过控制线的问题。因此点烧时一定要紧贴依托边缘点火，同时要加强控制线的防护力量。五是当地形条件不利时，例如鞍部地带、空气易出现乱流的地域、依托的转弯处等都应采取必要的措施。六是依托在坡上时，一定要多层次点烧，以防点烧时火越过依托造成冲火跑火。

五、阻隔灭火技术

阻隔灭火是指利用自然依托、人工开设依托或其他手段，在林火蔓延前方，点放迎面火或开设隔离带拦截林火的一种间接灭火方法。根据火场实际需求可分为人工阻隔和机械阻隔。

（一）人工阻隔

人工阻隔是指利用自然依托阻隔、手工具开设依托阻隔及爆破阻隔等手段进行间接灭火的方法。在扑救林火过程中，如果在林火蔓延前方有可利用的自然依托时，应沿依托内侧边缘点放迎面火，烧除依托和林火之间的可燃物，使林火蔓延前方出现一条有一定宽度的无可燃物区域，阻止林火继续蔓延。没有可以利用的依托时可人工开设依托进行阻隔。当林火被阻隔后，应组织灭火力量扑打两个火翼，直到与在两翼实施灭火的队伍会合或将火全部扑灭为止。在实施点火阻隔时，应根据依托的条件，火场风向、风速、可燃物载量和地形因素，采取各种不同的点火方法。

1. 利用依托阻隔

1）可利用的自然依托

通常可作为自然依托的有河流、小溪、公路、铁路、小道等。

2）点火方法

常见的点火方法有带状点火法、梯状点火法、封闭式点火法、垂直点火法和直角梳状点火法。

3）注意事项

利用公路、铁路作为依托点放迎面火时，应对公路、铁路下的桥梁、涵洞采取必要的措施，以防点放的迎面火从桥梁、涵洞下跑火；在依托条件不好时，点放迎面火一定要紧贴依托内侧边缘，防止点放的迎面火越过依托造成跑火；在利用自然依托点放迎面火时，除组织点火组外还要组织扑火组和清理组；点放迎面火阻隔林火后，通常情况下应兵分两路沿两个火翼进行灭火。

2. 手工具开设阻火线阻隔

使用手工具阻隔就是组织人力开设手工具阻火线，以此为依托点放迎面火，达到拦截林火的目的。使用手工具阻隔主要用于扑救火头、高强度火翼、林密等灭火人员无法接近的火线和不利于采取直接灭火方法的地表火。指挥员要根据火场实际情况确定开设阻火线的长度、路线和地点。同时，还要依据林火的蔓延速度和当时的条件来确定开设阻火线的速度及阻火线与林火的距离。

1）手工具阻隔特点

手工具阻隔具有实施方法简单，开设速度快，灭火效果好和相对安全的特点。

2）所需工具

常用的工具有油锯、点火器、标记带、锹、耙、斧、风力灭火机和水枪等。

3）开设阻隔程序

首先是确定阻火线与林火的距离，计算林火蔓延速度、开设阻火线所需时间和确定阻火线位置。其次是确定开设阻火线的路线。指挥员要实地勘察路线，在确定阻火线路线时选择少石、疏林、沙土、可燃物载量小及枯立木、倒木少的地带，以便开设时降低难度，加快开设速度。最后是划分任务，明确责任。指挥员要根据开设阻火线的长度、难易程度、工具的数量及参战兵力数量，把阻火线分成若干段，划分到各班、排或中队。指挥员划分任务后，一定要明确各班、排及中队的主要任务，提出各段完成阻火线的时间和具体要求。

4）开设方法

一是清除障碍。开设阻火线时，首先由油锯手带领开路组，沿标记路线伐倒和清除妨碍开设阻火线的障碍物。清除的障碍物要放到将要开设的阻火线外侧，防止点火后增加火强度，造成跑火。二是开设简易带。在可燃物载量小的地段开设阻火线时，要在开设阻火线的内侧 0.5 ~ 1 m 处挖坑取土，沿开设路线铺设一条 30 cm 宽、3 ~ 5 cm 厚的简易生土带。如果时间允许，将生土带踩实效果更好。三是开设加强带。在可燃物载量大的地段开设阻火线时，清除可燃物后，要挖一锹深一锹宽的阻火沟并砍断树根，将挖出的土覆盖在靠近阻火线外侧的可燃物上，如图 3 - 3 所示。

图 3 - 3　手工具开设阻火线示意图

5）实施灭（点）火

首先要组织检查。指挥员在各部完成开设任务后，要亲自检查阻火线的开设质量，对不符合要求的地段令其在最短时间内进行补救，直到达到要求为止，其次要明确分组分工。阻火线完成后，各中队或各排重新组成点火组、扑打组、清理组和看护组。通常情况下，点火组与扑打组的兵力配置比例为 1 : 10，清理组和看护组的人员数量可根据具体情况而定。然后组织点火。点火组在点火时，要紧靠阻火线内侧边缘沿阻火线点火，点火速度不能过快，要做到安全、可靠，火不能越过阻火线；在点火组沿阻火线实施点火时，扑打组在阻火线外侧紧紧跟进，坚决扑灭一切越过阻火线的火；清理组紧紧跟进扑打组，认真、彻底清理点烧过的阻火线和扑打组扑灭的火线；看护组要跟进清理组看护阻火线和被扑灭的火线。完成点火任务后，指挥员将阻火线的清理任务重新划分到各班、排、中队。通常情况下谁开设的阻火线就由谁负责清理，确保阻火线安全。当点放的迎面火与林火相遇后，如果阻火线两端与自然依托、防火线、老火烧迹地等相接，又没有其他灭火任务时，灭火人员应就地看守，巡察火线。当阻火线两端不与自然依托、防火线、老火烧迹地等相接时，要把阻火线彻底清理之后，兵分两路，沿两个火翼继续扑火，如图 3 - 4所示。

图 3 - 4　点烧示意图

（二）机械阻隔

机械阻隔是指利用推土机、森林消防车等机械设备采取特殊的技术方式进行灭火。

1. 推土机阻隔

组织推土机阻隔是指利用推土机开设隔离带，阻止林火继续蔓延的一种灭火方法。推土机开设隔离带时，其开设路线应选择树龄级小的疏林地。在使用推土机实施阻隔灭火时，首先应派出定位员在火线外侧适当位置确定阻火线路线。在确定路线时，要避开密林和大树，并沿选择的路线作出明显标记，以便推土机手沿标记的路线开设阻火线。在开设阻火线时，推土机要大、小型机搭配使用，小型机在前，大型机在后，前后配合开设阻火线，并把所有的可燃物全部清除到阻火线外侧，防止完成开设任务后，沿阻火线点放迎面火时增加火线边缘的火强度，延长燃烧时间，出现"飞火"越过阻火线造成跑火。利用推土机开设阻火线时，其宽度应不少于 3 m，深度要达到泥炭层以下，如图 3 - 5 所示。

图 3 – 5　开设推土机阻火线示意图

完成阻火线的开设任务后，指挥员要及时对阻火线进行检查，清除各种隐患。然后组织点火手沿阻火线内侧边缘点放迎面火，烧除阻火线与火场之间的可燃物，使阻火线与火场之间出现一个无可燃物的区域来达到阻隔灭火的目的。组织点火手进行点烧时，可根据火场实际情况和开设阻火线的进程，进行分段点烧迎面火。

1）各组及人员的主要任务

指挥员负责组织指挥开设推土机阻火线的各组及人员的全部行动；定位员主要负责选择开设路线；开路组主要负责清除开设路线上的障碍物；推土机组主要负责开设隔离带；点火组主要负责点放迎面火；清理组主要负责清理隔离带内的各种隐患；守护组的主要任务是巡察、守护点火后的隔离带，防止发生飞火造成跑火。

2）组织实施

在开设推土机隔离带时，首先应由定位员选择好开设路线，开设路线要尽量避开密林和大树，并沿开设路线作出明显标记，以便推土机手沿标记开设隔离带。

定位员选择好开设路线后，开路组要携带油锯沿标记清除开设路线上的障碍物，为推土机组顺利开设隔离带创造有利条件。

推土机组在开路组清除障碍后，要沿标记路线开设隔离带。开设隔离带时，推土机要大小搭配成组，小型机在前，大型机在后，把要清除的一切可燃物全部推到隔离带外侧，防止点火后增加火强度，出现飞火，越过隔离带造成跑火，同时减轻守护难度。开设隔离带的宽度要根据林火强度、可燃物的载量、风向、风速和地形等情况而定。

在推土机组开设隔离带时，清理组要紧跟推土机组清理隔离带内的一切可燃物，以免点火时火通过这些可燃物烧到隔离带外侧，造成跑火。实施点火后，清理组要对隔离带的内侧边缘进行再次清理。

整个隔离带完成之后，经指挥员检查合格，再组织点火组进行点火。点火时，要沿隔离带内侧点火，烧除隔离带与火场之间的可燃物，形成一个无可燃物区域，达到阻火和灭火目的。组织点火时，也可以根据火场实际情况和开设隔离带的速度，进行分段点烧。

点烧后，要对隔离带进行守护。守护时间要根据当时的天气、可燃物、地形及火场的实际情况而定。推土机阻隔如图 3 - 6 所示。

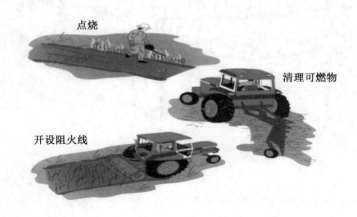

图 3 - 6　推土机阻隔示意图

2. 森林消防车阻隔

组织森林消防车阻隔，就是利用森林消防车进行碾压、洒水，点放迎面火或利用森林消防车的车载水泵和铺设水带进行喷灌，阻隔林火蔓延和灭火的一种方法。

1）使用范围

组织森林消防车阻隔，主要用于地形条件不利、林密、火焰高、强度大、蔓延速度快、烟大、车辆及灭火人员无法接近的林火。

2）阻隔方法

（1）碾压阻火线阻隔。在利用森林消防车实施阻隔时，如果没有水，消防车可在林火蔓延前方适当的位置，横向碾压可燃物，翻出生土或压出水，然后点火组再烧除隔离带内的零星可燃物。当阻隔带内的可燃物被烧除后，再从隔离带的内侧边缘进行点放迎面火。

（2）压倒可燃物阻隔。碾压可燃物时间来不及时，可利用消防车快速往返压倒可燃物，使被压倒的可燃物的宽度达到 2 m 以上。点火组在被压倒的可燃物内侧 0.5 ~ 1 m 的位置，沿被压倒的可燃物向前点放迎面火。扑火组要跟进点火组扑灭外线火。清理组要跟进扑火组进行清理。看护组要看护阻火线外侧，一旦阻火线外侧出现明火要坚决扑灭。

（3）水浇可燃物阻隔。在有水的条件下，消防车可在林火蔓延前方选择有利地形，横向压倒可燃物的同时，向被压倒的可燃物上浇水。点火组要紧跟消防车后，在被压倒的可燃物内侧边缘点放迎面火进行阻隔林火。扑火组要在阻火线外侧跟进点火组扑灭越过阻火线的火。清理组要在阻火线内侧清理火线。

（4）建立喷灌带阻隔。利用喷灌带进行阻隔灭火时，消防车要在林火蔓延方向前方适当位置选择水源，把消防车停在水源边上，用水泵吸水并横向铺设水带，在每个水带的连接处安装一个"水贼"，在"水贼"的出水口上接一条细水带和一个转动喷头，然后把细水带和转动喷头用木棍立起固定，把水带端头用断水钳封闭，防止大量失水，以便增加水带内的水压。每条水带的长度为 30 m，每个转动喷头的工作半径为 15 m，这样在林火蔓延前方就有了一条宽 30 m 的喷灌带（降雨带），这条喷灌带将有效地阻隔林火蔓延。根据需要，还可以并列铺设多条水带来加宽喷灌带的宽度。

（5）直接点火扑灭外线火。在对高强度林火进行消防车阻隔时，如果水源方便，可以在林火蔓延前方选择有利地带直接点放迎面火。当点放的迎面火分成内外两条火线时，可利用消防车上的水枪沿火线扑灭外线，使点放的内侧火线烧向林火，达到阻火和灭火目的。

第二节　航空灭火技术

航空灭火是对森林火灾进行预防和扑救的先进手段和重要组成部分，是现阶段科技含量较高的防火、灭火措施，是森林防火的"尖兵"。航空灭火具有救援范围广、响应速度快、科技含量高、救援效果好和能够完成多种救援任务的特点。航空灭火手段已从初期的空中巡逻报警，发展到机降灭火、索降灭火、吊桶灭火、固定翼飞机灭火、无人机灭火等多种形式，为保护森林资源和生态环境、保护国家和人民生命财产安全、维护林区社会稳定作出了重大贡献。

一、直升机机降灭火技术

直升机机降灭火是指利用直升机能够在野外垂直起飞和降落的特点，将灭火人员、机具和装备及时送往火场进行灭火作战的方法。

（一）灭火特点

1. 到达火场快，利于抓住战机

扑救林火要求"兵贵神速"，快速到达火场，迅速接近火线，抓住一切有利战机实施灭火。这主要是因为林火燃烧时间的长短与森林资源的损失和火场的过火面积成正比，森林燃烧时间越长，森林资源的损失及火场的过火面积就越大。通常情况下，火场面积越大，火线长度就越长，扑救难度也就越大。因此，林火发生后，要求扑火队伍尽快进入火场实施灭火，控制火场面积扩大，减少森林资源损失。同时为速战速决创造有利条件。机降灭火是目前我国在森林灭火中，向火场运兵速度最快的方法。

2. 空中侦察，利于部署兵力

指挥员可以在火场上空对火场进行详细侦察，掌握火场全面情况，分清轻重缓急，利用直升机能够垂直起飞、降落的特点把灭火人员直接投放到火场最佳的灭火位置，实施兵力部署。因此，利用直升机进行兵力部署实施灭火是目前在森林灭火中最理想的布兵方法之一。

3. 机动性强，利于兵力调整

在组织指挥森林灭火中，指挥员根据火场各种情况的变化，要适时对火场的兵力部署进行调整。这样有利于机动灵活地采取各种灭火战术和对特殊地段、难段、险段采取必要手段。因此，利用直升机进行兵力调整是最有效的方法之一。

4. 节省体能，利于保持战力

在扑救林火中实施机降灭火时，可以将扑火队伍迅速、准确地运送到火场所需要的灭火位置，直接进入火场实施灭火。因此，实施机降灭火是减少扑火人员体力消耗和保持战斗力的最佳方法之一。

（二）布兵方法

布兵时应遵循先火头后火尾，先草塘后林地，先重点后一般的布兵原则。布兵时，通常采取一点突破或多点突破、分兵合围的战术。一点突破、分兵合围战术一般使用在小火场或在火场附近找不到更多合适的降落点时。多点突破、分兵合围战术主要用在大火场或机降条件较好的火场。分兵合围是指各部机降到地面后，各自在火线上不同的位置突破火线，兵分两路（特殊情况除外）沿不同方向的火线扑打并与友邻队伍会合或者打到指定位置，绝不允许未经请示半路撤兵。

1. 布兵次序

通常情况下，要采取先火头后火尾的布兵次序，目的是有效控制火场面积。因为火头是整个火场蔓延速度最快的部位，火头蔓延的速度越快，火场面积扩大就越迅速。因此，控制火头是整个灭火过程中的关键所在，也是减少森林损失的重要一环。所以，要求空中指挥员在火场布兵时，正常情况下一定要遵循先火头后火尾的原则。

1）草塘机降布兵

火场附近有草塘时的布兵应先从草塘布兵，然后再向林地布兵，因为：第一，草塘中绝大部分可燃物属于细小可燃物，其燃烧速度快于其他类型可燃物；第二，草塘中的可燃物接受日照时间长，可燃物比较干燥，火的蔓延速度快；第三，草塘与林地相比，空气流通好，所以火在草塘燃烧时，空气能起到助燃作用。

以上三个条件决定了草塘火的蔓延速度快于林内火。火顺草塘蔓延后，会沿草塘两侧山坡迅速向山上蔓延，形成"冲火"，迅速扩大火场面积，所以草塘被称为林火的"快速通道"。因此，在火场布兵时要做到先草塘后林地。

应采取先重点后一般布兵，每个火场都存在重点部位或重点保护区域，空中指挥员在布兵时，一定要根据火场周围的环境，分清轻重缓急，重点用兵，做到先重点后一般。

2）大风天气下的布兵

在向火场布兵时，如遇到5、6级的大风天气，必须抓住一切有利时机，运用机动灵活的战略战术先从火尾开始布兵，这是在特殊条件下有效扑救林火的重要手段。

在大风天气的火头前方如有可利用的自然依托条件时，可先向依托附近布兵，并向地面指挥员交代任务和目的。地面指挥员一定要按照空中指挥员的意图组织队伍迅速展开，利用依托采取火攻灭火战术，点放迎面火来增加依托的安全系数达到灭火目的。队伍将火头扑灭后，应兵分两路，沿火两翼向火尾方向灭火，直到与友邻队伍会合，实现多点突破、分兵合围的战略目的。

3）在有阻挡条件时的布兵

如果火头前方有能够有效地阻挡火头的自然依托条件时，如河流、湖泊、沼泽地、大面积的耕地等可采取先火尾后两翼的次序布兵，放弃火头。

2. 二次侦察火场

对火场的布兵全部结束后，空中指挥员要对火场进行再次侦察。根据以上各种情况的变化，空中指挥员要考虑是否对火场的兵力进行调整，同时还要考虑是否向火场增援兵力。

3. 力量调整

在扑救重大或特大森林火灾时，当火场的某段火被扑灭后，可对其进行兵力调整，留下少部分兵力看守火线而抽调大部分兵力增援其他火线。

当火场某段出现险情时，可从各部抽调部分兵力对火场出现的险段采取有效的扑救措施。

4. 注意事项

1）特殊情况应采取的措施

空中指挥员要根据火场特殊情况及时采取补救措施。指挥员布兵结束后，应对整个火场布兵情况进行检查，发现问题及时处理。

空中指挥员及时通过电台指挥和了解火场情况，以便掌握火场态势。

如果在夜间接到火场某处火势失去控制的报告时，应及时在图上标定位置，分析火场的发展趋势，并给机场发次日天明后的飞行预报，落实次日早的增援队伍。如果没有预备队或兵力不足时，也可对火场参战队伍作以调整。计划制定后，要及时通知将要参战的队伍做好一切灭火准备工作，并要求务必在早8时前完成新的灭火任务。在实施补救措施时，一定要向失控火线一次投足兵力，争取一次成功。

通常情况下，布兵时应遵循先难后易，即先火头，再火翼，最后是火尾的原则。在大风天气下，应改为先易后难，即先火尾，再火翼，最后是火头。

2）机降位置与火线的距离

距顺风火线不少于700 m；距侧风火线不少于400 m；距逆风火线不少于300 m；机降点附近有河流时，应选择靠近火线一侧机降；机降点附近有公路、铁路时，应选择公路或铁路的外侧机降。机降灭火时，在能够保证安全的前提下，机降点的位置应尽量靠近火场。

3）各降落点之间的距离

通常情况下，各降落点之间应确保以5 h内能够实现会合为最佳距离，扑打高强度火线及火头时，要相应地缩短距离。

4）检查验收

林火被扑灭后，空中指挥员要乘机对火场进行检查验收。如发现问题应及时通知地面队伍进行处理。

5）组织撤离

当指挥员接到火场各部的告捷电报后，应根据火场各段的实际情况并考虑风向、风速等实际因素，向各部提出不同的清理要求。当队伍提出撤离火场要求时，指挥员要对火线进行检查验收，在十分有把握，能够保证不复燃时才可同意撤离火场。如果个别地段存在危险时，应命令该段队伍限期彻底清理，并指出危险地段的位置。撤离火场的次序应是：按照布兵的先后次序接回，在接回队伍前，应事先电报通知该队伍做好撤离准备。在完成灭火任务的前提下，应尽量节省飞行费用和其他开支。

二、直升机索降灭火技术

直升机索降灭火是现代化扑救森林火灾的一种新方式，是直升机在拟索降点上空悬停定位后，用索降形式将扑火队员送到火场有利位置，以便快速组织开进，充分发挥其效能，迅速歼灭山火的一种独特的灭火方法。它具有速度快、效率高、适应性强的特点，特别适用于交通不便的高山狭谷地带以及原始林区的防火灭火。

2002年原武警森林部队在扑救内蒙古北部原始林区"7·28"火场时成功使用了索降灭火技术，收到了很好的效果。在2018年"6·1"内蒙古汗马和2019年"6·19"内蒙古金河火场中直升机索降灭火技术都发挥了重要作用。

（一）灭火特点

1. 机动性强

对小火场及初发阶段的林火可采取索降直接灭火。当火场面积大，索降队不能独立完成灭火作战任务时，索降队可以先期到达火场开设直升机降落场，为队伍实施机降进入火场创造机降条件。当火场面积大、地形复杂时，可在不能进行机降的地带进行索降，配合机降灭火。当大火场的特殊地域发生复燃火，因受地形影响不能进行机降，地面部队又不能及时赶到复燃地域时，可利用索降对其采取必要的措施。

2. 受地形影响小

机降灭火要求条件较高，面积、坡度、地理环境等对机降灭火都会产生较大的影响，在高山林区和原始森林往往不容易找到合适的机降场地。而索降灭火在地形条件较复杂的情况下仍能进行索降作业。

（二）主要任务及适用范围

1. 主要任务

对小火场、雷击火和林火初发阶段的火场采取快速有效的灭火手段；在大火场，可以为大队伍迅速进入火场进行机降灭火创造条件；配合地面队伍灭火；配合机降灭火。

2. 适用范围

用于扑救偏远、无路、林密、火场周围没有机降条件的林火；用于完成特殊地形和其他特殊条件下的突击性任务。

（三）运用方法

1. 索降在林火初发阶段及小火场的运用

索降灭火通常使用于小火场和林火初发阶段，因此，索降灭火特别强调一个"快"字。这就要求索降队员平时要加强训练，特别是在防期内要做好一切索降灭火准备工作，做到接到命令迅速出动，迅速接近火场完成所担负的灭火作战任务。直升机到达火场后，指挥员要选择索降点，把索降队员及必要的灭火装备安全地降送到地面。在进行索降作业时，直升机悬停的高度一般为 60 m 左右，索降场地林窗面积通常不小于 10 m × 10 m。参战人员索降到地面之后，要迅速投入作战。这样做的主要目的是因为火场面积、火势随着林火燃烧时间的增加会发生不可预测的变化，这就要求在进行索降灭火时要牢牢抓住林火初发阶段和火场面积小这一有利战机，做到速战速决。

2. 索降在大火场的运用

在大火场使用索降灭火时，索降队的主要任务不是直接进行灭火作战，而是为大部队参战创造机降条件。在没有实施机降灭火条件的大面积火场，要根据火场所需要的参战兵力及突破口数量，在火场周围选择相应数量的索降点，然后派索降队员前往开设直升机降落场地，为大部队顺利实施机降灭火创造条件。开设直升机降落场地的面积要求不小于 60 m × 40 m。

3. 索降与机降配合作战

在进行机降灭火作战时，火场的有些火线因受地形条件和其他因素影响，不能进行机降作业，如不及时采取应急措施就会对整个火场的扑救造成不利影响。在这种情况下，索降可以配合机降进行灭火作战。在进行索降作业时，要根据火线长度沿火线多处索降。索降队在特殊地段火线扑火直到与机降灭火的队伍会合为止。

4. 索降配合扑打复燃火

在大风天气实施机降灭火，或离宿营地较远又没有机降条件的位置突然发生复燃火时，如果不能及时赶到并迅速扑灭复燃的火线，会使整个灭火作战前功尽弃。在这种十分紧急的情况下，最好的应急办法就是采取索降配合作战。因为只有索降这一手段才可能把部队及时地直接送到发生复燃的火线，把复燃火消灭在初发阶段。

5. 索降配合清理火线

在大火场或特大火场扑灭明火后，关键是彻底清理火线。但是由于火场面积太大，战线太长，为整个火场的清理带来了困难。这时，索降队可配合清理火线，其主要任务是担负对特殊地段和没有直升机降落场地造成两支灭火队伍之间的距离过大，不能对扑灭的火线进行及时清理，又不能采取其他空运灭火手段的火线进行索降作业，配合地面部队清理火线。

三、直升机吊桶灭火技术

直升机吊桶灭火就是用直升机外挂吊桶载水或化学灭火药液，直接喷洒在火头、火线上或前方，达到直接灭火或阻止火灾蔓延的目的；也可将水倒在地面蓄水池中，供扑火队员使用水枪、水泵等灭火机具扑灭林火。

（一）灭火特点

1. 喷洒准确

利用直升机吊桶灭火，要比用固定翼飞机向火场洒水或进行化学灭火的准确性好，同时还能够提高水和化学药剂的利用率。

2. 机动性强

直升机吊桶作业可以单独扑灭初发阶段的林火和小火场，也可以配合地面队伍灭火。同时，还可以为地面队伍运水注入吊桶水箱，进行直接灭火和间接灭火，并能为在火场进行灭火的队伍提供生活用水。

3. 对水源条件的要求低

直升机吊桶作业时，水深度在1 m以上，水面宽度在2 m以上的河流、湖泊、池塘都可以作为吊桶作业的水源。如果火场周围没有上述水源条件时，也可以在小溪、沼泽等地挖深1 m以上、宽2 m以上的水坑作为吊桶作业的水源。

4. 成本低

灭火时，利用直升机吊桶作业进行灭火，主要以洒水灭火为主。为此，灭火成本要比化学灭火成本低很多。

（二）灭火方法

吊桶作业灭火主要分为两种，一种是直接灭火，另一种是间接灭火。要根据火场面积大小、火势强弱、林火种类、火场能见度以及其他因素来确定采取直接灭火或间接灭火方法。

1. 直接灭火

直接灭火（图3-7）方法是用直升机吊桶载水或化学灭火药剂直接喷洒在火头、火线或喷洒在林火蔓延的前方可燃物上，起到阻火、灭火作用。

用直升机吊桶作业实施灭火时，要根据火场面积、形状、火线长度、林火类型、位置、林火强度及林火种类等诸多因素来确定所要采取的吊桶作业灭火技术。

1）喷洒技术种类、用途及方法

在用吊桶作业灭火时，要根据每一段火线的具体情况，采取相应的喷洒技术实施灭火。

（1）点状喷洒技术是指直升机悬停在火点上空向地面洒水的一种技术。用途：主要用于扑救小面积飞火、火线附近的单株树冠火和清理火场以及为设在地面的吊桶水箱注水等。喷洒方法：直升机吊桶载水按照地面指挥员所指示的位置找到火点或吊桶水箱，在火

图 3 – 7 直接灭火

点或吊桶水箱上空适当高度悬停，将水一次性向火点或吊桶水箱喷洒。

（2）带状喷洒技术是指直升机沿火线直线飞行洒水的一种技术。用途：主要用于扑救火场的火翼、火尾以及低强度的火线和清理火线。喷洒方法：在火强度高时，要相对降低飞机的飞行速度，沿火线边飞行边进行洒水；在扑救低强度火时，要相对提高飞机的飞行速度进行灭火。

（3）弧状喷洒技术是指直升机沿弧形火线飞行洒水灭火的一种技术。用途；主要用于扑救火头和火场上较大的凸出部位的弧状火线和大弯曲度的火线。喷洒方法：直升机对火头和火场上凸出的部位实施灭火时，要沿火线的弧形飞行灭火，同时要相对降低飞行速度，确保洒水的准确性。

（4）条状喷洒技术是指在带状喷洒技术的基础上再次进行并列喷洒的一种技术。用途：主要用于阻止和控制高强度的火头与高强度的火线继续蔓延。喷洒方法：飞机在火头及火线前方适当的位置进行条状喷洒，阻止林火继续蔓延或降低林火强度，为地面队伍灭火创造条件。在进行条状喷洒时，要从内向外并列喷洒。

（5）块状喷洒技术是指利用直升机吊桶对某一地带实施全面洒水作业的一种技术。用途：主要用于扑救超出点状喷洒面积的飞火。喷洒方法：飞机对火场上出现的飞火进行多架次、全面的地毯式喷洒。

在实施直升机吊桶作业时，要在能够保证飞机安全的前提下，尽量降低飞机飞行高度，以便提高喷洒的准确性和提高水或化学药剂的利用率，目的是提高灭火效能。

2）配合机降和索降灭火

配合机降灭火时，灭火人员和吊桶可同机到达火场。在进行机降灭火的同时，直升机挂上吊桶在火场附近寻找水源配合机降灭火。配合机降灭火时，吊桶作业的主要任务是扑救火头、高强度火线和飞火，也可以向火线洒水降低火强度，有力地支援地面灭火。

配合索降灭火时，直升机到达火场后首先进行索降作业，当索降作业结束后，直升机在火场周围寻找机降场地和水源。吊桶作业配合机降、索降灭火时，地面指挥员要与直升机保持通信联络，并指挥直升机配合灭火。

直升机吊桶作业独立灭火主要用于扑救初发阶段的林火和小火场。在实施灭火过程中，要根据火场情况采取各种有效措施，各种喷洒技术、种类和方法要并用。火场距离水源较远时，应增加直升机数量。如果水源与火场的距离过大、飞机数量不足时，不能采取直升机吊桶作业进行独立灭火。

2. 间接灭火

直升机吊桶作业间接灭火（图3-8）是指直升机离开火线建立阻火线拦截林火，控制林火蔓延或为地面的吊桶水箱注水配合地面灭火的灭火方法。

图3-8　间接灭火

（1）配合地面灭火。直升机吊桶作业配合地面间接灭火时，如果火场烟大、能见度差，可在火头和高强度火线前方建立阻火线拦截火头，控制过火面积。火场与基地较近时，使用化学药剂灭火效果更佳。

（2）为地面灭火供水。直升机吊桶作业为地面队伍运水配合灭火时，在地面灭火的各部要在自己火线的附近选择一块比较平坦的开阔地带，架设吊桶水箱，并在水箱旁设立明显的标记为直升机指示目标，以便直升机能够准确迅速地找到吊桶水箱的位置。一架直升机可同时向几个设在不同位置的吊桶水箱供水。地面的各部可在水箱旁架设水泵灭火，也可为水枪供水灭火。

（3）为地面人员生活供水。在火场周围没有饮用水时，可利用直升机吊桶作业为扑火队伍提供生活用水。

四、固定翼飞机灭火技术

固定翼飞机是野火扑救的重要力量，不仅能够提供灭火阻燃剂，还能够在火情监察、灭火指挥、物资运送、灭火员运输等方面发挥良好作用。

（一）主要特点

1. 机动性强

固定翼飞机机动性强，能够迅速到达火场，投入灭火作战任务中。在森林火灾发生后，如不能迅速控制林火蔓延速度，火场面积会越来越大，火线长度会越来越长，扑救难度也会逐步增大。因此，林火发生后，迅速到达火场控制火场面积，减少森林资源的损失是很有必要的。

2. 灭火效能好

固定翼飞机在灭火作战中可以利用化学灭火和以水灭火的方法，迅速控制火线。固定翼飞机在灭火战斗的各个阶段都能发挥很好的灭火效能，轻型灭火直升机在森林火灾初期阶段灭火效果较好，所有灭火飞机对于延迟火灾蔓延都有明显效果，而水上飞机对于减小火灾强度的效果高于大型灭火飞机。

3. 安全性高

固定翼飞机较传统灭火方式相比，安全性更高，可以规避火场中风向突变、火行为发生变化对扑火人员带来的伤害。

（二）灭火方法

1. 直接灭火

直接灭火是指利用飞机装载化学药剂直接向火线喷洒实施灭火的一种方法。飞机化学灭火对发生在基地周围 50 km 以内的初发阶段的林火，如果飞机数量多，可独立实施化学灭火，不需要地面队伍配合；当火灾发生在距离基地 50 km 以外，火场面积较大或者飞机数量不足时，可对火场难段及险段实施化学灭火，有力增援地面灭火。

2. 间接灭火

间接灭火是指在火场上空烟尘大或有对流柱，飞机无法采取直接灭火时，飞机可在火头或火线前方喷洒化学药剂建立化学药带实施灭火的方法。在扑救树冠火时可向隔离带内的可燃物上喷洒化学药剂来增加隔离带的安全系数。

五、无人机灭火技术

无人机作为一种新型工业技术，已被广泛运用于各种领域，在国内，已有不少消防机构使用无人机成功进行过火场侦察监测、抛投灭火等。

（一）主要特点

1. 反应灵活、操作简单

能够有效满足应急需要；通过配置摄像机、高分辨率照相机、前视红外仪和图像传输等任务设备，实现对目标区域的空中巡视，并在巡视过程中实时传回视频图像或存储高清照片供返回地面处理，其中前视红外仪配置还可满足夜晚巡视的要求；可采用手抛发射、伞降回收，场地要求低，可适应各种复杂的使用环境。

2. 成本低廉，可高危作业

森林火灾发生时火场上空能见度低，即使是载人飞机能达到火场上空，观察员也无法详细观察到地面火场情况，在这种情况下飞行又存在安全隐患。无人机能够克服载人飞机这一不足，通过搭载摄像设备和影像传输设备，可随时执行火警侦察和火灾探测任务，地面人员通过接收来自无人机的微波信号，随时掌握火场动态信息。

3. 对火场监测

无人机可以在空中对林区进行监测，及时发现火情，报告火场位置，采取行动将火灾消灭在初期。无人机按预定航迹对林区进行空中巡查，并将空中巡查获取的图像数据实时传回地面监测站，地面监测站将实时图像通过网络传给防火值班部门。对于可疑点或区域，通过遥控指令可改变无人机飞行航迹及对飞行高度进行详查，详查图像通过无线链路实时传回地面。

（二）无人机在森林灭火中的应用

1. 实时监控火场态势

随着遥感技术的进步，无人机的性能技术也在逐渐提高，比如目前专业人员就可以通过无人机对距离地面 800～1000 m 的火灾以悬停方式进行观察，具体应用场景如下：接近火场过程中，面对一些车辆和消防人员无法到达的区域，利用无人机可以飞进现场，以视频或者音频方式获取火场地形地貌、火场植被、火势大小及风力风向等要素，及时了解火场的受灾情况并回传给火灾指挥所，提供决策依据，迅速确定火灾的发展态势及火场的燃烧范围，为扑救森林火灾争取宝贵时间；突破火线过程中，利用无人机观察火场态势变化、各分队行动轨迹及完成任务方向，方便火场指挥所统筹全局，给指挥员提供准确的火场信息，以此设计出最佳的出动路线，在有效保护自身安全的前提下，高效快速地完成任务；扑灭森林火灾后，消防救援机动队伍在巡回清理、看守火场过程中，无人机全方位巡视，观察火场有无复燃情况，及时向火场指挥所通报，迅速清理。

2. 远距离实现空中通信

森林地区地处山区，山高林密、路况复杂，一般情况下通信设备和定位系统信息信号都比较差。在无人机的飞行平台可以搭建中继通信设备，快速建成任务区的通信系统，在火灾指挥所和火灾现场建立桥梁，确保在极端恶劣的环境下可以保持山区通信设备的无线通信设备连接，构建任务区的无线通信网络。通过这种方法，可以满足火灾指挥者对任务区的信息需求，还可以让火灾现场的人员和指挥中心的人员取得联系，通过信息终端实现森林火灾的信息监管与获取，让指挥人员和各个地区能够互相分享信息。

3. 辅助应急救援

无人机技术通过结合现代测绘技术，能够对火灾现场进行应急测绘，给森林灭火队伍提供技术方面的支持，保证救火队伍工作高效展开。另外，在无人机上安装扩音模块和语音传输设备可以进行指令传达，实现在森林复杂地区进行指令传达和空中呼喊，及时告知森林救火人员及时撤离火灾危险区，利用无人机可以运送呼吸器和救援绳等，辅助火灾现场的人员撤离现场，减少救火灭火中的人员伤亡。

第三节　林火扑救技术运用

森林燃烧时根据不同的林火行为变化、燃烧特点、燃烧位置等分为地表火、地下火和树冠火三种，每一种林火扑救都有不同的技术方法。

一、地表火扑救技术

地表火主要是由林地表面的枯枝、落叶、杂草、灌木等可燃物燃烧起来的。稳进地表火蔓延较慢，可燃物燃烧比较充分，火场比较规则，火线比较清楚，扑救的时候比较容易控制。急进地表火蔓延较快（甚至可以达到几千米每小时），但往往燃烧很不均匀，常常留下未燃烧地块，易造成反复燃烧或大火场包着小火场现象，不容易判断出真正的外围火边，给扑救带来极大不便。根据不同的地表火选择相应的扑火方法至关重要。

（一）轻型灭火机具灭火

用轻型灭火机具灭火是指利用风力灭火机、水枪、二号工具等进行灭火的方法，如图3-9所示。在扑救森林草原火过程中，常把火焰高度在1.5 m以下的火叫作低强度火；火焰高度在1.5~2.5 m之间的火称为中强度火；火焰高度在2.5 m以上的火称为高强度火。

图3-9　轻型灭火机具灭火

1. 顺风扑打低强度地表火

顺风扑打火焰高度在1.5 m以下的低强度地表火时，可组织4台灭火机手沿火线顺风灭火。灭火时，1号灭火机手向前行进的同时，把火线边缘和火焰根部的细小可燃物吹进火线内侧，灭火机手与火线的距离为1.5 m左右。2号灭火机手要位于1号灭火机手后2 m处，与火线的距离为1 m左右，吹走正在燃烧的细小可燃物，这时火的强度会明显降低。在这种情况下，3号灭火机手要对强度明显降低的火线进行再次性消灭。3号灭火机手与 2 号灭火机手的前后距离为 2 m，与火线的距离为 0.5 m 左右进行灭火。4 号灭火机手在后面对火线进行巩固性灭火。

2. 逆风扑打低强度地表火

顶风扑打火焰高度在 1.5 m 以下的低强度地表火时，1 号灭火机手从突破火线处一侧沿火线向前灭火，灭火机的风筒与火线成 45°夹角，这时 2 号灭火机手要迅速到 1 号灭火机手前 5～10 m 处用与 1 号灭火机手同样的灭火方法向前灭火，3 号灭火机手要迅速到 2 号灭火机手前方 5～10 m 处向前灭火。每一个灭火机手将自己与前方灭火机手之间的火线明火扑灭后，要迅速到最前面的灭火机手前方 5～10 m 处继续灭火，灭火机手之间要相互交替向前灭火。在灭火组和清理组之间，要有一个灭火机手对火线进行巩固性灭火。

3. 扑打中强度地表火

扑打火焰高度在 1.5～3 m 的火线时，1 号灭火机手用灭火机最大风力沿火线灭火，2、3 号灭火机手要迅速到 1 号灭火机手前方 5～10 m 处突破火线，2 号灭火机手回头灭火，迅速与 1 号灭火机手会合，3 号灭火机手向前灭火。当 1、2 号灭火机手会合后，要迅速到 3 号灭火机手前方 5～10 m 处灭火，1 号灭火机手回头灭火与 3 号灭火机手迅速会合，这时 2 号灭火机手要向前灭火，依次交替灭火。4 号灭火机手要跟在后面沿火线进行巩固性灭火，必要时替换其他灭火机手。

4. 多机配合扑打中强度地表火

火焰高度在 2～2.5 m 时，可采取多机配合扑打林火，集中 3 台灭火机沿火线向前灭火的同时，3 名灭火机手要做到同步、合力、同点。同步是指同样的灭火速度，合力是指同时使用多台灭火机来增加风力，同点是指几台灭火机吹在同一点上。后面留 1 名灭火机手沿火线进行巩固性灭火。在灭火机和兵力充足时，可组织几个灭火组交替灭火。

5. 灭火机与水枪配合扑打中强度地表火

火焰高度在 2.5～3 m 时，可组织 3～4 台灭火机和 2 支水枪配合灭火。水枪手顺火线向火的根部射水 2～3 次后，要迅速撤离火线。这时 3 名灭火机手要抓住火强度降低的有利战机迅速接近火线向前灭火。当扑灭一段火线后，火强度再次增高时灭火机手要迅速撤离火线，水枪手再次射水，灭火手再次灭火，而后依次交替进行灭火。4 号灭火机手在后面要对火线进行巩固性灭火，必要时替换其他灭火机手。

6. 扑打下山火

扑打下山火（图 3－10）时，为了加快灭火进度，由山上向山下沿火线扑打的同时，还应派部分兵力到山下向山上灭火。当山上和山下的队伍对进灭火时，还可派兵力在火线腰部突破火线，兵分两路灭火，分别与在山上和在山下灭火的队伍会合，完成灭火任务。灭火过程中，可根据火线具体情况采取各种不同的灭火方法。

为了迅速有效地控制和扑灭下山火，对火翼明火采取灭火措施的同时，应及时派人控制和消灭下山火的底线明火，防止底线明火进入草塘或燃烧到山根后形成新的上山火，迅速扩大火场面积。

图 3 – 10　扑打下山火

7. 扑打上山火

在扑打上山火（图 3 – 11）时，为了保证灭火安全和迅速扑灭上山火，可沿火线向山上灭火的同时，派部分兵力到火翼上方一定距离突破火线兵分两路灭火。向山下沿火线灭火的兵力与向山上灭火的人员会合后，要同时到向山上灭火队伍前方适当的距离再次突破火线，兵分两路灭火。但这一距离要根据火焰高度而定，火焰高度越高，这一距离应越小。

图 3 – 11　扑打上山火

在兵力及灭火装备充足时，可组织多个灭火组将火线分成若干段，由各灭火组沿火线分别在不同位置突破火线，兵分两路迅速向山上、山下分别灭火，与在本组两侧的灭火组迅速会合。但绝不允许由山上向山下正面迎火头灭火，而要从上山火的侧翼接近火线灭火。当风大无法控制上山火的火头时，可在火翼追赶火头扑打，等到火头越过山顶变成下山火时，采用扑打下山火的方法坚决把火头消灭在下山阶段。

（二）森林消防车配合灭火

森林消防车参战时，要把消防车用在关键地段、重点部位，主要承担突击性任务，充分发挥森林消防车的突击性强、机动性大、灭火效果好的优势，如图3-12所示。在扑救次生林火时，森林消防车的作用更为明显。具体组织方法可按组织森林消防车灭火的方法实施。

图3-12　森林消防车配合灭火

（三）地空配合灭火

在火场面积大、森林郁闭度小、条件允许的情况下，可采取地空配合灭火模式。地空配合灭火时，固定翼飞机主要担负化学灭火，直升机主要承担吊桶灭火。飞机配合地面队伍灭火时，主要对火头、飞火、重点部位、险段难段及草塘等关键部位火线进行"空中打击"，以便有力地支援地面队伍，如图3-13所示。

图3-13　地空配合灭火

（四）拦截火头

在扑救林火过程中，如果火头的蔓延速度快于灭火进度时，可采取各种方法拦截火头的蔓延。利用公路、铁路作为依托点放迎面火时，要特别注意对桥梁和涵洞的处理，防止在空气抽吸作用的影响下，火从涵洞和桥梁下跑火。同时，风对公路、铁路转弯处的影响较大。为此，也应引起指挥员的高度重视。利用依托点放迎面火时，要根据依托条件、可燃物的载量和风向、风速来确定使用哪一种点火方法。具体点火方法可按组织指挥火攻灭火方法实施。

（五）扑打草塘火

在扑救林火中，通常把扑打草塘火视为重点，这主要是由于草塘是林火蔓延的"快速通道"，火头向前发展的同时，草塘火的两翼向草塘两侧的山坡迅速蔓延形成冲火，扩大火场面积，致使扑救难度加大的同时，还可能造成火场出现内线火。所以，在灭火中能否及时有效地控制和扑灭草塘火，直接关系到整个灭火作战任务的成败。

1. 机降扑打草塘火

机降扑打草塘火的方法与机降扑打其他地表火的方法相同。但是，在大风天气下对草塘火实施机降灭火时，机降布兵的方法正确与否关系到整个灭火的效果。

通常情况下，布兵的顺序为先火头，再两翼，最后为火尾。扑打草塘火时，布兵顺序也应遵循这一原则。但是，在可燃物载量大、风大、气温高、相对湿度低和可燃物含水率低时，布兵顺序应改为先火尾，再两翼，最后为火头。因为在这种情况下，如果还是按照先火头，再两翼，最后为火尾的顺序来布兵的话，布在火头的兵力，因火强度太大，无法接近火线进行灭火，火头会突破灭火防线，把布在火头的兵力远远地甩在后面，造成队伍重新组织追赶火头的被动局面。同时，也有可能造成人员伤亡。

因此，在这种条件下布兵时，应及时改变布兵顺序，改为先火尾，再两翼，最后为火头。这样布兵的目的是使先投到火线的兵力能够及时、迅速地投入到灭火中去。

2. 组织森林消防车扑打草塘火

1）森林消防车喷水灭火

组织森林消防车扑救火焰高度在 2 m 以上的草塘火时，车可在火线外侧适当距离向前行驶中灭火。同时使用 2 支水枪灭火时，1 支水枪向车的侧前方火线射水，另 1 支水枪向车的侧面火线射水（图 3 – 14），必要时地面应派灭火人员清理火线和扑打余火，这时的

图 3 – 14　森林消防车喷水灭火

车速应控制在 4 km/h 左右。扑打火焰高度在 2 m 以下的草塘火时，为了节水，可使用单枪灭火，射水方向应为侧前方。单枪灭火作业时，地面必须派灭火力量配合，扑打余火和清理火线。

2）森林消防车碾压灭火

在无水条件下，对火焰高度在 1.5 m 以下的草塘火，可用森林消防车的履带直接沿火线碾压灭火（图 3 - 15）。同时，派出灭火力量在地面沿车辆压过的火线扑打余火和清理火线。碾压灭火时，车速在 3 km/h 以下。草塘火的火焰高度在 1.5 m 以上时不可采用碾压灭火方法，这对车辆和灭火人员都会构成危险。

图 3 - 15　森林消防车碾压灭火

3）森林消防车间接扑打草塘火

（1）有水作业。森林消防车间接扑救火焰高、强度大、烟雾大、车辆和人员无法接近的火线，当草塘火的蔓延速度快于灭火进度时，首先应计算火头的推进速度和建立阻火线所需要的时间，然后在火前方选择间接灭火地带。森林消防车横向压倒可燃物同时向上洒水，地面的点火组紧跟车后，在被压倒的可燃物内侧边缘点放迎面火拦截火头。点火组后面还需派灭火组和清理组防止火线复燃或跑火，还可采用直接点火扑灭外线火和建立喷灌带等方法灭火。

（2）无水作业。在无水条件下使用森林消防车间接灭火时，首先在选定的灭火地带横向压倒可燃物，并往返几次，使被压倒的可燃物宽度加大到 2 m 以上或利用消防车左右碾压翻出生土，然后在其内侧边缘点火，扑灭外线火，把外线火消灭在简易依托的内侧边缘。

（六）水泵灭火

在有条件使用水泵灭火的火场，可依托河流、湖泊或者消防水箱等水源使用水泵进行直接灭火或者间接灭火。

（七）利用自然依托间接灭火

扑救地表火时，如果火场附近有可利用的自然依托条件时，应充分利用这一有利条件，采用间接灭火手段。可利用的自然依托有小溪、小道、河流、公路、铁路、耕地、沙石裸露地带等。利用以上各种依托点放迎面火时，要根据依托、气象、可燃物和地形等条件采用不同的点火方法，保证依托的安全。

二、地下火扑救技术

地下火是指森林中下层可燃物（腐殖质层和泥炭层）的燃烧速度慢于表层可燃物（枯枝落叶）燃烧速度的火，主要发生在长期干旱、腐殖质层较厚的林区。

地下火因不受风的影响，在地下缓慢燃烧扩展，在地表面一般不易看见火焰，只见烟雾，只有在微风天的夜晚有时可以见到零星的明火。地下火燃烧持续的时间较长，有的几个月，有的一年甚至更长，往往秋季起的火，冬季在冰雪覆盖下仍在继续燃烧，所以又称越冬火，且地下火对森林的破坏十分严重，经一次过火成壮林死亡率在95%以上。

由于地下火燃烧不易被发现，发现后不易确定火场边界，更难确定火的流向。土坡中的泥炭层和腐殖质层的深度不一、含量多少不等，一旦发生火灾，容易造成人身伤亡事故、危害极严重，所以扑救地下火很困难，彻底扑灭则更不容易。扑救地下火的主要方法有冷却法和隔离法两种。

（一）地下火的特点

地下火具有蔓延速度缓慢，对森林破坏性大，多发生在原始林和扑救难度大等特点。

（二）扑救地下火的主要装备

扑救地下火时，通常利用森林消防车、水泵、推土机、手工具、索状炸药和人工增雨装备等。

（三）扑救方法

1. 利用手工具灭火

根据地下火的燃烧特点，首先摸清火场边界、确定火的流向，以便正确投入扑救力量，其次是挖沟隔火，切断火势蔓延路线，以便分片消灭。

扑救地下火之前，首先进行火情侦察，侦察时应着重摸清火场边界，准确估算火场面积；确定火的流向和蔓延速度；查清腐殖质层和泥炭层的深度；在火场周围划出危险区，立上标记，防止扑火队员误入火场而造成烧伤事故。其次用铁锹挖隔火沟，而后疏通地下火，用耙子把易燃物和已燃物搂到隔火沟，用水浇灭引燃最深的地下火。在有机械的条件下，可用开沟型机沿火场四周挖深 30～40 cm、宽 70～100 cm 的隔火沟，其深度必须达到矿物层为止。再次根据火场面积和扑火力量将火场划分成若干小区，每小区配备足够的扑火力量，必须把所有已燃和未燃的腐殖质、泥炭全部控制在固定位置上。最后要集中扑火力量彻底清理火场，清理完一遍后，每隔数小时再普查一遍，防止留有残火，引起死灰复燃。为防止死灰复燃，在撤离火场时，要留下一部分扑火队员监守火场，直至不出现复燃为止。

2. 利用森林消防车灭火

在火场的地形平均坡度小于35°，取水工作半径小于5 km的火场或火场的部分区域，可利用森林消防车对地下火进行灭火作业（图3-16）。在实施灭火作业时，森林消防车要沿火线外侧向腐殖质层下垂直注水，注水时水枪手应在森林消防车后跟进，徒步以"Z"字形向腐殖质层下注水灭火。此时，森林消防车的行驶速度应控制在1 km/h以下。

图3-16 森林消防车灭火

三、树冠火扑救技术

树冠火多发生在干旱、高温、大风天气条件的针叶林内。地表火在强风作用下，火焰会变得异常猛烈，沿针叶幼树、枯立木、站杆、风倒树和低垂的枝丫等迅速蔓延至树顶，并沿树冠成片发展，形成树冠火。树冠火的特点是立体燃烧、火强度大、蔓延速度快、对森林的破坏严重，经一次过火成壮林死亡率在90%以上。

按树冠火的蔓延速度，可划分为急进树冠火和稳进树冠火两种；按其燃烧特征，又可划分为连续型树冠火和间歇型树冠火。

急进树冠火（狂燃火）指在强风作用下，火焰在树冠上跳跃式蔓延，其蔓延速度可达8~25 km/h，火势呈长带状向前伸展，容易形成大面积火灾，扑救困难。稳进树冠火（遍燃火）的火焰向前推进的速度较慢，火势发展的幅面较宽，而且易全面扩展，蔓延速度在5~8 km/h。两种火的燃烧方式主要取决于风速大小。

连续型树冠火能够在树冠上连续蔓延；而间歇型树冠火在森林郁闭度小或遇到耐火树种时降至地表燃烧，当森林郁闭度大时又上升至树冠燃烧。因此，这两种燃烧方式主要受森林郁闭度和树木种类的影响。

（一）扑救方法

因树冠火燃烧猛烈、火焰高、火强度大、蔓延速度快，一般不能采用直接灭火的方式。扑救树冠火的常用方法是开辟阻火隔离带以阻隔火势蔓延。开辟阻火隔离带时，要根据火势蔓延速度和开辟阻火隔离带所需的时间，在留出相应间距的情况下合理确定适宜的位置。例如火的蔓延速度为 10 km/h，开辟阻火隔离带需要的时间是 3 h，隔离带的位置应选择在火头前方 30 km 以外的地方。

1. 自然依托火攻

在自然依托内侧伐倒树木点放迎面火灭火。伐倒树木的宽度应根据自然依托的宽度而定，依托宽度及伐倒树木的宽度相加应达到 50 m 以上。利用锹耙等开设一条手工具阻火线，待到日落后，再沿手工具阻火线内侧点放地表火，当地表火烧过之后，在火烧迹地内侧 50 m 处伐倒树木。

2. 伐木开隔离带

开辟防火隔离带时，首先要迅速将隔离带上的所有树木伐倒，树木倒向火一边后，将树头、树干清理到防火隔离带以外的地方，以防火蔓延。隔离带的宽度，应视树的高矮及当时的风力大小而定，一般为 30 ~ 50 m。防火隔离带的外侧还应开辟 1 ~ 2 m 宽的生土带，防止地面火蔓延，如图 3 - 17 所示。

图 3 - 17　隔离带示意图

防火隔离带处应配有主要灭火力量，当火头接近隔离带时，火势受阻、蔓延速度减缓，火势减弱，此时应迅速出动迎击火头，消灭临近燃烧物，防止火头突破隔离带。

3. 用推土机阻隔灭火

在有条件的火场可以用推土机开设隔离带灭火。开设隔离带的方法，可按推土机扑救地下火和用推土机阻隔林火的方法组织和实施。

4. 选择疏林地灭火

在树冠火蔓延前方选择疏林地或大草塘灭火，在这种条件下可采取以下两种方法灭火：一种是当树冠火在夜间到达疏林地，火下降到地面变为地表火时，再按扑救地表火的方法进行灭火，如有水泵或森林消防车也可在白天灭火；另一种是建立阻火线灭火。

5. 以水冷却降温

在水源充足的地方，可利用灭火飞机、消防车和水泵向燃烧的树冠喷水，达到冷却和窒息灭火的目的，如图 3 – 18 所示。

图 3 – 18　直升机吊桶灭火

（二）注意事项

（1）时刻侦察飞火和火爆的发生。

（2）抓住和利用一切可利用的时机和条件灭火。

（3）时刻侦察周围环境和火势。

（4）点放迎面火的时机，最好选择在夜间进行。

（5）在实施各种间接灭火时，应建立避险区。

四、火场清理技术

　　清理火场主要是清理隐火和在火线附近燃烧的倒木、树枝、树墩及枯立木等，要把这些正在燃烧的物质全部清理到火烧迹地内侧。清理火场是保证灭火取得胜利的关键。如果清理火场不彻底，会导致复燃火发生，这是造成重大或特大森林火灾的一个十分重要的因素。因此，各级指挥员对清理火场这一重要环节必须引起高度重视。

（一）清理方法

1. 冷却法

冷却法是将灭火剂直接喷射到燃烧物上，以降低燃烧物温度。当燃烧物的温度降低到该物的燃点以下，燃烧就停止了。或者将灭火剂喷洒到火源附近的可燃物上，防止辐射热影响而起火。

2. 隔离法

隔离法是将着火的地方或物体与周围的可燃物隔离或移开，燃烧就会因缺少可燃物质而停止。

3. 隔氧法

隔氧法是阻止空气流入燃烧区或降低氧气浓度，使燃烧物得不到足够的氧气而熄灭。

（二）清理程序

1. 前打后清

在突破火线兵分两路灭火时，扑打组在前面扑打明火，清理组要跟进扑打组清理火线。清理组要与扑打组保持一定的距离，这一距离应根据清理火线的难易程度和天气情况而定，距离过大可能在扑打组和清理组之间发生复燃火，距离过小可能在清理组后面发生复燃火。

兵分两路后的每支队伍都要将队伍再一次分成扑打组和清理组，比例可根据火线具体情况而定。扑打组在扑打明火时，清理组要跟进清理隐火。在兵力充足时，可组成两个或多个扑打组交替灭火。

组成多个清理组时，清理组之间应保持一定的距离，要加强中间部位清理组的力量，防止各清理组之间的距离过小，清理组过后可能发生复燃火；距离过大时，可能在清理组之间发生复燃火。这一距离应根据当时的天气情况和清理的难易程度而定。

2. 认真检查重点清

在回头清理返回宿营地稍作休整后，指挥员应组织人员对火线进行重点清理。

3. 分段负责反复清

在组织重点清理之后，根据火线情况，可把扑灭的火线分成若干段，分工负责清理。

4. 看守火场彻底清

是否看守火场，要根据火场面积、气象因素及火场条件而定，看守火场是扑救林火的收尾工作，也是完成灭火任务的最后保证。一场森林火灾被扑灭后，在经过多次清理、检查的前提下，根据天气状况对火场进行看守。看守火场的关键是"看"，而不是"守"。"看"就是在看守火场过程中，看守火场的人员携带清理工具，轮流沿被扑灭的火线边缘不断进行检查，发现问题及时处理。看守火场的时间应视火场具体情况而定，一般至少要看守 24～72 h，在干旱和气象条件对火场不利的情况下，看守火场的时间要达到 72 h。队伍撤离火场必须经过验收合格后方可撤离。在清理与看守火场期间，经常会换防。换防时，必须经过火场指挥员批准后，方可办理交接手续，在交接单上要详细写明责任区域与职责，以及双方单位名称和带队人姓名、交接时间等有关事宜。

5. 领导检查最后清

在撤离火场前，各火线指挥员要亲自带队对火线进行最后的检查清理，发现问题及时处理。

6. 验收火场清

在整个火场明火被扑灭后，经过清理、看守，在撤离火场前，如有条件，火场指挥员可乘飞机验收火场。如果发现问题，要记下存在隐患的位置，通知负责此段的指挥员限期清除隐患。检查验收标准是：火场要达到"三无"（无火、无烟、无气味），经过 72 h 看守后，确实没有复燃隐患才算验收合格。验收火场时，火场最高指挥员要亲自或指派专人主持这项工作，并要做好各项记录，有负责人签字。验收记录要交给火场所在的县级森林防火指挥部门存档备查。

📖 **习题**

1. 东北原始林区和西南高山林区在地面灭火技术上的选择有哪些差异？

2. 森林消防与城市消防在灭火技术上的选择有哪些差异？造成这些差异的原因是什么？

3. 结合我国森林防灭火工作形势，展望未来航空灭火技术会有哪些突破？

4. 浅谈如何将航空灭火技术与地面灭火技术有机结合从而达到立体灭火效果。

5. 地面和航空灭火技术的发展对三种火灾扑救技术会产生怎样的深远影响？

6. 如何在三种火灾扑救技术中将灭火技术与灭火战术有机结合发挥最佳效果？

第四章 森林灭火战术

森林灭火战术是结合林火发生、发展规律，结合林火特点和扑救人员、装备实际，科学选用各种方法手段，扑灭林火或阻断林火蔓延，控制森林火灾的有效措施。

第一节 灭火战术基本理论

森林火灾扑救是人与自然灾害之间的战斗，各级灭火指挥员在遵循"先控制、后消灭"战术原则的前提下，有效实现"打早、打小、打了"。实战中只有认真做好知己知彼，才能百战不殆。知己是了解我方灭火力量及装备情况，知彼则是翔实掌握火场及周边的各种环境因素。灭火作战对象、灭火作战能力、灭火作战环境，决定了不同的作战样式、作战手段和具体作战方法。因此，在选用灭火战术时，应着眼于森林火灾扑救规律和特点，科学依据火场条件、灭火作战能力、灭火作战环境灵活选用各种灭火战术。

一、灭火战术的概念

森林灭火战术简称灭火战术。灭火战术理论是研究森林灭火行动特点规律，并指导灭火实践的理论体系。其研究的对象和范围是灭火战斗的理论和实践两个方面。灭火战术是消防救援机动队伍灭火战斗经验的总结和理论研究成果的概括，是消防救援人员必须了解和掌握的基本知识体系。

灭火战术是指导和进行灭火行动的方法。灭火行动与军队作战的根本区别是执行任务对象不同。消防救援机动队伍灭火行动的对象是森林火灾，是人与自然灾害作斗争，由于执行任务对象的不同，追求的效果也不同。在灭火行动中，针对不同形态森林火灾，灵活运用灭火战术的根本目的在于科学高效灭火，保护森林资源，保护国家和人民生命财产安全。

特别指出的是，扑救较大规模以上森林火灾，地域广阔，目标分散，情况复杂，形势多变，大、小兴安岭林区的森林火灾，最多时一天有大小 29 个火场，5000 余名灭火人员分散在数万平方公里的火场上，这是其他抢险救援行动不可想象的。近年来，在扑救森林火灾过程中，一些地区相继发生人员伤亡事故，引起了党中央、国务院的高度重视。习近平总书记对 2019 年凉山木里森林火灾、2020 年西昌森林火灾先后作出重要指示，对开展科学施救、全力组织灭火、严防次生灾害、抓实安全风险防范各项工作、深入排查各类隐患等提出了重要要求，警示我们必须高度重视安全风险防范工作，切实担负起促一方发展、保一方平安的重大政治责任。实践证明，造成灭火伤亡的主要原因是灭火人员缺乏森林灭火常识和火场紧急避险必要防护措施。需通过总结经验教训，加大研究森林灭火战术战法和专业训练力度，提高参战人员灭火技战术水平和安全避险能力，才能够确保灭火任务圆满完成，最大限度避免和减少伤亡事故发生。

灭火战术是我国森林防火工作及灭火技术手段发展到一定历史阶段的产物。随着森林灭火战斗的出现而逐步形成，并在灭火实践中不断发展。从客观实际出发，研究灭火战术的形成、发展及其规律，预测灭火战术发展趋势，对于我们正确掌握和运用灭火战术理论，指导森林灭火工作实践，进一步发展完善具有中国特色森林灭火战术体系，具有极为重要的意义。

二、灭火战术的基本原则

（一）速战速决

速战速决是整个灭火原则中的核心部分，能否实现速战速决关键取决于各级指挥员能否抓住有利的灭火战机。扑救森林火灾的有利战机包括：

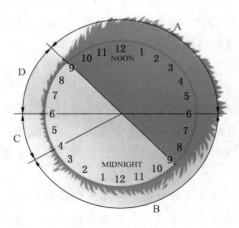

图 4-1 昼夜林火变化示意图

（1）林火初发时。

（2）风力小、火势弱时。

（3）有阻挡条件时。

（4）逆风燃烧时。

（5）向山下燃烧时。

（6）燃烧到林缘湿洼地带时。

（7）有利于灭火天气时。

（8）早晚及夜间时，如图 4-1 所示。

（9）燃烧在植被稀少或沙石裸露地带时。

（10）燃烧在阴坡零星积雪地带时。

（11）可燃物载量小、火焰高度在 1.5 m 以下时。

如不能牢牢抓住和充分利用出现的灭火战机，也不会取得良好的灭火效果。林火的强度和蔓延速度均随着时间和空间的变化而变化。为此，各级指挥员在指挥灭火时，一定要抓住每一个有利的灭火战机并施之以合理的指挥，才能在最短的时间内消灭森林火灾，实现速战速决的目的。

（二）机动灵活

在灭火中，火线指挥员要根据火线的变化（林火行为的变化、地形的不同、可燃物的分布和类型、气象的变化）交替使用间接灭火和直接灭火及其他各种不同的灭火战术。如原准备采取火攻灭火手段来扑灭的某段火线，但由于风向或风力的变化，有利于采取直接灭火措施时，为了减少森林损失，应果断改变灭火方法，并根据各种灭火方法实施时的具体需要随时调整人员部署。原准备采取直接扑打的火线，因发生某种变化有利于间接灭火时，也应及时改变灭火手段。总之，要根据火场实际情况，机动灵活地组织指挥灭火。

（三）四先两保

指挥灭火时，为了迅速有效地扑灭林火，各级指挥员都必须坚持"四先两保"的原则。"四先"是指先打火头，先打草塘火，先打明火，先打外线火，其目的是迅速有效地控制火场。"两保"是指保证各单位之间的会合，保证扑灭的火线不复燃，其目的是彻底消灭林火。

1. "四先"

1）先打火头

火头是林火蔓延的主要方向，控制火头就控制了林火。

2）先打草塘火

草塘是林火蔓延的"快速通道"，是林火发生、发展的主要部位。

3）先打明火

明火是指正在燃烧的可燃物，扑灭了明火则基本实现了灭火目的。

4）先打外线火

外线火是指燃烧在火线外沿的火点。扑灭外线火可以有效控制林火蔓延和控制火场面积迅速扩大。

2. "两保"

1）保证会合

火场会合才能保证火线全部扑灭。

2）保证不复燃

确保在任何情况下无复燃可能，取得灭火全胜。

（四）集中力量

集中力量就是集中优势力量打歼灭战。

（1）在以中队或大队为单位灭火时，一般应集中 1/3 或 1/2 的力量从火头两翼接近火线进行灭火。

（2）在林火初发阶段，应集中优势力量，一鼓作气彻底扑灭林火，防止"添油战术"。

（3）在灭火的关键地段和关键时刻，若火刚越过隔离带或阻火线且将要形成新的火区时，应集中优势力量，聚而歼之，决不能让其形成新的火区。

（4）对于可一举歼灭的低强度火线，要集中优势力量全力扑灭。

（5）在火场面积大、火势猛、力量不足时，应集中优势力量控制火场的主要一线，暂时放弃次要火线，等待增援或在控制主要火线后，再进行力量调整，从而形成火场局部力量的绝对优势。

（五）化整为零

化整为零是在风力小、火势弱、火线长、林火蔓延速度慢、火强度低及清理火线时，采用化整为零的方法，分队迅速划分为若干个战斗小组，每个小组 2~3 人。在距离较近和通视条件良好的情况下，也可采取单个人员的形式沿火线部署力量，利用有利战机实施快速高效的灭火行动。

（六）打烧结合

打烧结合是直接灭火和间接灭火手段的交替运用，也是灭火中进攻与防御的相互演变。在灭火时，应坚持能打则打，不能打则烧的灭火手段，坚决做到以打为主，以烧为辅，打烧结合。在实际灭火中，必须体现"以打为主"，要根据火场实地气象、地形特征、可燃物种类等火场实际情况，分析是否能够采用直接灭火手段，只要有利于直接灭火，指挥员就应调动灭火力量，组织直接灭火。在无法直接扑打或不利于直接扑救的条件下，应采取火攻灭火或其他间接灭火手段。

（七）确保重点

抓关键就是抓住和解决灭火中的主要矛盾。在灭火中，首先要控制和消灭火头或关键部位的火线。保重点就是以保护主要森林资源和重点目标安全为目的而采取的灭火行动。

1. 抓关键

火头是林火蔓延的关键部分。林火的过火面积主要是由火头蔓延速度的快慢和火场燃烧时间的长短所决定的。因此，迅速有效地控制火头是灭火的关键，在扑救森林火灾中必须树立先控制和扑灭火头的思想。

2. 保重点

为了实现对重点区域和重点目标的保护，必须根据火场实际情况相应地使用有效灭火战术，对重点目标、重点区域加以保护。

（八）协同配合

协同配合灭火是取得灭火全胜、速胜的一条重要原则。坚持协同、积极主动是实现灭火的一项重要保证。在扑救森林火灾时必须树立全局观念，积极主动地与友邻队伍协同灭火，以争取灭火的速胜、全胜。在协同过程中，要坚决克服本位主义，以积极主动的态度、最快的速度进行灭火，为实现速战速决创造条件。

三、灭火战术的影响因素

（一）森林可燃物

森林可燃物是森林火灾发生的物质基础，对林火发生和蔓延有很大影响。可燃物的种类、分布、载量、结构、大小等，直接影响林火种类及火行为，并影响灭火战术的运用。如火场植被不同，可形成林火、草塘火、荒山火及草原等。可燃物在水平分布上的连续性，影响林火蔓延的连续性及火强度；可燃物在垂直分布上的连续性，影响能否形成树冠火或地下火。可燃物的载量，影响林火强度。可燃物的结构、大小及理化性质，影响可燃物的易燃程度、林火强度及火场清理的难易程度。因此，灭火战斗中，指挥员要根据可燃物类型的不同，及时预见林火种类和火行为的变化，合理确定灭火战术。

（二）地形条件

地形是灭火作战范围内的自然结构，是灭火作战的客观基础。"夫地形者，兵之助也。"灭火作战地区不同特点的地形，会对灭火战斗行动产生不同的影响，在运用灭火战术时，要善于全面分析灭火地区的地形特点及利弊关系，正确选择和巧妙利用地形，避开危险地形，把灭火战术的运用与地形结合起来，趋其利而避其害。如林火在不同地形条件下其火行为不同：上山火蔓延速度快，火强度大、火势猛，扑救困难，一般采取间接灭火方式；下山火蔓延速度慢，火势弱，扑救难度较小，可采取直接灭火方式或间接灭火方式，灭火时要抓下山火的有利战机，分击合围，速战速决；平地林火要根据火场实际情况，灵活运用灭火战术。运用以火灭火战术时，要利用地形从山下向山上点烧，这样易于点烧。

（三）气象条件

气象条件是形成林火气象规律的关键要素。与林火密切相关的气象因子有气温、风向、风速、空气温度、降水等。在林火扑救中，指挥员只有了解并掌握林火气象规律，才能灵活运用灭火战术。如运用以火灭火战术时，还要注意火场风向和风力大小，风力达到4级以上时，就不能盲目点烧，以防止跑火。

（四）灭火力量

根据灭火作战力量选择灭火战术是提高灭火作战效益的关键。灭火作战力量即灭火战斗力，是消防救援机动队伍扑救森林草原火灾能力的统称。灭火作战力量主要包括物质因素和精神因素两个方面。

1. 物质因素

物质因素是产生实际灭火战斗力的客观基础，是决定灭火战斗进程和灭火战术运用的基本因素。物质因素包括灭火作战人员的数量、素质，灭火装备的数量和性能，灭火战斗编成等。训练有素的灭火参战人员，合理的战斗编组，精良的灭火装备是保证灭火战术实施的客观条件。如机动能力强的灭火分队集中于火场一线时，要选择递进分割、一线超越的灭火战术；而机动能力差的灭火分队，要选择集中力量、一线推进的灭火战术。在灭火力量不足一个班的情况下，要选择一打二清、往复冲击的灭火战术。如果没有足够的灭火力量和点火机具，就不能盲目运用以火灭火战术，防止造成更大的损失。

2. 精神因素

精神因素是取得森林灭火战斗胜利的一个重要因素。精神因素主要指灭火人员的思想素质、临战心理状态、灭火战术思想水平以及指挥员的主观能动作用等。其中指挥员的素质居主导地位，指挥员的主观能动作用有时直接关系到灭火作战效益。主观能动性发挥得好，能够预见火情变化，在火情发生变化之前及时改变灭火战术，调整力量部署，灭火战术运用就灵活自如，就能掌握灭火主动；反之，如墨守成规，优柔寡断，就会陷于被动，贻误灭火战机。同时要注意的是，灭火指挥员主观能动作用的发挥，应建立在客观实际的基础上，在选择灭火战术时，要充分考虑部队的灭火作战能力能否达到预定灭火战斗方案的要求；在灭火作战能力达不到要求时，切不可盲目制定和选择超出灭火参战人员战术、技术水平和灭火装备性能的战术，这样不但会使灭火战斗方案落空，而且还会造成整个灭火作战行动的失利。如在灭火参战人员中新消防员较多，平时缺乏灭火协同训练时，就不宜组织过多的协同灭火环节，防止因协同配合不好，造成人员伤亡和损失。

在以往灭火实战中总结出了许多灭火战术，但要想运用好各种战术，需指挥员翔实掌握火场的各种要素，结合力量、装备等情况，灵活选择和运用各种灭火战术，真正做到知己知彼，方能百战不殆。

第二节　常用基本灭火战术

森林灭火常用基本战术是森林火灾扑救的重要组成部分，对提高灭火行动效益，顺利完成灭火行动任务有重要影响。经我国历年森林灭火工作的经验总结，主要归纳了8种基本战术。结合运用实际，提炼了战术基本含义、运用时机和把握要点、优长及不足。

一、一点突破、两翼推进

1. 基本含义

林火燃烧蔓延呈线状推进，灭火队伍集中力量选择有利地形地段由一点突破火线，分两路沿火线扑打合围，直至歼灭林火，是一种直接灭火的常用战术，如图4－2所示。

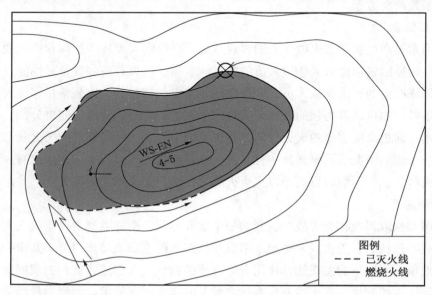

图4－2　一点突破、两翼推进

2. 运用时机和把握的要点

主要适用于扑救火灾初发阶段或面积较小、火线较短的低、中强度地表火，突破点应选择在地势相对平缓、植被相对稀疏、火势相对稳定的地段；中强度以下地表火，应快速扑打清理；林火强度较大时，要选择火翼或火尾突破；高强度地表火，或伴有间歇性树冠火时，应运用特种车辆或水泵、管线车等以水灭火手段进行压制，尔后予以扑灭。

3. 主要优长与不足

优长：一是适合分队以下单位独立行动，便于灭火展开；二是直接灭火，打清彻底，不易复燃，危险性较小；三是便于指挥和观察监测，有利于突发情况的处置。不足：投入力量相对较少，一旦火场风力加大、火势增强，很难继续扑打推进。

二、两翼对进、钳形夹击

1. 基本含义

火场形成带状或扇面状火线，火尾自然熄灭，灭火队伍选择两翼进入火线，沿火线钳形夹击，是实施直接灭火所采取的一种常用战术，如图4-3所示。

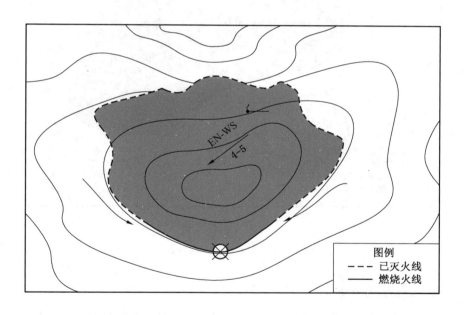

图4-3　两翼对进、钳形夹击

2. 运用时机和把握的要点

在坡度较缓的山林地，林火在燃烧发展过程中，当火尾自然熄灭，火翼火势较弱，火势蔓延的主要方向出现断续火线时，灭火分队应当迅速进入两翼，分两路向火头方向合围。

3. 主要优长与不足

优长：一是安全系数相对高，能够避开危险环境；二是有把握在短时间内控制火场态势。不足：主要方向火线较长时，一旦风力加大或遇有特殊地形，林火蔓延速度加快，灭火队伍很难实现夹击合围。

三、多点突破、分段扑灭

1. 基本含义

火场面积较大，但现地条件利于扑救，灭火队伍可择机多路出击，多点突破，将火线分割为若干地段，小群多路同步扑打推进，使整个火场快速形成合围之势，是一种直接灭火的主要战术，如图4－4所示。

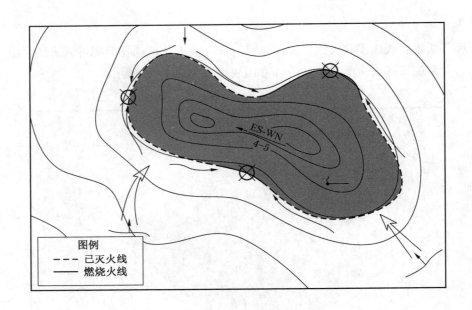

图4－4 多点突破、分段扑灭

2. 运用时机和把握的要点

火场面积相对较大，有足够的灭火力量一次投入，且火势发展平稳，地形、植被、气象等客观因素具备分段扑灭的条件，应组织灭火队伍快速到位，明确任务，加强协同配合，防止结合部跑火。

3. 主要优长与不足

优长：一是对火场合围态势明显，能够快速实施有效封控；二是各分队担负灭火任务相对均衡，责任明确，有利于提高灭火效率。不足：一是灭火队伍全线展开后，点多线长，组织指挥难度大；二是各分队之间很难做到步调协调一致，多点同步展开。

四、穿插迂回、递进超越

1. 基本含义

火势发展相对稳定，地势相对平缓，灭火队伍穿插或迂回至多个方向，交替递进超越扑打，是快速灭火的一种战术，如图4-5所示。

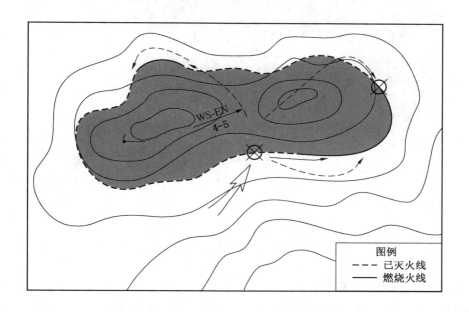

图4-5 穿插迂回、递进超越

2. 运用时机和把握的要点

适用于平原和浅山丘陵地带的低强度地表火。在火烧迹地穿插时要选择安全路线，沿火线穿插迂回时要选择靠近火线边缘路线；穿插迂回时要随时观察火场情况，防止误入险境；超越距离一般不宜过长，防止相互协同的各个分队首尾不能相顾。

3. 主要优长与不足

优长：一是能够发挥最大效益；二是能够缩短机动距离，增大控制范围，提高灭火效率；三是便于组织指挥和协同行动。不足：一是穿插行动受现地条件影响较大；二是火场风向突变、风力加大，林火失控将威胁向前超越的灭火分队的安全。

五、利用依托、以火攻火

1. 基本含义

不宜直接扑打控制的林火，灭火队伍可利用道路、河流、农田或人工开设的隔离带等为依托，向林火蔓延方向实施有控制的点烧，达到有效控制受害森林面积，最大限度地降低资源损失的目的，亦称"火攻战术"，如图4-6所示。

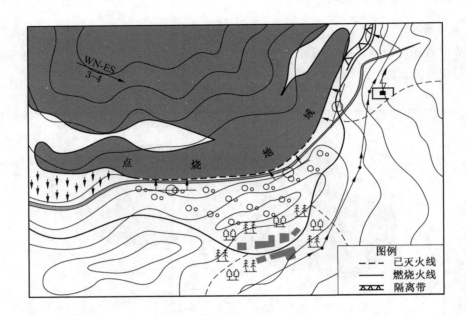

图4-6 利用依托、以火攻火

2. 运用时机和把握的要点

蔓延较快的高强度林火不宜直接扑救时，或危及灭火人员和重要目标安全时，有可利用的自然或人工依托和利于点烧的气象条件。要抓住点烧时机（风力三级以上严禁点烧），科学选定点烧位置和路线，合理配置点烧和清理看守力量，明确协同配合关系；在点烧火线可控的前提下，应加快点烧进度；要防止人员进入预定点烧区域，发生意外。

3. 主要优长与不足

优长：一是安全系数相对高，避免灭火人员直接与林火接触；二是灭火效率相对高；三是可有效保护重要目标安全，避免造成更大损失。不足：一是受气象、地形影响大，点烧时机把握难，点烧控制难；二是无自然依托时，开设隔离带作业时间长。

六、预设隔离、阻歼林火

1. 基本含义

对不宜直接接近扑救的火线，可在林火燃烧发展的主要方向开设隔离带，当林火发展至预设隔离带时，灭火队伍抓住火势减弱的战机，迅速扑打清理，是由间接向直接灭火转换的战术，如图4-7所示。

2. 运用时机和把握的要点

遇有行为多变高强度林火、无法接近的复杂地形或地下火火场时，隔离带应选择在山

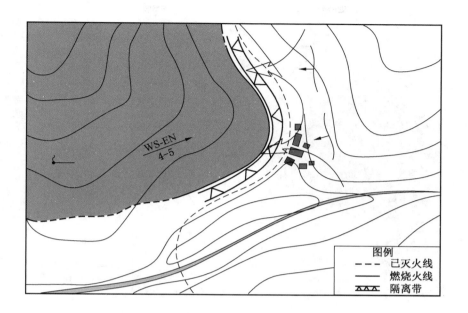

图 4-7 预设隔离、阻歼林火

脚的疏林、幼林、林草结合部等，走向尽量与林火发展方向保持垂直，宽度应当根据地形、植被、林火类型和强度等确定。隔离带开设完毕，要及时调整力量部署。

3. 主要优长与不足

优长：一是灭火安全系数相对高，避免进入危险火环境；二是能够有效将林火控制在一定范围内，并减弱火势；三是便于组织指挥和协同行动。不足：一是开设隔离带作业时间长；二是受气象条件影响大。

七、地空配合、立体灭火

1. 基本含义

"地空配合，立体灭火"是指利用飞机采取空中喷洒化学灭火药剂或直升机吊桶洒水，有效降低林火强度和火线蔓延速度，地面灭火分队利用有利时机，集中力量扑打明火，清理余火，如图 4-8 所示。

2. 运用时机和把握的要点

主要在扑救大面积森林火灾时使用，空中洒水（化学药剂）主要集中于火头以及地面灭火分队无法抵达的地带。使用此战术要求空中洒水（化学药剂）时位置要准确，地面跟进配合要及时，迅速抓住有利时机组织灭火。

3. 主要优长与不足

优长：一是空中洒水（化学药剂）作业对扑救树冠火效果最佳，对灭火头、险段效

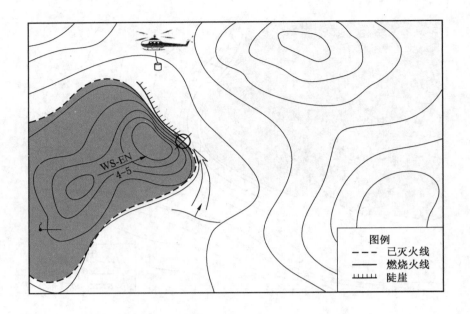

图4-8　地空配合、立体灭火

果最好；二是灭火效率明显高于单一地面灭火；三是降低林火对地面灭火人员和重点目标的威胁。不足：一是空中洒水（化学药剂）作业难以做到精准到位；二是空中力量的使用受天候等客观因素影响较大；三是空中洒水（化学药剂）作业虽能控制火势，但难以彻底熄灭余火，必须实施地面配合。

八、全线封控、重点扑救

1. 基本含义

沿火线全线部署灭火力量，灵活采取直接扑打、阻隔灭火、以火攻火等多种手段封控火场，同时组织精干力量对重点方向进行扑救，达到快速、干净、彻底扑灭林火的目的，如图4-9所示。

2. 运用时机和把握的要点

主要在火场面积相对较小且灭火力量充足，现地地形条件利于各灭火分队快速机动和展开时使用。使用此战术要求必须统筹好各方力量，明确责任分工，加强指挥协同，主动密切配合，确保对火场实施全面有效的合围封控。同时要密切关注天气和火情变化，及时调整部署，加强重点方向、重要目标的灭火力量，确保全线推进，不留空隙和隐患。

3. 主要优长与不足

优长：一是能最大限度发挥人数优势，提高灭火效率；二是对火场全线封控后，各方向齐头并进，同步展开，能有效缩短灭火时间，提高灭火效率。不足：一是灭火力量不足

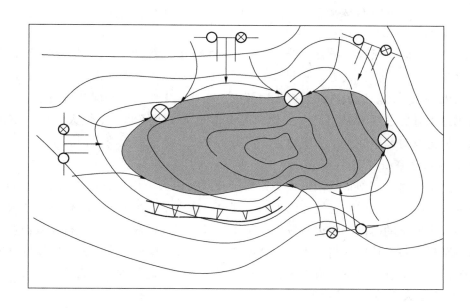

图 4 - 9　全线封控、重点扑救

或火情发生突变时难以对火场实施有效封控；二是对火场指挥和各部协同提出了很高的
要求。

第三节　灭火战术运用

林火由于发生区域不同，地形相对复杂，过了山就是沟，上了坡就下坡，山山相连，
沟壑相间，因此在扑火时，要根据不同形态火灾的特点，必须抓住有利战机，突击灭火。
结合扑火经验，将主要扑救战术按照不同地形火灾扑救、不同时段火灾扑救和不同林火种
类进行分类，共计三大类 12 种。在学习和运用时，注重把握各种形态火灾的特点规律，
掌握战术运用的要点和注意事项。

一、不同地形火灾扑救战术

（一）上山火顺势打

1. 上山火特征

上山火的行为特点是蔓延速度快，火头燃烧猛烈，难控难灭，危险性大。特别是白天
温高物燥，朝阳迎风处的上山火燃烧更为强烈，极易形成强烈的局部热对流和"火爆"，
其火行为特征表现为：火势直冲云天，浓烟翻滚急上卷，火爆轰鸣火团飞，两翼火线似火
龙，火头形态如尖刀，向上跳跃式燃烧。如果此时灭火队员迎火头灭火或从山上向山下接
近火线，或在燃烧火头发展前方的山脊线上、山脊谷地、朝阳平缓坡位上迎火或开设防火

隔离带，都是十分危险的。

2. 具体战术运用

扑救上山火时，灭火队员要顺着火势打，严禁顶着火势打，先控制两翼火线，顺着火势跟进火头灭火，即让开火头，避开火锋，顺着火势的发展方向，采取先控制、再消灭的方法，消灭侧翼火，随后跟进消灭火头尾部火。在扑火中要与火头保持适当距离，一定要等火头越过山脊后，或者是当风向变化、火头转向、火势降低、燃烧火线形成下山火势时，抓住战机及时调整战术，组织力量重点突击灭火，才能有效将火消灭。

3. 扑救注意事项

扑救上山火时，切勿盲目跟进火头，靠近火线。白天上山火，由于火势快、火势猛、燃烧不彻底，极易出现二次燃烧和大火回烧现象，这也是火场上最容易伤害人的火。一般二次燃烧大火回烧的范围都距火头较近，距离一般不超过百米，所以进行扑救作业时千万不要随意跟进火头，特别是当火头火焰高度超过 3 m 时，尾追火头灭火时要保持百米以上距离，务必慎打慎进，等待时机灭火，千万不可在高危险地段扑救火线。

（二）下山火堵截打

1. 下山火特征

下山火的行为特点是蔓延速度慢，火势较稳，火头较弱，燃烧彻底，易灭难清。下山火也称"坐火"。扑救实践中，当火线从山上向山下燃烧时，是最佳的灭火战机。

2. 具体战术运用

当最佳灭火时机出现时，就要集中优势力量，严防山上火下沟发展成沟塘火和越过沟塘重新发展为上山火，要将火消灭在山坡上或堵截消灭在山脚下。此时，如果火场小、火线短，在人力充足的情况下，可从山下向山上找准燃烧火线的薄弱点，采取一点突入、两翼展开、分兵合围、递进超越、分段扑打的直接灭火方式扑救。如果火场大、火线长、人力少，可采取重点一线集中用兵的间接灭火方式，组织攻打重点段火线，或利用点上山火的方法以火攻火，分段点烧，围圈火线，将下山火堵截消灭在下山之前、山坡之上。

3. 扑救注意事项

扑救下山火时，必须注意的问题是余火和暗火清理一定要仔细。因为下山火慢，燃烧时间长，燃烧火线上一些较为粗大的可燃物已开始燃烧，地表层可燃物已烧尽，从而会引发地下腐殖质层的燃烧，暗火点多，余火量大，形成局部的地下火出现。因此，下山火的明火好灭，暗火难清。在这种情况下，为加快灭火速度，减少复燃概率，经常采取沿迹地边缘点烧的方法防止复燃火发生。因为燃烧的火线火势强，在原火线燃烧产生上升热气流的作用下，人为点烧的火线会迅速向原燃烧的火线发展，这时灭火队员再用风力灭火机强风消灭点烧线的外缘火，助燃内线火，加快点烧火向原燃烧火线方向的燃烧速度，迫使在粗大可燃物未燃烧或大部分可燃物未能完全燃烧时将边缘火消灭，从而使熄灭火线边缘在未能烧透状态下就被消灭，这就极大减少了余火残留量，从而也减少了残存余火的复燃概率。因此，扑救下山火一定要选择战机，讲究战术，速战速决，先堵火头，再灭两翼，以火攻火，将火堵截在下山越沟上坡之前，否则将前功尽弃。

（三）沟塘火集中打

1. 沟塘火特征

沟塘火因受风影响大，蔓延速度快，发展趋势猛，火线较规则，易观察判断，便于集中力量扑打。沟塘火一般有两种燃烧模式：一是顺沟火，火头顺沟燃烧，两翼火线向两侧燃烧形成上山火；二是跨沟火，一种情况是阴坡下山火烧入沟内，火头向阳坡发展，两翼火在沟内燃烧扩展，另一种情况是阳坡下山火烧入沟内，火头向阴坡发展，两翼火向沟内两侧燃烧。沟塘火的行为表现是顺沟火快，阳坡火猛，燃烧强烈，易形成火爆；阴坡火慢，上山火稳，燃烧较缓。

2. 具体战术运用

沟塘火集中打是指火在沟塘燃烧时要将火消灭在上山之前、沟塘之内。应采取正面开设隔离带阻火、借助依托以火攻火和内线突进、两翼对打的战术。扑救顺沟火时，要先集中力量扑打靠近阳坡的一线火，严防火上山；再阻打顺沟发展火头，将之消灭在沟内；最后扑打靠近阴坡一线的火，从而将火全部消灭。如果力量充足，靠近阳坡一线的火重点扑打，再集中力量扑打顺沟发展的火头，最后扑打弱段，将火控制和消灭在沟内。扑救跨沟火时，要先打或堵截向山坡发展的火线，再扑打沟内两翼火线，特别是对即将形成阳坡和半阳坡上山火时，要想尽一切办法阻止该火上山而形成上山火；也可以采取两翼夹击、对进攻坚、前方设防的战术将火控制和消灭在沟内。

3. 扑救注意事项

扑救沟塘火时，必须注意的问题是遇有狭窄沟塘，植被厚而干燥，火势变化不稳时，千万不可盲目组织攻坚灭火。当沟塘长且沟宽不足 100 m 时，燃烧火线极易形成烟道效应，切不可进入沟内堵打火头，更不能深入沟底堵截灭火。这时，应采取稳进尾随火线灭火的战术，既不迎火又不突击，而是顺势紧贴火线，不离开火烧迹地边缘追击灭火，待到火势发展减弱时抓住战机集中力量将火消灭。

（四）山谷火圈围打

1. 山谷火特征

山谷火是指燃烧火线两个火头之间的火，即两个相近火头侧翼火线之间形成的凹区周边火线燃烧的火。由于两个燃烧的火线相邻，也称高危险火。山谷火的特点是燃烧山谷中火势变化激烈，烟大、温高、风旋。两个火头相隔的距离越近，燃烧的火势变化越强烈，火就越难灭，灭火的危险性也就越大。

2. 具体战术运用

扑救山谷火时，灭火队员不能进入山谷灭火，应采取间接圈围的办法灭火。即借助或开设依托，以火攻火，使山谷燃烧的火头被封围在凹区之内，随后消灭点烧火线的外缘火，再灭侧翼火，达到灭火目的。这种方法既省力安全，又能加快灭火速度。

3. 扑救注意事项

扑救山谷火时，必须注意的问题：一是点烧连接时要从已消灭的侧翼火线开始；二是要将火头圈围在点烧线之内；三是要将预计闭合点选择在不利于火势发展的区域内；四是要集中力量重点用兵，确保一次灭火作业成功。

二、不同时段火灾扑救战术

（一）白昼火分段打

1. 白昼火特征

森林（草原）火灾昼间燃烧的特点是从黎明开始到日出后 2 h，火行为表现为燃烧缓慢，火强度低；从日出后 2 h 开始到中午，火势逐渐发展，火强度增高，燃烧速度加快；从中午到日落前 2 h，火势发展最猛烈，燃烧速度最快，火的强度也最大；从日落前 2 h 开始到日落天黑，火势发展逐渐降低，燃烧速度下降，火强度也随之减弱。不同时间段火场上火的行为表现不同，有强有弱，有火头、火翼、火尾之分，有高温区段、中温区段和低温区段之别。林火的这些行为特征表现也为寻找灭白天火的最佳战机提供了条件。实战中可从时间段上抓战机、灭火线、控制火势，还可以从火线燃烧的温度段中抓战机、灭火线。

2. 具体战术运用

从黎明开始到日出后 2 h，从日落前 2 h 到日落天黑这两个时段组织力量攻坚和组织全线灭火行动，灭火效果最佳，是白天灭火的最佳战机。而中午到日落前 2 h 这个时段，由于温度高、风大、火猛，一般不宜组织攻坚和实施全线灭火行动，这时主要是控制火势，扑救侧翼火线和较弱火线，限制其发展，或利用地形依托开隔离带阻火和间接灭火是最有效的。从燃烧火线温度上抓战机、灭火线，控火头、打两翼、清火尾，是白天扑救工作分时段作业的重点。白天火虽然火势大，但从火的燃烧强度上看，有高温区段火头部分、中温区段火翼部分和低温区段火尾部分的火，为组织力量分区段灭火提供了条件。如火场小、力量足，可在高温区段火头部分用强兵，运用间接灭火战术控制火头发展，寻机改变火头的发展方向，待火头下山时抓住战机及时将火头消灭；中温区段火翼部分用重兵，运用间接或直接灭火战术跟进侧翼火线顺着火势打，扑救侧翼火；低温区段火尾部分用精兵，运用直接分散式灭火战术，扑灭明火，清余火，严防复燃，将火消灭。如火场大、兵力不足，可在高温区段火头部分用精兵间接灭火，堵截火头，限制火头发展，改变和降低火头区段的火势，尽最大努力控制火头快速发展，为夜间灭火攻坚创造有利战机；中温区段火翼部分用重兵边打边清，巩固推进，顺势尾追，直接与间接灭火相结合，尾追火头不放松，寻找战机灭火；低温区段火尾部分用精兵，运用直接分散式灭火战术快灭明火，细清余火，稳步推进将火消灭。因此，白天火应分时段作战，在分时段作战时重点时段要突出，高温险段要避让，中温时段要警惕，低温时段和地段要突击。此外，白天扑火时，队伍应留素质好、装备强的预备队，关键时刻打攻坚，突击战时准备增援。

3. 扑救注意事项

扑救白昼火时，必须注意的问题是白天如采取以火攻火战术灭火，作业距离必须距离火头前方800 m之外，或是火攻作业时间在火到来之前的0.5 h前完成，才能确保作业安全。如果过早或过晚，不仅达不到应有的效果，还会增大扑火队员的作战难度和体力消耗，从而影响灭火效益。如灭火队伍选择的灭火位置发生错误，还可能造成人员伤亡。因此，无论从灭火时间段还是灭火区域段的选择上看，进行扑救作业时一定要避开险时、险段。历年教训表明，以往扑火队员火场伤亡事故90%以上都发生在险时、险段，都是因为指挥错误，盲目在险时、险段灭火和迎火而上造成的。

（二）夜间火稳步打

1. 夜间火特征

夜间温低风小，空气湿度增大，谷风消失，山风明显，燃烧火线受山风影响，上山火的行为表现不强烈，火线火势较为平稳。特别是午夜之后到日出前，由于温度降低和湿度增大，火的燃烧速度更加缓慢，在一些山谷密林和潮湿植被地段，部分明火由于温度低、湿度大而会自行熄灭，形成断续的燃烧火线。同时，夜间燃烧的火线火头发展方向明显，利于观察判断，同白天相比，无论是火势还是温度和湿度都很不利于火势发展，而有利于灭火作战。当然，夜间组织灭火作战也有很多不利因素，火势难判定，夜间暗火看不见、地形植被难观察，特别是组织高山灭火时，地形复杂，山高坡陡，十分危险，容易发生滚石、树枝伤人、队员掉队、坠入山崖等事故。

2. 具体战术运用

夜间扑火一定要时刻注意安全，为了避免伤亡，可采取稳进稳打的灭火战法战术，抓住夜间扑救最佳战机，合理调整兵力，集中组织力量攻火头、灭两翼。一般情况下，作战最小单位在10人以上为宜，作业人员须配有照明设备，作业间隔保持在2 m以内，以班组为单位行动，并使用GPS定位。如没有GPS定位，队伍要沿火线边缘行动，一般不组织穿插火线，严禁单独行动。扑救时一定要认真清理余火，特别是要用风力灭火机强风清理，才能及时发现和消灭暗火。当火线全部扑灭后，可在迹地边缘原地休息，待天明后及时组织队伍沿迹地边缘向内清理暗火和余火，以防日出后温度增高、风力增大时余火暗火复燃。

3. 扑救注意事项

夜间扑救作业，有利也有弊，但利大于弊。有利的方面是夜间灭火目标明显，风小湿度大且温度低，火线火势平稳，扑灭的火线复燃性小，采取直接灭火法灭火和以火攻火灭火效果明显，安全系数大；弊端是队伍机动困难，由于夜间火会出现很不完全的燃烧现象，如果林火不能在夜间全部消灭，黎明之后消灭的火线复燃性机会较大，也会导致第二天温高风大时火场出现多个火头，从而增加白天灭火的难度和险度。所以，组织夜间扑救作业时要充分考虑有利因素和不利因素对灭火效率的影响，一定要做到周密部署，集中力量，重点突出，集中攻坚，稳扎稳打，确保夜间灭火作战安全高效。

（三）大风火尾随打

1. 大风火特征

火场出现大风的时段，火蔓延速度快，燃烧猛烈，受地形和可燃物影响易形成多个火头，而火尾、火翼火线则燃烧较弱，特别是逆风燃烧时火线发展变化比较稳定。大风火的火场形态一般呈"尖刀形"，火场燃烧不彻底，火线自然熄灭段多。

2. 具体战术运用

根据大风火的特点，可对燃烧的火尾和火翼火线，采取让开火头和强火，扑打弱火的直接灭火方法，即让开火头，避强打弱，最大限度地控制火场燃烧面积。大风火的火头不能直接打，但火尾火和侧翼火特别是火尾火则是容易打的。如果风速达到6、7级以上，火尾火能自然熄灭60%左右，侧翼火能自然熄灭30%左右。这时组织力量直接灭火尾火和侧翼火是最好时机。就火场而言，大风情况下只有火头方向的火又快又猛不能直接灭火，其他方向的火是可以组织扑救的。这时只要灭火队员能够避开火头，借助地形沿火尾跟进灭火，尾追向前发展燃烧的火头，当火头遇有自然地形、河流、道路、防火隔离带的阻挡时，火头火势必然降低，蔓延速度也必然减缓，灭火队员可抓住这一战机，一举将火头消灭。

3. 扑救注意事项

扑救大风火时，必须注意的问题是避开火头强火，指挥员须时刻关注风力、风向的变化，特别要预判遇有危险地形和危险植被情况下的风力、风向变化对林火的影响，确保安全的基础上尾随火翼进行扑救。

（四）险境火让开打

1. 险境火特征

火线发展蔓延至险境的时段是燃烧在火场高危险环境之内的火。在高危险环境下，火的行为变化激烈，火强度大，火势发展方向多变，极易出现难控火、难打火和打不了的火。扑火队员如误闯高危险环境中灭火，后果将十分危险。实践验证，90%以上的火场人员伤亡都是由于误入高危险环境灭火而造成的。因此，灭火中一定要正确判定火势发展，正确判定高危险环境区域位置，严禁误入高危险环境内灭火。一旦误入高危险环境，要立即采取措施避开险境，来不及避开时要采取机智果断、科学有效的方法避险。

2. 具体战术运用

实践证明，只要灭火队员能够准确掌握火场高危险环境的基本特征，就能有效避险求安，实施安全高效扑火。如果扑火队伍在火场上一旦遇有高危险环境火，指挥员一定要沉着冷静，正确指挥，果断选择安全避火区和撤退路线，将队伍撤到安全区域。避火行动中，灭火队员要听从指挥，用防护面具或湿毛巾捂住口鼻，在做好自我防护的同时，还要彻底灭掉身边余火和清除避险区周边可燃物。在避火中要观察周边火势，不能低头避火不看火，不能分散自保，四处乱跑。如果在灭火中突然感到高温灼热，火焰高度超过2 m，能见度不足5 m，人无法接近火线灭火时，要迅速撤回安全区避火，等待时机再灭火。

一是等待时机打，即在高危险环境火燃烧过后或待高危险环境火势较稳定时，火线火焰高度降低到 2 m 以下、火墙厚度在 1 m 以内，火的热辐射使人在距火线 2～3 m 能够坚持作战的情况下，扑火队员让开火头火锋，集中力量顺着火势，以小组为单位交替扑打侧翼顺风火，避开火头只打边缘火。同时，其他作业组要紧随跟进扑打余火。

二是避开危险地段打，即避开燃烧最强烈的火锋。实践证明，高危险环境中燃烧的火一旦形成高强火势，即人在 3～4 m 之外无法靠近的火线，这时人力直接灭火是不可能的，且是十分危险的。这种情况下如果坚持扑打，必然出现伤亡。遇到这样的火坚决不能直接打，一定要让开火头、避开火锋，等待火势减弱人可接近时再组织扑救。如果是火焰高度在 2 m 以下的火，人员可接近火线，也要在主风方向上风头处集中使用风力灭火机、水枪和灭火弹，集中力量控制一侧火势，减少危害。

三是选择地段间接灭火，即在危险环境区域外围，在火发展方向侧翼 200～300 m 处，顺着燃烧火线采取人工清除可燃物开设依托线，沿线点烧攻火的方法实施扑救。

3. 扑救注意事项

扑救险段火时，必须注意的问题是遇有窄沟塘沟堵处、山脊线上山谷处、向阳山坡上的平缓之地凹陷处、石崖植被结合处、灌草繁茂混交杂处、幼林灌木林密集处，特别是密度在 0.8 以上的中幼针叶林、灌木林、灌草相连和火场小环境风与火场主风方向不一致的乱流区林火，这些都是危险火环境，要做到坚决不扑打，以确保安全。这些地域遇火燃烧时，必生高危险火势，这种情况下应能让则让，能避则避，万不可逆险而战。同时要预先开设好避险区，避险区大小视灭火队员人数多少而定，如 10 人的灭火队最小避险区不应少于 200 m²。

三、不同林火种类扑救战术

（一）地表火灵活打

1. 地表火特征

地表火在林内火慢、小而稳，林外火快、大而猛。林内地表火因林内光照少，相对湿度大，气流平稳、风小，发展速度较林外慢，而且火势也较为平稳。相反，林外地表火因受风的影响作用大，光照强，相对湿度小，气流不稳，发展速度时快时慢，火势时猛时弱。一般情况下，林外地表火的火头火焰高度为 2 m 左右，两翼火线的火焰高度多在 1 m 左右，而林内地表火的火焰高度大都在 1 m 以下，没有明显火头。林内地表火易打易清，复燃率低。

2. 具体战术运用

一是先清后烧、烧清结合、以火攻火。这种方法适用于扑打林外火焰高度在 1.5 m 左右的地表火和林内可燃物较多的燃烧强烈的地表火，灭火效率高，复燃率低，灭火人员也较为安全。具体扑救方式是将灭火队员分成 3 个组，一组清理地表可燃物，二组点烧控制，三组清理余火。编组原则是清理组多编人，点烧控制组少编人。扑救时，第一组距燃烧火线 10～20 m 处，先清除地表可燃物，开出一条宽 1～2 m 的依托线（阻火带）；第二组在风力灭火机控制下，用点火器沿依托线迎火点烧；第三组随后跟进清理余火，达到先消灭地表火的目的。二是递进超越，边打边清，稳打稳进。这种方法适用于灭林内条件好的地表火和林外稳进地表火。一般在扑救火焰高度在 1 m 以下的地表火时，分两组配合作业，一组攻打明火，二组清理余火，也可以多组配合递进超越，分段消灭地表火。

3. 扑救注意事项

扑救地表火时，必须注意的问题是扑火队员一定要灵活运用战术，紧跟火线灭火。虽然地表火易打易清，但决不能麻痹大意，无论火大火小都不能单人作战，均以小组或分队方式集中作业，各组和分队之间要互相协同灭火，切不可打乱仗，更不能随意以火攻火。

（二）树冠火断开打

1. 树冠火特征

树冠火都是由强烈地表火引起的，多发生在可燃物垂直与水平分布相连的中幼密林和灌木林内。树冠火的火势发展迅猛，燃烧强烈，能量大，燃烧时火借风势，风助火威，并伴有飞火发生。

2. 具体战术运用

树冠火无法依靠人力直接扑灭，必须采取间接灭火方法来断开扑打，才能将火控制和消灭。常用的扑救树冠火方法主要有以下 5 种：一是在树冠火发展前方适当位置，充分利用地形、地物，选择不利于树冠火发展的地段，集中力量切断燃烧通道，即砍伐树木、清除可燃物、开设隔离带、断开和改变可燃物的水平和垂直分布，将火引至地表再消灭；二是利用空中飞机和地面机械向未燃树冠周边上部喷洒化学灭火药剂和水，断开燃烧通道，即利用化学、物理隔离法灭树冠火；三是在林内进行修枝打丫，强行切断可燃物空中水平连接，并清除地表可燃物，断开燃烧通道，将树冠火引至地表之后再实施灭火；四是集中力量向灌木林内燃烧火线投掷灭火弹，先炸灭树冠火，再组织力量灭余火；五是在水源充足的地方，充分利用消防车和水泵向燃烧的树冠喷水，达到阻火和灭火目的。

3. 扑救注意事项

扑救树冠火难度大，作业强度大，危险性大，扑救时一定要先断开可燃物垂直和水平连接。选择断开带的位置要选稀不选密、选平不选坡，尽量做到能修枝则不伐树，能清除则不挖沟，这样做既能减少作业强度，又能减少伐木开隔离带对森林的破坏。扑救树冠火的有效隔离带开设宽度一般在中幼林内为 20 ~ 30 m，即树高的 1.5 倍；幼灌林内为 5 ~ 10 m。在扑火行动中，扑救树冠火要充分利用开设的阻火带、自然隔离带和道路等为依托，实施以火攻火是最安全、最有效的灭火战法，即先断、再烧、后清、最终消灭树冠火。

（三）地下火挖开打

1. 地下火特征

地下火燃烧速度慢，发生时间多在春后、夏初，并以秋季为多。发生地段一般在原始林、成过熟林、石塘林、塔头甸子及地被物厚度在 30 cm 以上的区域。地下火隐藏性强，往往只见冒烟，不见燃烧的明火和大量烟雾。地下火在地表层下燃烧时形成炭火区，火在地下蹿着燃烧，往往是火区远离冒烟处。

2. 具体战术运用

扑救地下火要先侦察好火区位置，然后沿地下火区边缘组织扑火力量，利用手工具或大型开沟机开挖隔火沟断开地下火的蔓延带，再扒开地下火区，将火挖出、挑散拍碎或用水直接浇暗火区，将火彻底扑灭。

3. 扑救注意事项

扑救地下火一定要先挖开，并将地下火区的火全部消灭，地下和周边无烟、无气、无热时方可确认火已被消灭，队伍才能撤离。扑救地下火绝对不能用土埋压法，必须挖开地表层下的火窝子，挑散拍碎暗炭火，才能彻底消灭地下火。

（四）灌丛火清开打

1. 灌丛火特征

灌丛火燃烧强度较大，火行为表现基本与密林火相同，不同的是火强度比密林火弱，火蔓延速度比密林火快，燃烧火势比密林火好判定。

2. 具体战术运用

扑救灌丛火作业难度大，不宜采取直接灭火方法，而应采取先清后打的方法，即在火头发展前方或侧翼火线适当位置，选择灌林较稀、地势不利火势发展的地段，组织机械和人力作业开设隔火带、清除可燃物，再向两侧延伸包围火场。一是砍伐灌木，并清除地表可燃物，开设一条 1~2 m 宽的隔离带阻火，即灌木高 1.5 倍左右；二是边砍、边清、边迎火点烧；三是砍伐灌木、清除可燃物。

3. 扑救注意事项

扑救灌丛火时，必须注意的问题是开隔离带时要避开地形复杂、植被茂盛、可燃物干燥且载量大的地段，同时隔离带不能留缺口，既要避免阻隔灭火作业失败又要时刻注意灭火全程安全。

📖 习题

1. 从实战出发，如何遵循灭火战术原则，综合考虑灭火战术影响因素，确保战术选用科学高效？

2. 火场突遇飞火，指挥员应该采取何种灭火战术扑灭森林火灾？

3. 作为灭火指挥员，如何在扑火实战中总结战术运用经验，改进并革新现有灭火战术？

4. 如何在灭火作战中灵活运用各类战法？

5. 除了本章讲述的影响灭火战法的因素外，你还知道哪些因素？

6. 根据预设情况，以火线指挥员身份研究战术运用，拟制扑火方案。

预设情况：黑龙江大兴安岭地区，因雷击引发林火。火场面积约 20 ha，呈椭圆形。火场风速平均 5~6 级，风向以东北风为主，且林区已多日无降水，整个火场为低丘陵地形，坡度平缓，林火种类为中低强度地表火，植被多为天然次生林，约八成桦树，两成落叶松，林下多杂草。林火初期为中强度地表火，大概率伴有飞火、火爆和树冠火。现消防救援机动队伍两个大队共计 180 人，乘坐 6 台履带式消防车，扑火工具携带齐全，前往火场扑救。

第五章　森林灭火指挥

森林灭火指挥是指在某行政或责任区，为达到消灭森林火灾的目的，该区域内地方政府、林草主管部门或应急管理部门等灭火组织领导者，对灭火行动全过程进行的运筹决策、计划组织、协调控制活动。灭火指挥的主体是指挥员及其指挥机关，客体是下级指挥员和所属灭火人员。灭火指挥是实践性很强的一项工作，是灭火实践从经验到理论的总结，需要在实践中不断完善和充实，更好地指导实践。森林灭火指挥的根本目的在于统一意志，统一行动，最大限度地发挥参战队伍的战斗力，确保实现"打早、打小、打了"目标，把森林损失降到最低限度，有效保护森林资源、生态环境和人民生命财产安全。

第一节　森林灭火指挥体系及机构

一、森林灭火指挥原则

灭火作战组织指挥原则是任何指挥机构和指挥员在森林火灾扑救中的基本遵循。

1. 统一领导，集中指挥

灭火行动指挥具有参战队伍多、指挥层级复杂等特点。指挥员在森林（草原）防灭火联合指挥机构的统一指挥下，主动受领任务、参与联指指挥、内部垂直指挥，确保政令归一、密切协作、各负其责。

2. 遵循规律，科学施救

森林火灾救援是对火灾的制止、终止，而其他救援任务则基本是灾后救援。必须遵循火灾自然规律和扑救规律，把保护自身安全作为第一要务，牢固树立由无序的人海战术向有序的协同行动转变、由冲动的悲壮救援向理智的科学救援转变、由冒进式的假英雄主义向敬畏的人道主义救援转变"三种理念"，提高灭火行动指挥效能。

3. 预有准备，快速反应

灭火行动指挥，旨在追求以最小代价换取最大灭火效益，强调速战速决和实现"打早、打小、打了"目标。"打早"即早准备、早发现、早出动、早扑救。在灭火作战中，要有先进的侦察手段做保证，发现火情后有畅通的通信网络及时传递出去，队伍在接到出动命令后要采用快速灵活的交通工具实现快速到达。"打小"即抓住小火战机，调用精干小队伍，以小损耗赢得大胜利。要抓住灭火作战的有利战机，将初发火消灭在萌芽阶段，以防小火成灾。利用一切手段将火场面积打小，降低火灾损失。"打了"即将火彻底扑灭，确保火场不复燃。"打了"是灭火作战的目标，只有"打早""打小"实现了，才能保证"打了"，才能减少森林损失。

4. 集中力量，重点突破

灭火行动中，要突出主要方向和重要部位，集中优势力量重点扑救。对于火势发展最快、火强度最高、扑救难度最大的方向，要集中战斗力最强的队伍、最高效的装备实施攻坚，在力量充足的情况下兼顾其他方向，努力实现全面控制；对于威胁保护价值高的森林草原资源的方向，要坚持打守结合，边组织力量扑救，边开设隔离带做好点烧迎面火准备。直接扑救无法控制时，利用隔离带或实施点烧防守；对于威胁村屯、城镇、居民点和重要的民生、军事、经济目标的大火，紧急情况下必须把保护目标安全作为首选，集中全部力量围控防守，必要时迅速疏散人员、转移物资，确保重要目标安全。

5. 因情就势，活用战法

准确把握不同地段、不同时段火情发展特点及规律，宜风则风、宜水则水、宜化则化，风水化、手持工具和大型机械有机结合，最大限度提高灭火效能。一是准确把握最佳时段。在火灾初发阶段，风力小、风向有利时、火从高处向低处蔓延时、有小雨或雾使空气湿度增大时、早晚和夜间火势减弱时等条件是灭火的最佳时段，应抓住战机主动进攻，集中力量全力扑救。二是充分利用最佳地段。当火遇道路、河流和农田阻拦，或者蔓延到林缘、湿润地带、植被稀疏地带、零星积雪地带和山体阴坡等区域时，燃烧强度和发展速度会相应降低，应抓住有利战机，力争在火蔓延出该地段前实施有效控制或者彻底扑灭。三是科学运用最佳手段。对于不同火场、不同时段、不同地段的火线，应采取最佳灭火手段实施扑救，能打则打、打清结合、清守结合，在不具备直接扑打条件时，可采取围、隔、烧等战法实施间接扑打、外围控制，尔后择机直接扑打。

6. 密切协同，合力制胜

灭火行动是一项复杂工程，参战力量多元，应主动与其他参战力量搞好协同。一是明确指挥协同关系。积极协调联指明确与各参战力量的指挥协同关系，并逐级向下延伸对接，形成一体联动的指挥体系。二是建立沟通协调机制。主动与各方力量建立稳定顺畅的沟通协调机制，搞好协同配合，做到资源共享、优势互补，各展所长、齐心协力完成好灭火任务。三是发挥专业指导作用。有其他力量配属行动时，应实施督促、帮带和指导，确保配合默契、同步行动、合力制胜。

二、森林防灭火指挥体系

我国森林防灭火工作实行各级人民政府行政首长负责制和部门分工责任制。各级地方政府对辖区内森林防火工作实行统一领导，政府主要（主管）领导担任森林防灭火总指挥（指挥长），有关部门特别是指挥部成员单位根据职责分工承担相应的责任。

（一）国家森林草原防灭火指挥部

1. 历史沿革

1）国家森林防火指挥机构

1957 年 1 月，当时的林业部成立了护林防火办公室，主管全国护林防火业务工作，成为中央防火机构设置的开端。1979 年，《中华人民共和国森林法（试行）》从法律上规定了森林防火机构和要求。1987 年 5 月 6 日，大兴安岭发生特大森林火灾，暴露出我国森林防火在组织指挥和部门协调等方面存在诸多严重问题。1987 年 7 月 18 日，经国务院、中央军委批准，中央森林防火总指挥部成立，1988 年更名为国家森林防火总指挥部。当年，国务院颁布实施《森林防火条例》，条例第六条规定，"国家设立中央森林防火总指挥部"，同时明确"中央森林防火总指挥部办公室设在国务院林业主管部门"。1993 年国务院机构改革，4 月 19 日《关于国务院议事协调机构和临时机构设置的通知》称，"国务院的其他非常设机构一律撤销"。国家森林防火总指挥部由此撤销。此后，森林防火组织体系弱化的弊端逐渐凸显，全国森林火情出现严重反弹势头，特别是 2006 年春夏之交，黑龙江、内蒙古连续发生 3 起特大雷击森林火灾，引起了党中央、国务院的高度关注。时隔 13 年，2006 年 5 月 29 日，国务院办公厅发布《关于成立国家森林防火指挥部的通知》，通知称："为进一步加强对森林防火工作的领导，完善预防和扑救森林火灾的组织指挥体系，充分发挥各部门在森林防火工作中的职能作用，经国务院同意，成立国家森林防火指挥部，办公室设在国家林业局。"此后，地方各级也都相应成立了森林防火指挥部。可以看出，国家森林防火指挥部经历了建立—撤销—建立的过程，从侧面证明成立统一的指挥机构是做好森林防火工作的历史经验。

2）国家草原防火指挥机构

与森林火灾相比，我国草原火灾防范工作较为滞后。20 世纪 50—80 年代期间，草原火灾时有发生，且往往酿成大灾，使我国草原损失严重。当发生草原火灾时，基本上由当地群众自发进行扑救，缺乏组织机构、救火方案和预防扑救措施，草原防火工作一直处于被动局面。这种局面的改变也是以 1987 年大兴安岭"5·6"特大森林火灾的发生为转机，1989 年国务院 142 号文件提出，草原防火要同森林防火一样认真对待，由农业部成立草原防火指挥部。此后，我国草原防火体制日益健全，1993 年国务院发布《草原防火条例》，2008 年 11 月对该条例进行了修订。但与国家森林防火指挥部有所区别的是，草原防火指挥部只是作为原农业部的一个专项工作机构来设立，成员也仅仅由农业部内设机构相关人员组成，而国家森林防火指挥部的成员单位则来自国务院有关部委以及解放军和武警部队。

2. 新时期国家森林草原防灭火体制

2018 年 3 月 17 日，第十三届全国人民代表大会第一次会议批准《国务院机构改革方案》，国家林业局的森林防火相关职责、农业部的草原防火职责、国家森林防火指挥部的职责整合进新组建的应急管理部。当年 9 月 30 日，国务院办公厅发出《关于调整成立国家森林草原防灭火指挥部的通知》，国家森林防火指挥部调整为国家森林草原防灭火指挥部，办公室设在应急管理部，正式将全国森林防火和草原防火纳入一体管理，形成森林和草原并举、预防和扑灭结合的全新国家森林草原防灭火指挥机构，负责组织、协调和指导全国森林草原防灭火工作。

国家森林草原防灭火指挥部总指挥由国务院领导同志担任，副总指挥由国务院副秘书长和公安部、应急管理部、国家林业和草原局、中央军委联合参谋部负责同志担任。指挥部办公室设在应急管理部，承担指挥部的日常工作。必要时，国家林业和草原局可以按程序提请以国家森林草原防灭火指挥部名义部署相关防火工作。国家森林草原防灭火指挥部成员单位是国家森林草原防灭火组织领导体系的重要组成部分，应根据任务分工，各司其职，各负其责，密切协作，确保各项森林草原防灭火工作任务顺利完成。

应急管理部、国家林业和草原局、公安部及中央军委联合参谋部为 4 个副总指挥单位。应急管理部协助党中央、国务院组织特别重大森林草原火灾应急处置工作；按照分级负责原则，负责综合指导各地区和相关部门的森林草原火灾防控工作，开展森林草原火灾监测预警工作、组织指导协调森林草原火灾的扑救及应急救援工作。国家林业和草原局履行森林草原防火工作行业管理责任，具体负责森林草原火灾预防相关工作，开展防火巡护、火源管理、日常检查、宣传教育、防火设施建设等，同时负责森林草原火情的早期处理相关工作。公安部负责依法指导公安机关做好森林草原火灾有关违法犯罪案件查处工作，组织对森林草原火灾可能造成的重大社会治安和稳定问题进行预判，并指导公安机关协同有关部门做好防范处置工作；森林公安原职能保持不变。中央军委联合参谋部负责保障军委联合作战指挥中心对解放军和武警队伍参加森林草原火灾抢险行动实施统一指挥，牵头组织指导相关队伍抓好遂行森林草原火灾抢险任务准备，协调办理人员调动及使用军用航空器相关事宜，协调做好应急救援航空器飞行管制和使用军用机场时的地面勤务保障工作。

国家森林草原防灭火指挥部包含 15 个成员单位，分别为中央宣传部、外交部、发展改革委、工业和信息化部、民政部、财政部、交通运输部、农业农村部、文化和旅游部、自然资源部、广电总局、气象局、民航局、中央军委国防动员部、国铁集团，主要协助做好森林防灭火相关工作。比如中央宣传部主要负责组织媒体做好森林草原防灭火政策解读和成效宣传；指导有关部门做好重大突发事件信息发布和舆论引导；指导有关部门开展森林草原防灭火知识宣传教育。交通运输部主要负责指导地方交通运输主管部门组织协调运力，为扑火人员和物资快速运输提供支持保障；指导地方交通运输主管部门做好森林草原防灭火车辆公路通行保障和悬挂应急救援专用号牌的综合性消防救援车辆免交收费公路通行费等工作。气象局主要负责提供全国及重点林区（草原）、重点时段的气象监测产品，发布森林草原火险气象等级预报并提供火场气象服务，根据天气条件适时组织开展森林草原防灭火的人工影响天气作业；与森林草原防灭火部门联合发布高森林草原火险预警信息；提供卫星图像数据，参与利用遥感手段进行森林草原火灾监测及损失评估。财政部负责研究制定支持森林草原防灭火工作财政政策，管理中央财政预算资金。我国森林防火组织机构和指挥体系如图 5-1 所示。

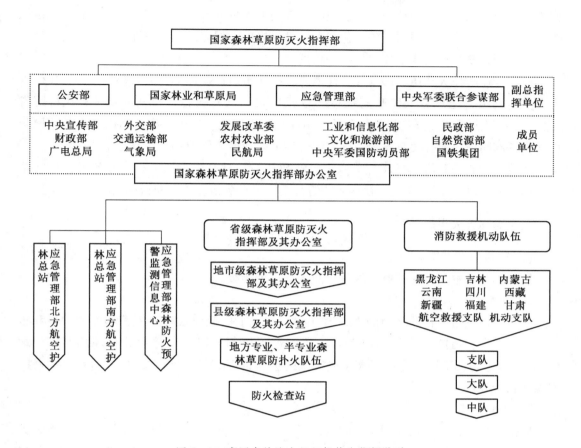

图5-1　我国森林防火组织机构和指挥体系

应急管理部消防救援局、消防救援机动队伍在应急管理部组织领导下开展森林草原防灭火工作。各成员单位除承担上述职责外，还应根据国家森林草原防灭火指挥部的要求，承担与其职责相关的其他工作。

（二）地方各级人民政府森林防火指挥机构

县级以上地方人民政府按照"上下基本对应"的要求，设立森林（草原）防（灭）火指挥机构，负责组织、协调和指导本行政区域（辖区）森林草原防灭火工作。

森林草原火灾扑救工作由当地森林（草原）防（灭）火指挥机构负责指挥。同时发生三起以上或同一火场跨两个行政区域的森林草原火灾，由上一级森林（草原）防（灭）火指挥机构指挥。跨省（区、市）界的重大、特别重大森林草原火灾扑救工作，由当地省级森林（草原）防（灭）火指挥机构分别指挥，国家森林草原防灭火指挥部负责协调、指导。特殊情况，由国家森林草原防灭火指挥部统一指挥。

地方森林（草原）防（灭）火指挥机构根据需要，在森林草原火灾现场成立前线指挥部，规范现场指挥机制，由地方行政首长担任总指挥，合理配置工作组，重视发挥专家作用；有国家综合性消防救援队伍参战的，最高指挥员进入指挥部，参与决策和现场组织指挥，发挥专业作用；根据任务变化和救援力量规模，相应提高指挥等级。参加前方扑火的单位和个人要服从前线指挥部的统一指挥。

地方专业防扑火队伍、国家综合性消防救援队伍执行森林草原火灾扑救任务，接受火灾发生地县级以上地方人民政府森林（草原）防（灭）火指挥机构的指挥；执行跨省（区、市）界森林草原火灾扑救任务的，由前线指挥部统一指挥；或根据国家森林草原防灭火指挥部明确的指挥关系执行。国家综合性消防救援队伍内部实施垂直指挥。

解放军和武警队伍执行森林草原火灾扑救任务，对应接受国家和地方各级森林（草原）防（灭）火指挥机构统一领导，队伍行动按照军队指挥关系和指挥权限组织实施。

三、森林灭火指挥类型

（一）按指挥范围分类

按指挥范围主要分为战略、战役、战术等三个层级。

1. 战略指挥

战略指挥是指由行政区划的省、地（州）市以上的政府或林业主管部门的领导和机关担负的指挥。指挥方式是远离火场，实施远程控制。如国家林业和草原局与省、地（州）市以上防火指挥机构对灭火作战实施的远程指挥。战略指挥具有全局性、原则性、宏观性和指导性等特征。

2. 战役指挥

战役指挥是指指挥员在同一时间内，对一个或几个火场的同时指挥，和对多种形式灭火队伍的指挥。指挥方式是靠近火场，直接控制。如作战前指、火场联指等机构实施的指挥。它介于战略指挥和战术指挥之间，是对所辖火场区域灭火作战负有直接领导责任的指挥。战役指挥具有决策性、整体性、强制性、直接性的特征。

3. 战术指挥

战术指挥是指在火场的某一个局部，一线指挥员直接面对灭火分队［包括大（中）队、分队、班、组］的指挥。指挥方式是临近火线面对面控制，如灭火队长、班长、灭火小组长的指挥。战术指挥是最前线的指挥，也是最灵活的指挥，能够针对火势变化灵活决定战术手段，最终实现上级决心意图，完成直接灭火任务的组织指挥。战术指挥具有局部性、灵活性、随机性、针对性的特征。

（二）按指挥权限分类

1. 集中指挥

集中指挥是指对队伍（分队）集中行动时的统一指挥，通常按隶属关系实施指挥。不同建制的队伍（分队）共同遂行作战时，由指定的指挥员及其指挥机关统一指挥。消防救援机动队伍在灭火作战中，为确保作战方针、意图的贯彻执行，保持全局作战行动的协调一致和参战队伍在关键时刻、关键地段形成一股决胜的力量，实施集中统一指挥是十分必要的。

2. 分散指挥

分散指挥是指队伍在分散行动时的指挥，通常上级只下达原则性指示，下级指挥员根据受领的任务和当时的情况，独立地指挥队伍（分队）完成任务。队伍分散行动时，实施集中指挥会遇到指挥上的困难，为确保上级意图的实现，提高队伍（分队）的快速反应能力和指挥效率，实行分散指挥是非常必要的。

（三）按职务级别分类

1. 按级指挥

按级指挥是指按隶属关系逐级实施的指挥。各级指挥员在履行职责时，必须按照既定决心，通过指挥系统逐级下达执行，并协调各队伍（分队）之间的行动，以提高作战指挥的适应性和可靠性。

2. 越级指挥

越级指挥是指在紧急情况下对执行特殊任务的队伍（分队）超越一级或数级实施指挥。越级指挥时，上级指挥员应将自己的指示通报被越级的指挥员，被越级指挥的指挥员在可能的情况下，要向直接上级指挥员报告越级受领的任务及执行情况。

（四）按指挥规模分类

1. 联合指挥

联合指挥是指指挥员或指挥机构对两个以上的不同灭火单位，在统一的方案及指挥下，来完成共同作战任务的指挥方式。从指挥层级上，通常分为国家森林灭火联合指挥机构、省（自治区、直辖市）联合指挥机构、重特大火灾现场联合指挥机构3个层级；从构成要素上，一般由人民政府领导、应急、林草、消防救援机动队伍和其他力量有关单位负责人组成；从职能划分上，明确了人民政府领导担任总指挥，应急、林草、消防救援机动队伍和其他主要参战力量负责同志担任副总指挥。其主要职能包括：掌握火灾情况，分析火情发展趋势，制定扑救方案；组织力量科学扑救；向社会及时发布火情及扑救信息。总之，联合指挥机构就是扑救火灾中的调度中心、通信枢纽和决策平台，是扑救全程的最高指挥机关。

联合指挥最大的特点和优势就是能够以最快速度协调政府各职能部门，能够第一时间调动全省乃至全国最专业的消防救援机动队伍和其他各方力量，在短时间内到达火场，集中优势力量扑救森林火灾。具体来讲，联合指挥主要有4个特点和要求：

（1）上升政治高度，要求联合指挥必须服从全局。党和国家把生态文明建设提升到前所未有的战略高度，把"美丽中国"作为生态文明建设的宏伟目标。森林火灾扑救就是消灭火灾、保护森林资源、维护生态安全，救援行动直接服从和服务于政治需要，这是贯穿联合指挥活动始终的最高政治要求。

（2）参战力量多元，要求联合指挥必须集权统一。扑救森林火灾是地方政府主导的一种社会性救灾行动，参战力量多元，打的是"人民战争"，各方参战力量必须绝对服从联指统一指挥，这样才能形成整体作战合力。

（3）火场态势多变，要求联合指挥必须科学精准。火灾受自然因素影响，各种林火行为交替发生，不确定性十分明显。这就要求指挥员必须科学、及时、准确地指挥各参战力量快速作出反应，把握行动的重点进行精准调控，实现精确行动。

（4）灭火行动高危，要求联合指挥必须保证安全。灭火行动是与自然灾害作斗争，具有不可预见性，不存在绝对意义上的"零风险"，没有变局也是不可能的。但人的生命只有一次，必须牢牢把握"安全第一、生命至上"的现代救援理念，在保证安全的前提下完成任务，这是对联合指挥最根本的要求。

2. 委托指挥

委托指挥是上级将指挥权力委托给下级指挥员或指挥部代理行使指挥权力的指挥，上级只是原则性地下达任务，具有指令性特点。下级指挥员或指挥部根据上级作战意图及火场实际情况，灵活机动地指挥灭火作战行动。

（五）按指挥方式分类

1. 直接指挥

直接指挥是指指挥员亲自当面口述或使用通信器材，对下级指挥员及配属队伍（分队）实施指挥。直接指挥可以不通过中间任何环节，减少指挥层次，便于掌握主动，抓住战机，及时处置各种情况，是指挥员实施指挥的基本方法。

2. 间接指挥

间接指挥是指上级指挥员通过所属队伍灭火救援指挥部、参谋人员、下一级指挥员等中间环节，对所属队伍实施指挥的一种方法。间接指挥通常是在参战消防救援人员编成层次较多、组织协同比较复杂时采用，间接指挥方法便于指挥员集中精力考虑和处置重大的带有全局性的问题。

综上所述，灭火组织指挥的内容都是灭火实践从经验到理论的总结，需要在实践中不断完善和充实，灭火指挥往往是多种指挥方式协同运行，才能更好地指导和运用于实践。

四、森林灭火指挥机构及指挥关系

组织森林灭火作战，必须精心组织指挥，才能取得灭火作战的全胜、速胜。历史经验证明，扑救森林火灾的胜利，不但依赖于有效的灭火机具、装备及技术，更依赖于合理的组织指挥。因此，是否能够迅速有效地扑灭森林火灾，关键在于各级指挥机构和指挥员的指挥是否正确。

（一）指挥机构的工作特点

扑救森林火灾的指挥过程是一项大的系统工程。特别是在扑救重大或特大森林火灾时，涉及自然环境、社会环境的方方面面，加之一系列高新科技、先进技术装备的运用，森林灭火作战方式也发生了很大变化。"树条子加镰刀"的时代逐步被机械化、现代化灭火方式所代替。灭火节奏加快，机动性提高，使指挥机构的工作具有以下几个特点。

1. 复杂性

（1）扑救森林火灾的队伍复杂。参战队伍中有机降、索降、机械化、地面队伍和飞机灭火等，要把这些不同种类的队伍有条不紊地组织起来，合成为一个有机整体，具有一定的复杂性。

（2）火情变化复杂。火场上很多火情都是在极短的时间内发生或消失的，这种瞬时变化的特点给指挥工作带来了极大的复杂性。

（3）灭火保障复杂。火场变化万千，要"因火制胜"，就要迅速改变灭火作战手段，不断调动队伍。加之燃料、装备、食品消耗，没有一个稳定而可靠的保障系统补充供给是不行的，因此森林灭火的保障也是复杂的。

2. 紧张性

林火发生的突然性和扑救森林火灾的速决性，决定了前进指挥所工作的紧张性。突发林火使灭火作战行动的指挥过程极为短促，往往是边打边组织。这就要求指挥所必须迅速采取相应对策，因此，高效快速的灭火指挥，是指挥所的工作特点，又是提高扑救林火效能的重要条件。

3. 果断性

扑救林火时的果断指挥就是"见机不失，遇时不疑"。扑救林火是人与火的激烈对抗，是在情况不断发展、变化中进行的。抓住时机，并及时果断地定下正确的决心，是实施正确指挥的前提。火场上时机稍纵即逝，捕捉困难，因此，当断不断，犹豫不决，就会坐失良机，这是各级指挥员之大忌。

4. 坚韧性

扑救森林火灾要有锲而不舍、百折不挠、顽强拼搏、坚持到底的精神。在扑救森林火灾过程中，灭火之困难，条件之艰苦，体力与精力消耗之大，以及伤亡威胁等，处处会带来极大的思想压力。因此，没有坚韧性，没有攻无不克、战无不胜的精神是绝对不行的。特别是在灭火作战的关键环节上，如果指挥员没有"再坚持一下"的韧性，就会功亏一篑。

5. 连续性

连续性就是连续作战的精神。扑救森林火灾每一个阶段中的每一个程序都是紧密相连的。每个环节稍有停顿、忽视，就会酿成不堪设想的后果。因此，指挥所必须不断地了解情况，分析、判断、实施灭火指挥行为。在指挥过程中，要及时抓住重点，把握关键，处置意外，只有这样，才能一步一步地实现灭火目的。

（二）国家综合性消防救援队伍（森林消防）指挥机构

通常情况下，消防救援机动队伍在组织灭火作战时，要在队伍内部建立自上而下的垂直指挥机构，支队以上机关要根据应急响应机制或者上级指示和灭火行动组织指挥需要，分别开设基本指挥所（基指）和前进指挥所（前指），必要时可以建立保障指挥所。

1. 基本指挥所

基本指挥所通常由本级主要指挥员率机关部分人员组成，在联指的领导下，直接或通过前指对队伍实施指挥。主要任务是在上级指挥机构的指挥下，统一指挥编成内的所有灭火力量。包括接受、传达上级的指示、命令，搜集、掌握和通报各种情况，全面掌握队伍行动情况，指挥协调队伍实施灭火行动，向上级请示报告等。基本指挥所通常由队伍正职首长、机关各部门主要领导和有关人员组成，通常在营区开设；队伍大部分力量出动时，视情况前出。

2. 前进指挥所

前进指挥所通常由队伍副职首长、机关各部门副职领导和有关人员组成；必要时，由一名队伍正职首长率机关有关人员组成。前进指挥所通常在队伍出动部分力量或者需要加强某一单位、方向的指挥时于现场开设；其任务是在上级指挥机构的指挥下，统一指挥现场或者方向编成内的所有灭火力量。包括接受和传达上级命令、指示；搜集和分析判断情况，提出力量部署建议，统一组织指挥队伍行动；协调建立火场警地指挥关系，组织建立队伍内部垂直的指挥体系；区分作战任务，组织协同动作；组织各项保障；及时向上级请示、报告。

3. 保障指挥所

保障指挥所通常由机关保障部门领导和有关人员组成，灭火保障任务繁重时，视情况在任务地域或者营区开设；其任务是组织灭火行动后勤、装备等各类保障。

需要注意的是，国家和地方党委政府成立联指时，基本指挥所、前进指挥所、保障指挥所及单独执行灭火任务大（中）队的主要指挥员，应当参加相应的国家、地方联指，争取担任联指副总指挥，发挥专业优势，参与决策指挥，提出行动建议，受领处置任务。地方党委政府未成立联指时，通常情况下，扑救一般、较大森林草原火灾，应当协调成立以县级领导为主的联指；扑救重大森林草原火灾，应当协调成立以市级领导为主的联指；扑救特别重大森林草原火灾，应当协调成立以省级领导为主的联指。

（三）指挥关系

消防救援机动队伍执行灭火任务，应当建立顺畅高效的指挥关系，坚持统一指挥、集中指挥、属地指挥原则，在地方党委政府统一领导下，由各级指挥机构按照明确的指挥关系和权限指挥队伍行动。按照与领导体制相适应的原则，基本指挥所通常接受相应的指挥机构或者现场联指的指挥；基本指挥所不在火场开设时，前进指挥所同时接受现场联指的指挥。

基本指挥所、前进指挥所、保障指挥所同时开设时，前进指挥所和保障指挥所共同接受基本指挥所的指挥。前进指挥组由基本指挥所派出时，直接接受基本指挥所的指挥；由前进指挥所派出时，直接接受前进指挥所的指挥。

队伍内部应当实施垂直指挥，通常按照隶属关系自上而下逐级指挥，特殊情况下可以越级指挥；互不隶属的单位共同执行灭火任务时，按照上级明确的指挥关系实施指挥；上级没有明确指挥关系时，由属地队伍最高指挥员实施指挥。

灭火现场指挥由一线指挥员负责，按照联指或者队伍内部上级指挥机构的统一部署，根据现场实际情况，科学组织灭火行动，不得盲从地方领导或者将队伍交由地方人员直接指挥。灭火过程中，各级应当统一归口、分时段了解一线任务进程，不得干扰分散一线指挥员精力。

消防救援机动队伍与消防救援队伍共同执行森林草原灭火任务时，以消防救援机动队伍指挥机构为主、消防救援队伍为辅，实施统一指挥协调和信息报送；当应急管理部派出工作组时，统一接受应急管理部工作组的指挥；与军队、武警、地方扑火队伍共同执行任务时，按照上级或者联指明确的指挥协同关系执行。

第二节　森林灭火指挥程序

森林灭火作战组织指挥程序是林火发生后森林队伍各级指挥机关和指挥员组织指挥灭火作战的先后程序。在灭火作战中，特别是扑救重大或特大森林火灾时，要遵守以下 5 个组织指挥程序。

一、启动应急响应

应急响应是指森林火灾发生后，各级机关根据组织指挥需要，组织开设指挥机构的行动。在灭火组织指挥过程中，启动应急响应是所有组织指挥程序的第一步，也是后续指挥程序的基础，应急响应工作是否充分有效，将对后续组织指挥程序产生很大影响。因为从本质上来讲，启动应急响应是队伍出动前所有必要的准备活动。根据国家《森林防火条例》《草原火灾级别划分规定》明确的特别重大、重大、较大和一般四级森林、草原火灾分级标准，相应建立Ⅰ、Ⅱ、Ⅲ、Ⅳ级应急响应机制。

（一）应急响应阶段的主要工作

1. 完成战备等级转换

1）战备等级与转换时机

战备等级分为三级战备、二级战备、一级战备。

（1）三级战备是队伍主要依托营区现有人员、装备、物资等完成行动准备的戒备状态。一般在进入森林防火期，队伍要转入三级战备；其他时段内辖区遇有三级以上火险天气，可能发生森林火灾时，队伍也要进入三级战备。

（2）二级战备是队伍按照现有实力达到齐装、满员，完成行动准备的戒备状态。一般在森林防火期内的重大节假日和敏感期，或遇有四、五级高火险天气时；辖区内或邻近地区发生森林火灾，可能执行灭火行动任务时，队伍要进入二级战备。

（3）一级战备是队伍完成一切临战准备的最高戒备状态。辖区内发生森林火灾，或邻近地区发生重大以上森林火灾，分队即将执行灭火作战任务，进入一级战备。

2）战备等级要求

（1）平时。分队要按战备制度的要求，落实战备教育、灾社情研究和战备值班。人员在位率、装备完好率、战备物资储备及管理符合规定，战备方案合理、完备，战备物资种类齐全。需要注意的是，平时战备一般属于队伍日常性工作，一般不纳入等级战备。

（2）三级战备。停止批准所属人员探亲、休假、疗养，收拢营区以及附近人员；启封、检修、补充装备和物资器材；组织针对性战备教育和训练；加强战备值班；研究掌握灾情和有关情况，修订完善战备方案；做好开设指挥所准备；在规定时限内完成战备等级转换。

（3）二级战备。在完成三级战备规定工作的基础上开展下列工作：根据任务需要召回外在人员，补充装备；发放战备物资，落实后勤、装备等各项保障；开设基本指挥所，开通指挥信息系统，建立语音、视频、数据通信手段，指挥要素进入指挥位置，做好派出前进指挥所准备；视情况派出侦察力量，实施路线勘察和现场侦察；组织留守机构开展工作；在规定时限内完成战备等级转换。

（4）一级战备。在完成三级、二级战备规定工作的基础上，组织基本指挥所值班人员在值班席位全时值守，派出前进指挥所；组织所属队伍全员全装全时待命；在规定时限内完成战备等级转换；队伍完成一级战备等级转换后，一切行动准备全部就绪。

3）战备等级转换时限

分队完成战备等级转换的时限为：

平时转三级：大队 60 min、中队 40 min；

平时转二级：大队 80 min、中队 60 min；

平时转一级：大队 100 min、中队 80 min；

三级转二级：大队 40 min、中队 30 min；

三级转一级：大队 60 min、中队 50 min；

二级转一级：大队 40 min、中队 30 min。

特殊情况下，按发布进入等级战备命令规定的时限执行。

2. 掌握相关情况

1）掌握火场基本情况

指挥员要加强任务研判，根据上级命令和补充指示，了解掌握任务地点、火场地形、植被类型、机动路线、天气情况等信息，确定需要重点携带的灭火装备和携行物品。实际工作中，出动分队在获取火场概略坐标后，指挥员应第一时间利用地图、指挥信息系统或电话通信等其他工具，对现有信息进行分析处理，结合全区战场勘察资料，计划安排工作，必要时要以补充指示的方式通知所属人员有侧重地做好准备。

2）领会上级决心意图

指挥员在受领任务时，要掌握灭火行动初期上级的决心意图，明确分队职责任务，迅速制定出动方案。接到火情或上级行动命令后，应立即准确传达到所属人员，主要内容包括火场基本情况、上级意图、本级任务、到达火场的时限以及友邻任务等。传达任务的时机和方法，应根据情况而定。时间允许、情况掌握清楚的，可以详细传达；情况紧急、尚不能完全掌握情况的，可以先下达行动命令。

3. 做好机动准备

1）物资和人员准备

做好物资携行及加强人员教育是做好机动准备的必要环节。督促检查人员、装备、给养、车辆、通信、物资等工作落实，确保机动准备充分。实际工作中，为了压缩行动准备时间，进入防火期以后通常实行"以车代库"，将灭火队员防护装具、灭火装备、给养物资按方案要求置于车上，这样遇有任务可以接警即动；清点人员、检查个人物品携带情况，重点检查给养物资、防护装具穿着和自救物品携带等情况；了解掌握队员思想动态，适时调动参战队员士气，增强必胜信心。

2）组织机动勘察

通过查阅地图（交通图、行政区划图、地形图等）勘察道路及沿途情况、宿营地、休息点、装（卸）载地点、指挥所位置、待运地域和保障条件等情况；必要的时候，比如在陌生地带，应当派出先遣队（组）组织先期勘察，协调相关保障。

3）制定机动计划

根据任务需要和动用力量、装备、物资等情况，重点明确机动方式及路线，纵队（梯队）编成及序列，集结（装卸载）地域及到达时间，指挥所位置及通信联络方法，相关保障等。各类车辆应当按照便于协同和技术互助原则，合理确定开道车、指挥车、保障车、收尾车；组织车辆安全性能检查，发现问题及时处理；必要时调整车辆，严禁派遣故障车辆，并指定专人在开道车和收尾车上负责全程指挥调度。

（二）指挥员需把握的问题

1. 按级分工落实责任

指挥员接到出动命令后，既要专注任务，又要带好队伍，注意力容易分散。解决这个问题的关键是按级分工落实责任。严格按层级、预案、流程和时间节点完成各项准备，确保各项工作有条不紊。

2. 准确评估行动能力

指挥员要综合任务地域、任务类型等情况，对所属队伍的行动能力进行评估，根据评估情况科学分配每个岗位上的人员，根据目标区域任务做好装备物资调配，做到"不打无准备之仗、不打无把握之仗"。

3. 跟踪督导检查问效

指挥员要加强过程中的监督检查，既要业务上全面指导，又要在工作上全面验收，在跟踪问效中强化工作末端落实，确保高质量高效率完成出动前的战备准备工作，扣好任务的第一粒纽扣。

二、组织力量投送

（一）力量投送阶段的主要工作

1. 选择投送方式

力量投送方式主要包括徒步、摩托化、铁路、空中及水路等，其中摩托化机动（车辆）是最常用的力量投送方式。指挥员应当根据上级命令和任务实际进行综合研判，选择最佳的力量投送方式。

2. 实施力量投送

指挥员应根据上级指示、本级任务、火场情况、交通状况等，选择机动路线，迅速、安全地组织实施。应着重明确乘车编组、车辆编队、机动路线、指挥员位置、通信联络及安全事项等。所谓明确，是指在指挥员的具体组织下，各车带车指挥员要清楚队伍的机动路线、梯队编成及序列，熟记车号、通信方式、所带人数以及装备物资的品种和数量；全体队员要清楚大（中）队指挥员的指挥位置，个人装备物资情况以及遇到突发情况的报告和处理方式等。

根据战备规定要求，一般按照以下时限要求出动，实施力量投送：

平时：大队 120 min，中队 60 min；

三级战备：大队 90 min，中队 40 min；

二级战备：大队 40 min，中队 20 min；

一级战备：大（中）队立即出动。

3. 搜集情况

机动途中，指挥员应多方位、多渠道搜集掌握火场有关情况，对到达火场后的行动做到心中有数。通常情况下，机动时间较长，大（中）队指挥员有足够时间对火场态势和相关信息进行判读，不断修正前期判断。同时，应注意搜集机动途中的道路通行、配属力量等情况。

4. 保持通联

机动途中，大（中）队指挥员要明确机动途中通信联络方式和信（记）号规定，便于指挥控制。要按规定时间向基本指挥所报告本级机动和搜集到的情况，确保通信畅通。

（二）指挥员需把握的问题

1. 选好机动路线

公路输送，原则上有国道选国道、有高速选高速。尽量避开道路通行条件不明的分叉小路，切忌只根据距离远近选择机动路线；抵近火场时，切忌顶风迎火沿路开进；如遇顺风和侧风，林火在公路一侧或两侧燃烧时，切忌贸然行进。指挥员应判断林火主要发展方向，慎重选择安全路线，必要时可派出机动灵活的侦察车前出，随时通报后方车队。情况不明时应停止机动，待火情查明后再行动。车辆停靠要选择火烧迹地内的公路或选择上风口距火场较远的安全地域，车头朝向应便于随时机动。

2. 掌握路况车况

指挥员要充分考虑路况和车况。大多数林区简易公路和防火公路，路况较差，路面较窄，有时只能保证车辆单向通行，所以队伍机动前指挥员必须了解当地道路的通行情况及桥涵的承重情况。尤其是在接近火场时，因集结地域车辆较多，且道路相对较窄，容易出现堵车等情况，指挥员要提前协调，加强联系，调整机动路线或变更机动方式，确保及时达到。

3. 落实通信任务

当前，队伍信息化手段越来越多、功能也越来越强大，客观上技术层面的问题已经逐步得到解决。除了上级配备的通信器材，消防救援机动队伍还为大（中）队指挥员增配了卫星电话、短波、超短波通信终端，有的指挥员还自备了专用移动电话等备用手段。通信工作主要任务包括：保证行军中的通信网络畅通，便于及时了解火场各种情况，接收上级的指示、命令等。

4. 确保机动安全

要遴选驾驶技术熟练的驾驶员担负车辆保障任务，车辆行驶中要时刻关注驾驶员工作状态，保证驾驶员处于良好状态，确保行车安全。指挥员要掌握车辆指挥常识，把车辆指挥技能作为一项基本能力。要实时掌控好队伍，以队伍小休息结束准备继续开进为例，指挥员应该做到"最后一个登车"，确认人员齐整、车辆没有异常后再开进。

三、组织直前准备

直前准备是指行动实施之前的最后准备，这个"之前"是很短的时间，紧接着就要进入执行任务阶段。比如在军事上，直前侦察就是进攻前的侦察；直前扫雷就是进攻间歇的扫雷行动等。

（一）直前准备阶段的主要工作

1. 勘察火场

组织侦察，收集火场情报信息，是队伍到达火场后，在灭火作战开始前进行的一个必不可少的重要一环。其主要目的是全方位搜集可以辅助决策灭火行动的一切信息情报，为下一步制定具体的作战方案打下基础。

1）勘察准备

勘察火场通常需要设立火场勘察组，一般由主要负责灭火救援任务的指挥员带领，独立遂行任务的分队由分队长带领，且必须 2 人以上同行，不得单独行动。勘察中要随身携带卫星导航仪、地图和通信器材，以及望远镜、测风仪等侦观器材。勘察组距离后方队伍不能过远，保证遇有情况能够第一时间预警，同时可以避免与队伍走散，出现迷山、掉队等情况。

2）实施勘察

火场勘察的要素通常包括火场位置、林火种类、火线情况、火场面积、蔓延趋势、气象、地形、植被、道路、水源、重要目标、危险因素、安全避险区以及其他能够起到辅助决策作用的信息。作为大（中）队一线指挥员，要重点对以下 3 个方面的信息进行侦察：

（1）可燃物侦察：主要看可燃物种类及其分布，了解哪些可燃物易燃、哪些可燃物不易燃。

（2）地形侦察：主要是识别危险火环境。如草甸、沟塘一般位于山脚，杂草茂密，燃烧速度快，沿山谷可迅速燃烧至山顶，形成火头。山形复杂，山头多，沟谷多，形成的火头数量就越多。陡坡，植被呈垂直分布，可燃物距离火焰近，植被水分蒸发快，火势发展迅猛。勘察中，也要注意查看火场周边有无水源和道路可以依托或利用。

（3）火情侦察：一般要做到"六看"。一看烟激烈翻滚向前，烟浓色重、下红中黄伴黑，烟雾形似蘑菇云，这是高强度火在燃烧，此处多为火头。二看烟云漂移向上，烟色时浓时淡，或有柱壮浓烟突起，这是中强度火的表现，此处多为火翼。三看烟云色淡形似丝带、上下连线，这是弱火在燃烧，此处多为火尾。四看烟判风力。根据烟柱的倾斜度判别风速。烟柱的倾斜线与垂直线的夹角每增加 11°时，风力增加 1 级。当倾斜度超过 45°，即风力超过 3 级时，这样的火一般不能直接扑打。五看烟判距离。根据烟柱判断火线距离。烟柱不动，距离 15 km 以上；烟柱上部动，距离 10 km 左右；烟柱中上部动，距离 5 km 左右。六看烟判火行为。通过对火场上空烟雾颜色、浓度和飘移方向的识别，判断火势强弱、植被和林火发展方向。火场上空浓烟滚滚，说明林火燃烧剧烈，火强度大；中幼林和灌木林燃烧，会形成黄黑色的浓烟；上山火通常也会形成黄黑色的浓烟；沟塘、草甸发生燃烧，一般会形成白色浓烟。

2. 制定灭火行动方案

组织召开灭火作战会议，综合火场周边地形、道路情况和发展态势，条件允许时，可以在地图上标绘火场态势图，并标出地图上没有标绘的其他信息。条件不具备的，可以摘记要点，用来对接近火场的时机、路线进行分析研判，及时形成决心。主要内容通常包括火场情况、上级意图、本级任务、人员部署、战法运用、协同动作、通信保障等。

3. 开展临战动员教育

根据灭火行动紧急程度，视情召开动员誓师大会，传达上级命令、指示，讲清上级要求、火场情况、作战目的意义、担负的任务和有利条件，以及可能遇到的困难和解决办法等。队伍条件允许情况下开展向党旗、队旗宣誓，火线入党等活动。时间紧急不便于集中组织时，可边收拢边动员、边开进边动员、边战斗边动员。

4. 检修机具

在勘察火场过程中，应当由留守的指挥员或值班员同步组织开展灭火机具维修检查，确保机具完好率为 100%。

（二）指挥员需把握的问题

1. 灵活方式方法

火场勘察按照空间来讲，主要有地面勘察和空中勘察两种形式。地面勘察又分为侦观器材勘察和看物象状态勘察，空中勘察又分为无人机勘察和直升机勘察。指挥员要结合自身经验，灵活运用多种手段，提高勘察效果。随着时代发展，新装备、新技术不断投入实战，特别是近年来无人机投入火场勘察应用，能够较好地发挥其高空、远程、便于观察全局的优势，展开快速全面侦察，为指挥员提供信息支撑。

2. 预判规避风险

火场勘察组是队伍的"眼睛"和"触手"。指挥员要能够根据林木燃烧的声响和周边环境判断距离和危险。比如远听闷雷轰鸣，近听噼啪声响；周边瞬间烟尘弥漫，空中火星飞舞，身边炭灰飘落；身体感觉胸闷气短，呼吸困难，热浪扑脸等情况都说明火势较大而且距离较近，往往是高危情形，遇到这些情况首先要考虑避险。

3. 及时做好记录

任务中，一线指挥员从收到第一个坐标起就要开始记录，时间紧张摘要记，时间充裕详细记，把每个重要节点的时间、坐标、火场情况、上级意图、本级任务、人员部署都记清楚，走到哪记到哪，从头记到尾。这对指挥员理清思路、理解任务、实施指挥很有帮助，也是搞好总结、任务复盘的基础。

4. 及时做好火情报告

（1）情况报告要素：火场基本情况，联指决心意图，本级任务，友邻及配属力量情况，火场联指开设情况。

（2）提出合理建议：本级任务明确，与友邻及配属力量任务区分、协同方法及指挥关系，有关保障，完成任务时限。

四、组织灭火行动

（一）接近火线

接近火线是指队伍从机降点、下车位置或宿营地向火场前进的行动。接近火线是实施灭火行动的重要环节，也是最危险、最紧张的阶段。合理选择路线、避开危险环境，安全迅速到达火场是突破火线展开扑救的前提。总的原则是：火情不明先侦察，气象不利先等待，地形不利先规避。

1. 接近火线的主要工作

1）正确选择路线

指挥员应合理选择路线、避开危险环境，适时组织分队以徒步、乘坐特种车辆、乘机等3种方式接近火场。乘坐特种车辆接近火线时，要选择地势平坦、林木稀疏、可安全行驶的地段。

2）确定人员部署

接近火线时，应结合火场实际，合理编组，严密组织，迅速行动。分队通常编为一个纵队，根据地形、植被和力量情况也可编成两个以上纵队，前后都要有经验丰富的指挥员负责。

3）处置突发情况

接近火线时，要随时关注火场形势变化，要避开危险可燃物和危险地形分布的地段。应提前选好避险区域或撤离路线，出现被火袭击的情况时要及时组织紧急避险。

2. 指挥员需把握的问题

1）缓坡通视奔火尾

在路线选择上，指挥员应选择从山的缓坡或通视效果较好的高大乔木林地、疏林地、清塘林地，从火翼或火尾位置接近火线。这要求指挥员必须熟知并能够准确判断什么是危险地形、什么是火尾或火翼位置。任务中，勘察火场和接近火线"不分家"，可以先勘察再接近，也可以边勘察边接近，具体要视火场地形和火势蔓延情况而定。一般来说，应当遵循以下原则：情况不明不盲目接近火线，不从山上向山下接近火线，不从悬崖、陡坡接近火线，不从山口、鞍部接近火线，不近距离从密灌、丛林地、草塘接近火线，不逆风迎火头接近火线。

2）合理编队常点人

指挥员应按建制编队行进，明确干部骨干分工，确保队伍有序开进。队伍开进前、行进中和休整后，要经常清点人数。特别是夜间行进，要控制好行进速度和人员间距，做到勤报数和前后能看得见人影、听得见声音，防止人员走失。

3）提前准备编好组

夜间接近火线，火场风小、烟清，火光明显，易于观察；白天接近火线，看不见火光、风大、烟浓、林密，不便于判断火势，一旦发现火情，说明火线已近在咫尺。这要求指挥员要注意观察，提前组织好攻坚力量，划分好战斗编组，明确责任分工，随时做好突破火线的准备。

（二）突破火线

突破火线是指分队在火线上选择并打开突破口的灭火行动。

1. 突破火线的主要工作

1）选择突破口

根据上级意图、本级任务、火情、气象、地形等情况选择突破口。通常选择在地势相对平缓、植被相对稀疏、便于迅速到达并展开灭火行动的地段。

2）打开突破口

采取多机编组突破、灭火机与水枪配合突破等方法，通过压制并减弱火势，迅速打开突破口，灵活运用战法实施扑打清理。

2. 指挥员需把握的问题

1）正确选定突破口

选择突破口应当遵循以下原则：

（1）选弱不选强，即选择突入点时，要选择火势强度低的地段突入，不能选择火势强度大的地段作为突入点。

（2）选疏不选密，即选择突入火线的行进路线和突入点，一定要尽量避开植物繁杂、林分密度大的地段，避开危险区，选择植物稀少的地段作为突入点。

（3）选平不选坡，即选择突入火线的行进路线和突入点，一定要尽量选择地势较平、避开地形复杂地段作为突入点。

（4）选湿不选干，即选择突入火线的行进路线和突入点，要尽量选择植被较潮湿的区段，即背阴潮湿区；尽量避开植被干燥区段，即朝阳迎风区。

（5）选稳不选急，即突入行动不能急于求成，千万不可命令队伍跑步突入火线，要在稳中求进，稳中求安，严防突入时体力过度消耗，确保遇有险情时灭火人员能及时应变。

2）合理选定突破法

（1）无火缺口突入法，指选择无火和火线熄灭地段突入火线。

（2）打开缺口突入法，指选择火势较弱地段，综合使用灭火机具和装备，采取炸、吹、浇、烧、打等多种手段集中打开缺口突入。

（3）借助依托突入法，指借助河流、道路和无植被区，贴近火线展开灭火的一种方法。能侧翼借助的，不迎火借助；能顺风借助的，不逆风借助；能在平处借助的，不在坡地借助。

（三）扑打明火

扑灭明火是指突破火线后，指挥员根据火场植被、地形、气象、水源条件和火势变化，合理采用风、水、化等灭火手段，灵活运用打、烧、隔等灭火战法，快速控制并扑灭明火的行动。扑灭明火是灭火攻坚最艰苦、最能体现灭火效率的环节。因此，更要注意打的方法、打的战术、打的效益。

1. 扑打明火的主要工作

1）准确判断火情

通过现地观察火场地形、可燃物、火场温湿度等情况，凭经验判断火势大小及扑灭明火行动的难易程度，综合分析研判林火行为变化和未来发展趋势，实施准确决策与组织指挥，达到低耗高效的灭火效果。

（1）看火线，即看火线时断时续判火势。风力弱时，火线时断时续，说明地表植被分布不均，干湿不一，火线有自然熄灭现象，火场多为小火，强度低；风力强时，火线时断时续说明地势复杂，火的速度快，有飞火引发新的火线，火场多为高强度火。

（2）看迹地，即看火线形态、迹地可燃物的残留量判火势。火线燃烧不规则，片面现象严重，残存余火量大，此处是险区。一旦风向变化，极易引发迹地复燃，出现二次燃烧。在此灭火，要慎打细清，严防二次燃烧伤人。

（3）看火焰，即看火焰变化高度判火势。火焰平均高度超过 1.5 m，火锋有旋，左右漂移，火势随时有变。遇有这种情况，指挥员必须边看火势边观察火线周边可燃物分布与载量情况。如果火线前方植繁物燥，说明火将越来越大，这时要扩大迹地余火清理范围，提高清理质量，抓紧开设避火区，不可猛打猛冲。相反，看到火线前方周围植被稀疏潮湿，火燃烧到此必然减弱，这时要抓住战机，及时调整战法，猛打猛冲，加快灭火速度，提高灭火效益。

（4）看火墙厚度，即看火焰形势判火势。燃烧火焰附着地面燃烧时，如果火墙平均值超过2 m，火的形态似波浪，滚滚向前跳跃，说明火势强、温度高、风速大。这时虽然火焰不大，但热辐射十分强烈，稍不注意，热辐射会在瞬间造成灭火人员皮肤烧伤和呼吸道灼伤，千万不能误判火势不大，顶火头扑打，也不能从侧翼灭火。

（5）看燃烧环境，即看火的燃烧环境判高危火势。看燃烧的火线，在地形复杂地段燃烧时，一定要注意周边是否存在受山坡林分阻挡看不见的隐火，即险火。这种情况下灭火时，火场观察员要扩大观察范围，以严防误入火险区，被大火包围受到伤害。需注意的问题是，白天看火容易将火场估测过远，火势估测过小；夜晚看火容易将火场估测过近，火势估测过大。

（6）看燃烧性，即看植被燃烧性的大小判火势。看植被，要看是易燃危险的可燃物，还是粗大难燃可燃物多。如易燃多难燃的少，未来火势必然燃烧速度快，易打易清。相反，火势强度大，难打难清。

（7）看载量，即看植物载量、质量判火势。看植被，要看地表植被载量多少，看可燃物干湿度大小。如植物载量大、湿度小，未来火势必然大，难打难控。相反则小，易打好灭。

（8）看燃烧量，即看植被的有效燃烧量判火势。看火烧迹地内植被燃烧后的残存量多少，残存量越多，火烧迹地内片面燃烧的现象越严重。附近还有火在燃烧时，现场指挥员要高度警惕，如果灭火队员还在灭火，一定要慎打慎清，扩大清理范围，提高清理质量；如果要休息，不能选此处为休整地。临时避火休息时也要开设好安全区，时刻注意观察火场周边情况，防止因火场小气候变化，瞬间起风引发余火复燃，导致迹地二次燃烧，危害灭火队员人身安全。

（9）看天空烟云变化。看天空烟云飘向与地面火势发展方向不同，可预知火势大小。当天空烟云飘移方向与火势发展方向相同时，说明火场火势发展趋势稳定，利于部署灭火；反之，说明火场火势发展趋势不稳定，不利于部署灭火。在火线灭火时，要防止火场乱流风导致火势突变。

（10）看火场小气候变化。由于地形和火场小气候变化的影响，指挥员不容易判断火的燃烧方向与主风向是否一致，如果指挥员只看眼前，不看周边，不细致观察火场上空烟的变化情况，就会导致指挥员判断失误，增加灭火难度，使人员误入险境。

（11）看火场周边地形地貌，预判火场地形变化对林火行为的影响，牢牢把握最佳地段、最佳时段，灵活运用战法实施有效灭火。如果遇到地形复杂地段时，一定要慢打细清多观察，尽量避开不利地形。

2）掌握人员装备，判断灭火效能

人员要科学编组，人员编组要区分责任，明确任务。把体能好、技能强、实战经验丰富的人员编入攻坚组，技能弱、经验少的人员编入清理组或保障组，确保科学调度力量；装备要携带齐全，要根据火行为特点和火场态势，按照该带的装备一样不少、不该带的装备一件不多原则，带齐所需装备器材，所需物资要足量备实，油料、给养保障不足，不能盲目进入火场；人员与装备要科学组合，要根据火势动态变化适时调整力量编组和人装组合，发挥人装组合的最大效能。

3）灵活运用战法

对行动人员、灭火装备进行合理编组，抓住突破火线后的有利战机，采取有效方法熄灭明火，阻止火线扩展蔓延。直接灭火主要用于扑救中、低强度地表火。常用战法有"一线推进、递进超越"和"一点突破、两翼推进"等。扑打组要集中优势力量，可采取多机编组轮战的方式对火线实施快速扑打。清理组通常配置在扑打组之后跟进清理，保证扑打效果；保障组通常配置在清理组之后，提供战斗保障。扑打明火时，有条件的还应充分发挥水泵灭火以及特种车辆喷水灭火、碾压火线、预设隔离和快速机动的优势，实现速战速决。

4）加强战场管理

指挥员应与扑打组战斗在最前面，加强一线指挥和战场管理，适时调整战术战法，统筹分队行动。始终把灭火人员安全放在第一位，严格火场纪律，对队伍实施连续不间断的指挥控制，确保行动统一、力量集中。应指定火场观察员，专门负责观察火情、加强险情监测。可安排油料员担任，因为油料员在火场外侧，不直接参与战斗，便于观察。另外，指挥员还要及时准确地向友邻通报和向上级报告扑救进展情况。

2. 指挥员需把握的问题

1）以人为本，安全第一

一切灭火行动都要以灭火队员的人身安全为首要，在确保自身安全的前提下指挥灭火行动，实现安全高效灭火。

2）身先士卒，跟进指挥

指挥员要始终保持最佳指挥状态，做到危险时刻冲在前，困难时刻走在前，休整时刻乐在前，关键时刻想在前，时刻用言行影响部属、激励部属。要亲临火线、跟进指挥，根据火势变化，及时调整力量编组，科学运用技战术，严密指挥行动，确保上级意图实现和任务完成。

3）以我为主，密切协同

坚持地方政府和应急管理部门统一领导，形成以我为主的组织指挥协同保障体系。坚持内部垂直指挥体系，做到统一指挥和自主判断、科学指挥有机结合。坚持队伍间密切协同，明确任务、明确配属，做到任务清楚、主次有别、重点突出、层次分明。

4）活用战法，速战速决

按照小火当大火打、集中优势力量打歼灭战原则，有针对性和目的性运用战法组织指挥灭火行动。指挥员还应当充分考虑火场的综合要素，因时、因地、因势，按照"最佳时段、最佳地段、最佳手段"原则适时调整战法，提高灭火效能。

5）每战必胜，完全彻底

坚持重兵投入、量险用兵，集中力量灭火，不打添油战；坚持边打、边清、边守，区分层次行动、责任明确、贯穿一线，巩固一段，安全一段，不打疲劳战；坚持打一段，灭一段，守一段，保一段，不打反复战。

（四）清理余火

清理余火是指扑灭明火后，沿火场边缘清理余火、暗火，防止火线复燃的灭火行动。

1. 清理余火的主要工作

1）观察余火情况

清理前，指挥员应进行现地勘察，查明清理地段及其周围地形情况，明确任务和组织协同动作。

2）科学部署清理力量

清理中应根据上级意图、地形植被及所属人员等情况，合理部署，区分任务，搞好协同，按照跟进扑打由边向内纵深清，危险地段分片展开彻底清，复杂地形片面燃烧慎重清，塔头地块地下燃烧挖开清等原则进行清理。

2. 指挥员需把握的问题

1）把握清理时段

通常情况下，夜间扑灭的火线，应在次日7时至10时前，也就是在气温升高、起风前，完成火线清理。白天扑灭的火线，特别是高危时段，在10时至16时需适当留有人员进行分段和巡回清理。

2）合理选择清理方式

清理余火主要有以下几种方式：

（1）分段清理。通常在清理区域较大、力量较多、地形复杂时采用。实施方法是将清理区域划成若干地段，然后分散清理。清理时，注意各地段接合部的保障，防止出现死角。

（2）巡回清理。通常在清理区域可燃物构成复杂，发生复燃可能性较大时采用。实施方法是在清理重点地段的基础上，将分队力量编成若干梯队依次派出反复清理。

（3）分组清理。通常在清理区域险点较多时采用。实施方法是将分队力量编成若干小组，明确各组清理位置。

（4）重点清理。通常在清理区域内站杆、倒木等难以短时间清理的隐患点，要重点派出力量清理，防止产生有焰燃烧，造成复燃。

3）落实清理要求

清理前，应当根据火线情况，区分重点科学编组，明确任务和责任区分；加强火场监测，随时注意火场风力、风向变化情况；加强巡查力度，及时发现和清除隐患；必须沿火线由外向内清理，未经监测不得擅自进入火烧迹地内清理；在火线边缘休息时，必须派出警戒观察哨，发现异常立即报告。

（五）看守火场

1. 看守火场的主要工作

看守火场是指余火经彻底清理后，为巩固战果、防止复燃采取的灭火行动。指挥员要在清理火场的基础上，将火场分成若干片段，明确责任，采取分段看守、定点看守、巡查看守、瞭望看守等方法，切实保证火场不复燃。

2. 指挥员需把握的问题

1）科学制定看守方式

常用的看守方式包括：

（1）分段看守。通常在火场面积较大，看守力量较多时，将火场分为若干片段，明确责任，定人定目标，保证火场不复燃。

（2）定点看守。通常在火场情况复杂或火场局部复燃可能性较大时，向易复燃地段派出较多的力量驻守。

（3）巡查看守。通常在单独看守某一火场或在上级编成内看守某一段火线时，将分队力量编成若干梯队，依次派出反复巡查，保证火场不复燃。

（4）瞭望看守。通常用于火场周围有制高点，且火场气象、地形、植被条件不利于复燃时，向制高点派出观察哨，密切注意火场情况，发现异常情况及时报告。

2）落实看守要求

看守火场要按建制配置力量，定人定位定标准，重点难段死看死守；明确地段看守责任，接合部位相互配合、重点看守；要定点看守和巡查看守相结合，严禁只定点看守而不巡查看守；要明确责任人，火场交接签署责任书；要严防看守用火跑火，看守巡查不离迹地边缘；要经上级验收火场合格后，看守人员方可奉命撤离。

3）勤查勤看勤督导

虽然现在队伍灭火行动的主要任务是打明火、攻险段，但在火场移交地方前决不能掉以轻心。在责任区域内，站杆、倒木等难以短时间清理的隐患点，要派出专人死看死守。指挥员和各地段负责人要派出巡回清理组，沿火线巡回清理，派出的时间间隔要短，频率要大，减少巡回盲区。在这个环节，通常都要求消防救援人员沿火线原路去、原路回。指挥员要发挥表率作用，重点地段必须亲自检查、亲自验收，重点部位扒开检查，发现暗火要及时处理、不留隐患。

（六）移交火场

1. 移交火场的主要工作

分队完成灭火任务后，指挥员应及时向上级报告，请示下步行动方向和具体任务，组织火场移交，并做好人员装备清点、组织撤离返营和总结报告灭火行动情况等工作。

2. 指挥员需把握的问题

1）履行好火场交接手续

火场移交前，指挥员要与交接人员共同对火场进行巡视，并严格履行交接手续。移交火场时应与接手方签订交接书。火场交接书主要内容应当包括火场名称、交接地段起止点坐标、基本情况、交接时间、待办事项等，由交接双方单位负责人签名并注明交接时间，尔后存根备案。

2）做好任务收尾工作

队伍撤离火场前，野外生活用火要彻底熄灭。要组织专人清理生活垃圾，防止污染和破坏环境。收尾过程中，应清点人数、装备及物资数量，做到不漏一人、不失一物；收尾工作中，指挥员应在验收完毕最后撤离，防止遇有新情况无人指挥。

五、组织撤离返营（转场）

（一）撤离返营（转场）的主要工作

1. 撤离（转场）的主要工作

分队在撤离火场时要制定撤离（转场）计划，明确集结地点、撤离（转场）时间、路线、方式等，撤离前认真清点人员装备，及时补充装备给养，及时向上级报告撤离（转场）情况，在组织撤离（转场）过程中，要保持机动中通信联络畅通，确保不间断指挥。

2. 返营后的主要工作

返营后要及时报告归建（转场）情况，统计装备物资损失并根据任务需要及时检修、补充装备物资，组织全体人员开展好战例评析，总结经验做法，分析问题不足，并撰写行动详报（含行动经过图），完善灭火作战档案。

（二）指挥员需把握的问题

1. 做好调整补充

队伍归建后，大（中）队指挥员要重点做好人员调整和队伍再战的充分准备，决不能"刀枪入库、马放南山"。要及时对灭火机具和车辆进行维护保养，检查修补个人装备，补充给养、油料、装备、机具。通常的做法是在入营前就将车辆机具的油料补充好，入营后迅速补充给养并检修机具，保证最短时间完成再战准备。

2. 开展战评总结

在调整补充的同时，指挥员应制定计划，组织开展一战一评活动。主要有行动回顾、分组讨论、集体交流、归纳总结4个步骤。

第三节　森林灭火指挥系统

森林灭火指挥系统是集地理信息、气象、林业、人员、装备等一切可能影响到火灾扑救决策的信息和数据于一体的数字化平台，能对各类数据进行可视化展现和综合分析，从而为林火扑救指挥提供辅助支撑。

一、指挥系统意义

森林灭火指挥受多方面因素影响，一套优秀的森林灭火指挥系统（平台）可以实现灭火指挥中的现场态势展现、现场指挥调度、信息一键发布、人员协同会商等功能，解决灭火救援指挥中存在的态势感知不直观、资源动向不明显、各方用户难协同等问题，提升火灾救援现场的信息整合能力和综合展现能力。

二、指挥系统架构

森林灭火指挥系统一般由基础设施、数据支撑、应用支撑、GIS平台、业务应用、标准规范及运维保障等部分组成。中国电子科学研究院王默、唐静静等人提出的构建森林灭火指挥"一张图"系统，实现了灭火指挥中的现场态势展现、现场指挥调度、信息一键发布、人员协同会商等功能，解决了灭火救援指挥中存在的态势感知不直观、资源动向不明显、各方用户难协同等问题，其系统架构如图5-2所示。

（1）基础设施层主要利用现有的服务器和存储资源，支撑系统建设和运行。

（2）数据支撑层通过汇聚林业、气象、队伍、装备、防火设施等各类数据资源，对森林消防灭火救援相关的矢量数据、影像数据、物资数据、救援力量数据、监测预警数据等进行处理，整合构建底图数据库、装备数据库、队伍数据库、感知数据库等数据库，共同支撑系统运行。

（3）应用支撑层通过构建统一用户管理、统一用户权限、统一消息服务和日志审计等，支撑上层系统稳定、高效运行。

（4）GIS平台层面向上层各类应用，提供基础地理信息服务、空间分析服务、资源目录服务、协同标绘服务、资源管理服务、综合分析服务、物资和资源调配服务等各类服务。

（5）业务应用层主要提供面向森林消防灭火作战指挥所需的现场态势展现、现场指挥调度、一键信息发布、协调会商等各类应用。

（6）标准规范体系严格遵守现有的标准和技术路线，确保整个系统的成熟性、拓展性和适应性，规避系统建设的风险。

（7）运维保障机制是系统架构的重要组成部分，贯穿项目建设的始终，包括运行管理机制和数据更新机制等。

三、指挥系统特点

森林灭火指挥系统操作简便，成像流畅，具有全方位、多角度的直观性；影像清晰，数据海量，平台全部开放，用户可自行编辑数据。主要特点为：

一是具有较高的安全性，具有自主知识产权GIS平台和基础数据平台架构，国产地球

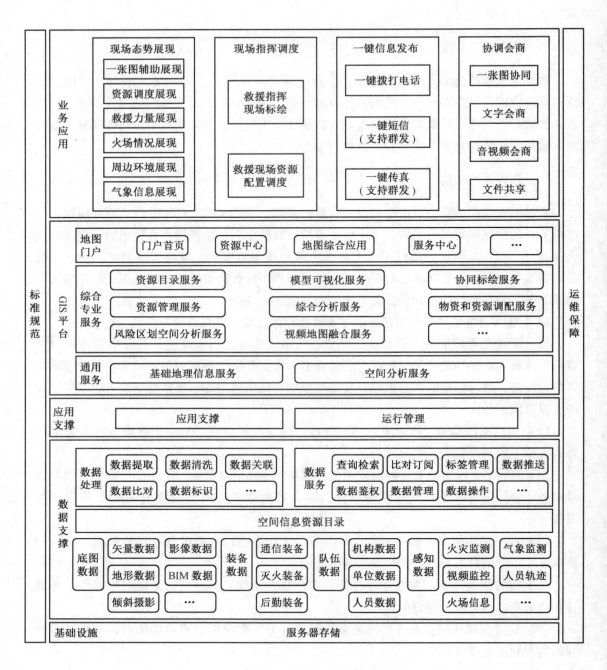

图 5-2 森林灭火指挥系统架构

软件安全无后门，支持二次开发使用。

二是系统自动下载"风云二号"卫星云图数据，显示卫星云图动画自动播放效果，并且系统对"风云二号"卫星云图实施了匹配，便于更加精确地观察云图与地理位置的关系。

三是具有在线和离线两种模式，满足火灾（多灾种救援）现场无网络环境下离线使用。

四是具有公网和自组网两种网络模式下实现 PC 端之间及 PC 端与 APP 端的火场或灾害现场同步共享。

五是多种专业标绘选择，具有专业线型、行军单箭头、双箭头、三箭头贴地标绘，并可根据地形地貌起伏变化选择不同的标绘进行图上作业；标绘支持 FLASH 动态燃烧效果，并且所有标绘均在三维环境下一次性完成。

六是该系统在一种基于大数据挖掘的集成化森林防火信息化系统的发明专利的支撑下，提供了集人工智能、大数据、云存储为一体的智慧化平台体系。

四、指挥系统功能

森林灭火指挥系统的功能设置主要有火险监测、火险预警、日常办公、值班管理、终端管理、灭火指挥、基础数据管理等。

（一）火险监测

火情监测子系统主要解决的问题是：把所有报警源都统一到一个界面下浏览查询，自动接收国家林业和草原局发布的热点信息，值班员能听到"有卫星热点报警请注意查收"的提示音，帮助值班员实现自动化接警，提高接警效率。

系统提供了集天、地、人为一体的综合立体报警体系，并且报警源会在"龙慧地球"上自动定位直观显示。在同一界面下接警，减少了值班员工作强度，同时避免了多个系统交叉使用，大大提高了值班效率。

火情监测模块用于处置已发生的火情。火情类型包括卫星热点、视频监控、人工巡护、电话报警、瞭望观测和飞机巡护，能对收到的火情进行下发、上报和反馈等操作。

1. 卫星热点

在卫星热点列表中，可以看到近 3 天内从中国森林草原防灭火网中同步到的卫星热点报警信息和下级上报的热点信息；卫星热点可进行历史查询和统计。点击报警列表中的编号，可打开查看热点详细信息。

2. 视频监控

在视频监控列表中，可以查看最近 3 天内的报警信息，存在未处置的报警时，系统会发出"视频监控报警请注意"的提示音，并在系统左上角会出现待处理的报警图标；可进行历史查看和统计，也可以查看实时视频。

3. 人工巡护

在人工巡护中，可查看并处理护林员通过定位终端上报的火点、野外用火、病虫害、偷砍盗伐和偷猎类型的报警信息，还可以进行历史查询和统计。

4. 电话报警

在电话报警中，可以查看并处理由本级值班接警或下级上报的电话报警信息，还可以进行历史查询和统计。

5. 瞭望观测

在瞭望观测中，可查看并处理本级值班接警或下级上报的瞭望塔报警信息，还可以进行历史查询，并能对瞭望塔进行管理。

6. 飞机巡护

在飞机巡护中，可查看并处理由本级值班接警或下级上报的飞机巡护报警信息，还可以进行历史查询和统计，并能对飞机进行管理。

（二）火险预警

森林火险预警预报与数据库相结合，调用相应地区气候信息、天气实况和天气预报数据库，得出该地火险等级预报数据，其成果包括森林火险天气预报、森林火险等级预报等功能。森林火险等级预报目前提供的是中国气象局发布的火险等级预报，如果需要当地的火险等级预报需提供当地气象部门共享接口。

1. 天气预报

由中央气象台发布天气气象预报，周期为一周。以云南省昆明市为例，可提供气象信息如降雨量、气温、相对湿度、风向风力实况图参考。

2. 火险监测站

火险监测站可以查看火险等级、温度、湿度、降雨量等信息。

（三）日常办公

日常办公模块可以轻松实现远程和移动办公，有效避免由时间和空间带来的不便影响，实现事务处理"急速响应"，保证流程在各个环节之间的急速传递。

日常办公功能包括火情上报、邮件管理、公文管理等内容。

（四）值班管理

值班管理包括值班处理、排值班表、值班查询、值班统计、日报查询、交班查询、值班周报、值班时间设置、值班人员设置、防火期设置等功能。

（五）终端管理

终端管理PC端包括目录树终端管理、责任区管理、数据管理、任务管理、身体监测等。

1. 目录树终端管理

系统以单位树目录来对终端进行管理，包括群发、统计、考核和管理功能。系统应用时，可根据需要选择不同方式显示终端。

（1）查看当前信息。在单位树目录区右键双击要查看的护林员，系统自动在地图上进行定位，并在地图浏览区弹出护林员的当前信息。

（2）查看基础信息。可在地图浏览区弹出护林员的基础信息，对护林员基础信息进行编辑、发送消息和进行任务管理操作。

（3）查看历史轨迹。当值班员想知道任意一名护林员巡护情况时，可通过系统自动定位，查看他任意时间的巡山轨迹及停留时间。

（4）消息通信。消息通信支持给该护林员发送语音、文字和视频请求等。

（5）指派任务。指派任务可以给护林员下发巡护任务，并进行跟踪、反馈、结束等操作。

（6）所属责任区信息。所属责任区信息可以在地图区域展示责任区范围，并可定位到具体责任区上，还可进行删除关联操作，删除护林员和责任区的关联关系。

（7）群发。群发功能可通过语音、文字方式下达工作指令，接收信息，方便调度指挥。

（8）统计。护林员统计功能以图表形式显示护林员的在线人数以及在线率等具体信息，具备出勤分析功能。

（9）考核。支持查询护林员今日上报、历史上报的信息，同时还支持查询护林员每月上报情况的汇总统计信息、巡护里程和任务考核的统计信息，便于主管部门对其考核评定，切实发挥出巡山护林效果。

（10）管理。对护林员终端进行管理，具备信息查询、添加、修改、删除、授权等功能。

2. 责任区管理

对护林员进行责任区的设定，可以划分多责任区。系统以单位树目录来对责任区进行管理，包括新增、删除关联、批量导入、关联已有和列表功能。

3. 数据管理

系统根据上报类型和多媒体类型查询展示上报数据，可进行查询和统计，将统计数据进行导出。

4. 任务管理

系统以列表形式展示正在进行的任务和历史任务，可对任务进行新增、删除和详细查看等操作。

5. 身体监测

系统调用第三方设备接口数据，获取定位信息、血压、心率等健康信息，以列表形式进行管理。

（六）灭火指挥

依托全三维 GIS 平台，提供直观、形象的三维电子沙盘，提供基础数据和林业专题数据支撑，支持一键式火场态势标绘和离线使用，使指挥员摆脱时间、空间限制，全面掌握火场信息，切实发挥灭火作战的辅助指挥和记录功能，为提高灭火指挥的科学性、高效性、安全性提供技术保障。

1. 地图操作

地图操作包括放大、缩小、漫游、上下左右移动、旋转等功能，还提供经纬度网格、图层控制等；实现指挥员查看灾情发生地的地形地貌及相关的地理信息，辅助指挥员从宏观上对灾情进行初步判断。

2. 提供影像

用户可根据自己所掌握的影像资源进行配置，以自己当前业务需求选择合适的影像资源来配合业务应用，实现影像信息的管理配置及地图叠加显示，可切换使用不同的影像资源。

3. 路网

提供配置和管理地球上可叠加展示的路网资源的功能，用户可根据自己所掌握的路网资源进行配置，根据自己当前的业务需求选择合适的路网资源来配合业务应用；实现路网信息的管理配置及地图叠加显示，可切换使用不同的路网资源。

4. 测算

提供距离、面积、高差量算工具，支持动态勾绘计算，可实时计算出当前所绘线段贴地长度、区域面积、地理高差、坡度、以正北为准的方位角并同步显示。

5. 定位导航

提供定位功能，支持经纬度定位和地名定位，定位后地图自动飞行到以定位点为中心的可视区域。其中，经纬度定位支持度分秒和十进制两种方式；地名定位支持本地数据、网络数据（如百度地图、天地图、腾讯地图、高德地图）等数据源，支持模糊查询、精确定位。调用高德导航，提供驾车、步行和骑行 3 种方式进行导航，并在地图上显示导航路线，如图 5-3 所示。

图 5-3　定位导航

6. 实时火场协同标绘

指挥系统还可配合防灭火 APP 使用，实现市指挥中心、专用处置指挥组及一线人员协同标绘，便于指挥员实时了解火场态势。指挥员可以标绘火情信息，支持点、线、面等标绘并下发至扑火队员；扑火队员可按照下发路线准确、安全行进。

7. 火场战时队伍管理

实现战时队伍的统一管理，基于三维 GIS 平台直观展现火场扑救力量的实时动态分布，便于指挥调度；提供队伍实时分布图和参与火场扑救的队伍、人员及装备信息，邀请人员加入等功能。

8. 周边资源查询

根据所选择的目标，以特定周边半径统计分析其周边范围内的森林资源、装备、给养、人员、车辆等；方便指挥员快速了解火场周边可用资源，辅助指挥员扑火指挥，如图 5 - 4 所示。

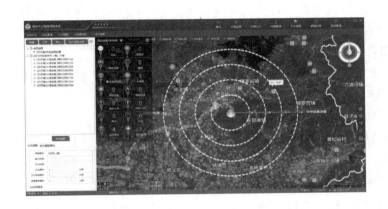

图 5 - 4　周边资源查询

9. 林火蔓延预判

系统根据火情的气象信息、地形、地貌、可燃物性质等因素进行林火行为的蔓延模拟计算，给指挥员提供决策参考。

10. 加载无人机影像

支持在地图上加载目标地无人机拍摄的带有经纬度信息的正射影像，实现火场现场影像地图的叠加展示，方便指挥员查看火场现场的地形地貌，全部了解火场情况，辅助指挥员扑火指挥。

11. 快速出图

支持将当前显示的态势图信息输出为高清图片，满足用户打印和存档需要；提供地图打印输出模板，只需设置地图标题、制图人、制图时间、出图倍数和出图图层，自动输出高清效果图；方便指挥员给领导汇报火场态势及扑火部署。

12. 即时通信

在公网情况下实现指挥员与扑火队员、队员与队员之间的即时消息通信，实现文字、图片、音频、视频、附件、位置的收发，支持群聊和单聊。

（七）基础数据管理

1. 行政区域

行政区划分类管理国家级、省级、州（市）级、县级、乡镇（林场）级、行政村级，在地图上叠加显示所辖区划图，支持表格统计、定位、导出。

2. 水系河流

水系河流分类管理一级河流、二级河流、三级河流、大型水库、中型水库、小型水库、省级湖泊、州级湖泊、县级湖泊等，支持显示名称、位置、经度、纬度等属性，支持表格统计、定位、导出。

3. 交通道路

交通道路分类管理国道、省道、县道、乡村道路、铁路、高级公路等，支持地图叠加及显示名称、位置、宽度等属性，支持表格统计、定位、导出。

4. 物资信息

物资信息支持地图叠加及显示名称、位置、经度、纬度、物资储备等属性，支持表格统计、定位、导出。

5. 消防队伍

消防队伍支持地图叠加及显示名称、位置、经度、纬度、人数等属性，支持表格统计、定位、导出。

6. 森林资源

森林资源包括林班、小班、国家级公益林、省级公益林、州市级公益林、县区公益林等，支持地图叠加及显示名称、位置、林班号、小班号、地貌、林地类别、地类、事权、保护等级、龄级、土地所有权、林木所有权、腐殖质厚度、经营措施、立地类型、林木健康、林业蓄积、龄组、平均树高、平均胸径、亚林种、坡度、坡位、坡向、群落结构、起源、森林类别、草本高度、草本盖度、草本类型、草本种类、图层厚度、土壤厚度、土壤亚类、下木种类、下木高度、郁闭度、优势树种、最低海拔、最高海拔、自然度等属性，支持表格统计、定位、导出。

7. 防火设施

防火设施包括防火公路、防火隔离带、瞭望塔、水窖、防火检查站、防火取水点等，支持地图叠加，支持表格统计、定位、导出。

8. 其他

其他类型的基础数据有医院、加油站等。

📖 习题

1. 灭火指挥的原则是什么？

2. 国家森林草原防灭火指挥部由哪些成员构成？

3. 森林灭火指挥的类型主要有哪些?

4. 火场指挥关系应坚持的原则是什么?

5. 森林灭火指挥程序分哪几个阶段?

6. 组织灭火行动时分哪几个过程?

7. 前进指挥开设位置应遵循什么原则?

8. 森林灭火指挥系统功能主要有哪些?

第六章　森林灭火装备

森林灭火装备是一项技术性很强，专业特点比较突出，又涉及多学科、多工种的综合性应用学科，也是森林灭火专业的重要组成部分。森林灭火装备的发展与我国林业事业的发展建设是同步的。20世纪50年代至60年代，我国森林灭火主要使用树条、砍刀、铁锹等简易的灭火工具，灭火物资输送以人背马驮为主。70年代末，研制推广使用二号工具灭火。80年代初期开始研制风力灭火机，进入90年代，森林灭火装备得到了长足发展，风力灭火机、灭火器、水泵、灭火炮、组合工具、油锯等成为森林灭火的主要灭火装备，机降、索（滑）降、空中洒水（液）、爆破灭火等技术广泛应用于森林灭火之中，特别是全球定位系统（GPS）、卫星通信、无线电短波通信等技术装备的投入使用，极大地提高了森林灭火装备的科技含量。进入21世纪，学习借鉴了国内外先进的灭火技术，完善了机械灭火、航空灭火、风力灭火、以水灭火、化学灭火、辅助灭火等装备学科体系，全面推进了森林灭火装备的发展建设。2018年11月9日，国家综合性消防救援队伍正式成立，提出"规划建装、实战配装、科技促装、标准立装、规范管装、科学用装"的总体要求，重点加强装备配备实战化、储备模块化、管理规范化、技术保障体系化建设。加快人与装备的深度融合、信息与装备的深度融合、科技与装备的深度融合，我国森林灭火装备随之也进入了一个全新的发展阶段。

第一节　常规灭火装备

在森林火灾扑救过程中，常规灭火装备主要应用于地面扑火。地面扑火是彻底扑灭森林火灾的必要环节，决定着林火扑救的最终成败。常规灭火装备按照灭火方法划分为风力灭火装备、以水灭火装备、化学灭火装备和辅助灭火装备。

一、风力灭火装备

目前，消防救援机动队伍风力灭火装备主要是指风力灭火机。风力灭火机自诞生以来，经历过无数次的实战检验，直至今日，作为灭火主战装备，在扑救森林火灾中依然发挥着不可替代的作用。风力灭火机是以小型发动机为动力，利用其产生的高速气流冲击火焰，使燃烧可燃物周围的环境温度急剧降至燃点以下，并将火焰吹离可燃物，达到阻断燃烧的目的。同时，将可燃物吹进火烧迹地内，在火线前方形成无可燃物的隔离带。风力灭火机适用于扑打火焰高度在1.5 m以下的中、低强度地表火，多机协同配合灭火效果更佳。目前，消防救援机动队伍配备的风力灭火机以 STIHL – BR600 型、ECHO PB – 8010 型背负式风力灭火机为主，如图 6 – 1、图 6 – 2 所示。

图 6 – 1　STIHL – BR600 型背负式风力灭火机　　图 6 – 2　ECHO PB – 8010 型背负式风力灭火机

（一）基本结构

背负式风力灭火机由发动机、风筒、油箱、启动器、背负装置等部分组成，汽油机的输出轴直接与风轮连接，发动机驱动风轮高速旋转，产生高速气流灭火。整机结构为背负式，操作使用方便。风力灭火装备性能参数见表 6 – 1。

表 6 – 1　风力灭火装备性能参数

性能参数	STIHL – BR600 型背负式风力灭火机	ECHO PB – 8010 型背负式风力灭火机
外形尺寸/（mm × mm × mm）	1620 × 400 × 500	1370 × 532 × 544
发动机	单缸、二冲程、风冷	单缸、二冲程、风冷
整机净重/kg	9.8	11.4（不加油，安装吹风机管）
风速、风量	风速：≥90 m/s；风量：≥1400 m³/h	风速：118 m/s；风量：0.56 m³/s
最大功率/kW	≥3.15（7200 r/min）	≥4.3（8500 r/min）
引擎排量/cm³	64.6	79.9
油箱容量/L	1.4	2.56
一次加油连续工作时间/min	50 ~ 60	70
启动器	手拉启动器，带快速泵油系统	反冲启动器
燃油混合比	（汽油：机油）50 : 1	（汽油：机油）50 : 1

（二）操作使用

以消防救援机动队伍配备的 STIHL – BR600 型背负式风力灭火机为例对风力灭火机的操作使用进行介绍。

1. 启动

使操纵杆位于"I"的位置，按压燃油泵，使油泵泡内充满燃油，将风门旋钮关闭（热启动时将风门旋钮打开），左手紧握机具，右脚抵住底板，右手缓慢拉动手柄调试启动绳位置，用力快速拉动启动器，直至发动机点火，如图 6 – 3 所示。

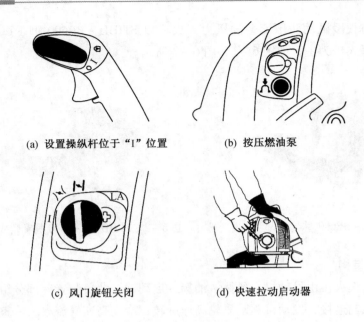

(a) 设置操纵杆位于"I"位置　　　(b) 按压燃油泵

(c) 风门旋钮关闭　　　(d) 快速拉动启动器

图 6-3　STIHL-BR600 型背负式风力灭火机启动

2. 运转

启动后将阻风阀打开，扣动手柄使限位轴复位，然后放松扳机，使发动机怠速运转 2~3 min，再提高转速工作（油门手柄扣到底，此时发动机处于全负荷状态）。

3. 调整

（1）怠速调整。怠速由化油器的油针和怠速限位螺丝配合调整。怠速油针的开度一般在一圈半。若怠速较高，松限位螺钉也降不下来，说明怠速供油太稀，应逆时针增大怠速油针开度，油针开度增大，怠速会下降，应拧紧限位螺钉；若怠速不能长时间运转，转速慢慢下降，消音器排烟越来越浓，最后熄火，说明供油太浓，应逆时针减小怠速油针开度，减小油针开度怠速会上升，应松限位螺钉，减小怠速油针开度应顾及加速性能，即猛加油门时发动机转速应迅速上升，不得有熄火停顿现象，若有此现象说明供油不够，应略增大油针开度。

（2）高速调整。高速主要由化油器的高速油针调整。高速油针的开度在半圈左右。若听起来转速很高，但工作起来力量不够，而且发动机温度较高，这说明供油太稀，应逆时针增大高速油针开度，若高速时发动机声音较闷、排烟较浓，猛松油门手柄时发动机突然从高速回到怠速，有熄火停顿现象，说明供油太浓，应顺时针减小油针开度。有时发动机在高速运转温度较高，可以略微开大怠速油针降低温度，应略拧紧限位螺钉，保持怠速不变。

4. 停机

放松油门手柄，使发动机怠速运转 2~3 min，将设置操纵杆移至"0"位置，或者将阻风阀门关闭，即可停机。

二、以水灭火装备

随着灭火技术的不断革新，以水灭火理念越来越受到重视，以水灭火机具也有了长足的发展和改进。目前，消防救援机动队伍以水灭火机具主要包括森林消防水泵、水枪、高压脉冲喷雾枪等。

（一）森林消防水泵

便携式水泵灭火技术的引进与开发，使以水灭火技术得到了广泛应用。目前，便携式森林消防水泵已成为森林消防灭火的主战装备之一。森林消防水泵灭火是利用火场及其附近水源，通过架设水泵、铺设水带、安装枪头喷射水流灭火。其原理是以水泵的机械力量产生压力将水输送并喷射到燃烧物上，利用水蒸发时吸收热量、隔离氧气的特性达到直接或间接灭火的目的。

森林消防水泵灭火速度快、不易复燃、灭火安全彻底，但水泵作业受水源、地形、植被、距离、水带渗水等限制因素较大。目前，消防救援机动队伍主要配发使用 Wick - 250 型、FyrPak 型、QB260 - TB 型和绿友森林消防水泵，如图 6 - 4 ~ 图 6 - 7 所示。

图 6 - 4　Wick - 250 型森林消防水泵

图 6 - 5　FyrPak 型森林消防水泵

图 6 - 6　QB260 - TB 型森林消防水泵

图 6 - 7　绿友森林消防水泵

1．基本结构

水泵主要由发动机、泵体和配件等组成，配件由必需配件和可选附件组成。

1）必需配件

（1）油箱。容量 50 加仑（约 25 L），用于存放混合油。

（2）油管。长 110 cm，用于连接油箱和发动机，通过压差将油箱里的燃油输送到发动机。

（3）引水泵。用于水泵启动前排气并引水入水泵中。

（4）吸水管。长 3 m，通径 50 mm，是连接水源和水泵进水口的通道，将水引入水泵。

（5）底阀。安装在吸水管一端，起止回阀作用。

（6）背板。用来背水泵。

（7）油箱背包。有软垫和油管存放侧包。

2）可选附件

（1）止水钳。用于水带连接、维修、更换，起止水作用。

（2）水带。长 30 m 每根，内径 38 mm。

（3）水带修补环。用于水带破损时卡在破损处。

（4）转换接头。用于水泵串联、并串联时连接水泵。

（5）三通阀。用于水泵并联、并串联架设，有开关功能。

（6）单向阀。用于连接水泵出口，防止水倒流入水泵。

（7）水带扳手。用于接、撤水带和吸水管。

森林消防水泵性能参数见表 6 - 2。

表 6 - 2　森林消防水泵性能参数

性 能 参 数	Wick - 250	FyrPak 型	QB260 - TB 型	绿 友
外形尺寸/(cm × cm × cm)	39 × 33 × 30	73 × 41 × 33	38 × 33 × 31	52 × 45 × 33
发动机	单缸、二冲程、空冷	单缸、二冲程、空冷	单缸、二冲程、风冷	单缸、二冲程、空冷
功率/kW	6	6	6	6
油箱容积/L	25	25	25	12
最高油耗/(L·h^{-1})	4	3.8	3.2	3.8
燃油混合比	（汽油：机油）24：1	（汽油：机油）24：1	（汽油：机油）24：1	（汽油：机油）30：1
扬程/m	140	160	150	165
流量/(L·m^{-1})	174	302	260	348
重量/kg	14	14.9	14	15

2. 操作使用

消防水泵灭火通常以小组为单位组织实施，每名消防救援人员都应熟练掌握水泵操作使用方法，做到相互配合、密切协同，发挥好水泵灭火的最大效能。水泵在使用前要进行作业前的准备工作，包括装备检查、提供水源、组装等步骤。

（1）启动。通常水泵不能在无水的状态下工作，否则会损坏发动机。启动水泵前，应对水泵进行全面检查。检查工作完成后，反复挤压气囊，将油箱中混合油输送到泵体的供油位置。打开发动机开关，调整阻气门开关位置；打开油门至适当位置，启动发动机。发动机启动分冷机启动、暖机启动和热机启动。

冷机启动：旋转阻气门手柄到启动位置，手拉启动器直到发动机运转，发动机变暖后打开阻气门。

暖机启动：不要关闭阻气门，将阻气门节流阀设定为一半流量，手拉启动器直到发动机运转，在发动机启动之后立刻减少节流量并且使发动机变暖。

热机启动：不要关闭阻气门，手拉启动器直到发动机运转。

（2）作业。水泵在工作状态时必须经常检查底阀，确保其不被堵塞。在运行过程中，不要将底阀从水中拿出，否则会造成发动机空转，损坏泵体。发动机油门要保持适当位置，在油门全开状态下长时间工作会大大缩短其使用寿命。

（3）停机。把油门调节到怠速位置（向下）；待机 0.5～1 min；把停机开关移至关闭位置；拆去吸水管和排水管后，抬起泵并且朝两个方向倾斜倒出泵里的水；用干布擦拭水泵接头后，拧上接头保护盖。

（二）水枪

水枪是以水灭火的常用装备，受灭火环境、火灾种类等条件限制较小，广泛应用于扑救森林火灾。目前，消防救援机动队伍配备的水枪主要有 ZDSQ - 01 型背负式软体水枪、WDDQ - 02 型桶式水枪等，如图 6 - 8、图 6 - 9 所示。

图 6 - 8　ZDSQ - 01 型背负式软体水枪

图 6 - 9　WDDQ - 02 型桶式水枪

1. 基本结构

ZDSQ - 01 型背负式软体水枪主要由喷枪杆、连接管、水囊和枪头等部分组成。该型号水枪具有体积小、重量轻、容量大、便于携带等特点。WDDQ - 02 型桶式水枪一般由喷枪杆、水箱、连接管和枪头等部分组成。水枪用铝合金制作，重量轻、携带方便，水桶背负部分采用适合人体结构的曲线设计，背负舒适、经济环保。水枪性能参数见表6 - 3。

表6 - 3　水枪性能参数

型　号	外形尺寸/ (cm×cm×cm)	空重/ kg	水枪重量/ kg	一次喷射量/ mL	最大射程/ m	最大容积/ L	喷口直径/ mm	喷量/ (kg·min^{-1})
ZDSQ - 01 型	50×30×65	2.4	1.0	115	12.9	20.1	3.0	3.1
WDDQ - 02 型	38×16×37	3.94	0.9	120	11.4	22.0	3.0	3.2

2. 操作使用

水枪的操作使用比较简单，使用前要做好相关准备工作。

（1）新配发水枪在使用前，要对照产品说明书检查水桶、连接管、水枪及上护盖等部件是否齐全，水枪是否漏水，确保能正常作业。

（2）每次使用前，要重点检查水枪头是否堵塞，及时清理杂物；要对水桶与水枪连接处进行检查紧固，损坏的连接管要及时更换。

（3）野外作业时，要使用过滤网为水枪注水，并检查桶盖密封圈是否密闭。

背好加满水的水枪后，左手握水枪头，右手紧握水枪杆，对准火线往复伸缩推拉作业。

（三）高压脉冲喷雾枪

消防救援机动队伍配发的 QWMB - 12 型高压脉冲喷雾枪（图6 - 10），是利用压缩空气作为动力，瞬时喷出高速、雾化水流，冲入火源中心，使燃烧物快速降温，从而达到灭火目的，对控制火势非常有效。

图6 - 10　QWMB - 12 型
高压脉冲喷雾枪

1. 基本结构

QWMB - 12 型高压脉冲喷雾枪主体由脉冲气压喷雾水枪、贮气瓶、贮水瓶和减压阀四部分组成。脉冲气压喷雾水枪由气室、进气接头、高速阀、枪柄、扳机、保险、进水阀、贮水管、扶手、膜片螺母组成。QWMB - 12 型高压脉冲喷雾枪性能参数见表6 - 4。

2. 操作使用

（1）将贮水瓶充满液体灭火剂，旋紧瓶盖。

表6-4　QWMB-12型高压脉冲喷雾枪性能参数

最大射程/m	20	贮水量/L	12
有效射程/m	1~10	喷水量/L	0.25~1
喷雾角/(°)	18	平均出口速度/(m·s⁻¹)	120
充气时间/s	<3	压缩空气动力/MPa	20~30
水枪尺寸	直径70mm，长800mm	器具总重量/kg	3.15

（2）用缚带将充满高压空气的贮气瓶紧紧地捆缚在贮水瓶右侧支架上。

（3）用空气管将减压阀次级出口与贮气瓶进气口连接起来。

（4）将高压空气管连接到减压阀的主出口处。

（5）背起贮水、贮气装置，且束紧腰带，挎上灭火炮。关闭进水阀，将水管插入灭火炮进水口。

（6）将高压空气管插入灭火炮进气口。

（7）缓慢开启贮气瓶阀门，直到听到咝咝的响声。

（8）当贮气瓶的空气压力约为0.6MPa，喷雾水枪气室的空气压力为2.5MPa时，打开水阀，当看到有少量的水从枪口的橡胶膜片处流出时，表明枪室内注满水。

（9）关闭水阀，将扳机保险向气室方向旋转。

（10）向上倾斜30°，瞄准目标后立即射击。而后，重复以上动作准备第二枪，要充分利用间歇时间选择下一个目标。

三、化学灭火装备

森林化学灭火是用化学药剂通过一定工具，去干扰或阻止森林火灾的发生和发展。近年来，国外对森林化学灭火工作非常重视，它已成为扑救森林火灾不可缺少的手段，尤其是在人烟稀少、交通不便的偏远林区，在火灾强度大、人员难以靠近的情况下，采用飞机喷洒化学灭火剂来直接灭火或阻火是实现扑灭初期火灾的理想方法，也是扑救森林火灾唯一有效的方法。除此之外，化学灭火药剂还可以通过森林灭火弹、便携式森林灭火炮等形式扑灭火灾。

（一）森林灭火弹

森林灭火弹主要包括拉环式手投灭火弹、手投式灭火弹和机载式灭火弹等不同种类，目前消防救援机动队伍主要配发的是拉环80式灭火弹和手投式灭火弹。灭火弹灭火是化学灭火的一种，一般配合风力灭火机等主战灭火装备协同灭火，主要在打开突破口、压制火势和实施紧急避险时使用。

1. 原理及性能

手投式灭火弹主要采用超细干粉灭火。以热敏线引燃后，弹体爆炸，产生大量气体作为推动源抛撒干粉，在一定空间内迅速形成高浓度粉雾，充分发挥干粉的灭火效能，瞬间即可灭火。手投式灭火弹具有体积小、重量轻、便于携带、操作简单、灭火效率高、机动性好等特点。手投式灭火弹弹体主要由热敏线引火装置、爆炸装置、超细干粉和外壳四部分组成。SMF－II1000型灭火弹性能参数见表6－5。

表6－5　SMF－II1000型灭火弹性能参数

外形尺寸/ （mm×mm×mm）	160×90×75	干粉重量/kg	0.8	有效灭火面积/m²	6

2. 操作使用

手投式灭火弹主要包括投掷和抛掷两个使用动作。

（1）投掷：按照撤步引弹、转体送胯、挥臂扣腕的要领进行投掷，如图6－11所示。

图6－11　投掷灭火弹

（2）抛掷：按照撤步引弹、转体送胯、挥臂抛弹的要领进行抛掷，如图6－12所示。

图6－12　抛掷灭火弹

投弹时要将灭火弹在空中纵向翻滚，避免横向翻滚滚动距离过大偏离目标。在坡度较大的地段使用灭火弹时，采取平抛方式避免灭火弹顺坡下滚。

（二）便携式森林灭火炮

灭火炮是将装有灭火剂的灭火弹远距离投射到火区，灭火弹遇火后自动引爆，将灭火剂喷洒到燃烧的可燃物表面达到灭火目的。灭火炮是一种安全、可靠、高效的灭火装备。

目前主要应用于森林火灾扑救的有 SLM80 型、PJ80 型等便携式森林灭火炮。

1. 性能特点

SLM80 型便携式森林灭火炮是一种可重复使用的单兵肩射灭火发射装置。灭火炮身管为玻璃钢复合材料缠绕成型，精度高、体积小、重量轻、结构简单、操作方便、安全性高，可以有效压制和扑灭地表火、树冠火、悬崖火及消防救援人员难以靠近的林火。SLM80 型便携式森林灭火炮性能参数见表 6 - 6。

表 6 - 6　SLM80 型便携式森林灭火炮性能参数

口径/mm	82.5	发射器重量/kg	3.7	干粉重量/kg	1.3
发射器全长/mm	1000	射程/m	100（射角 15°～20°）	灭火半径/m	3
发火方式	电发火	设计使用寿命/发	50	全弹重/kg	2.6

2. 实际应用

如森林火灾发生在山高坡陡、峡谷纵横、道路崎岖等林区内，抵近火场难、装备输送难、直接扑打难，对危险火环境难以准确判断，人员直接实施扑救安全隐患较大，森林灭火炮可实现远程快速精准灭火。便携式森林灭火炮主要用于定点灭火或突破火线、压制火头。

四、辅助灭火装备

目前，用于扑救森林火灾的辅助装备主要包括二号工具、组合工具、油锯、割灌机、点火器等。

（一）二号工具

二号工具是在一号工具的基础上改进而成的，如图 6 - 13 所示。制作方法是：将汽车废旧外轮胎的外层割去，用里层剪成长 80～100 cm、厚 0.12 cm 的胶皮条 20～30 根，用铆钉或铁丝固定在 1.5 m 长、3 cm 左右粗的木棍或其他材料管材上即成。它用于直接灭火，尤其对弱强度地表火很有效。

图 6 - 13　二号工具

图 6 - 14　09 式组合工具

（二）组合工具

组合工具由背囊、砍刀、铁锹、手锯、灭火耙和活动手把等组成，主要用于开设隔离带和清理火场，具有携带方便、功能多样等特点。目前消防救援机动队伍配发的组合工具主要有 09 式组合工具（图 6 - 14），根据不同的可燃物类型和火场情况将手工具进行不同的组合，用于灭火和清理火场。

（三）油锯

油锯主要用于伐木，在灭火中常用来开设隔离带、直升机临时机降场地和清理火场，具有携带方便、易控制等特点。目前消防救援机动队伍配发的油锯主要有 MS180 型油锯和 BG33 型高把油锯，如图 6 - 15、图 6 - 16 所示。

图 6 - 15　MS180 型油锯

图 6 - 16　BG33 型高把油锯

1. 性能结构

油锯由控制部分、动力部分、切割部分组成。控制部分主要由握把、油门、电源开关、燃油箱、油门拉线、回油管、输油管组成。动力部分主要由启动器、空滤器、化油器、离合器、减速器、火花塞、活塞、曲轴组成。切割部分主要由导板、锯链、机油箱和链条调节器组成。油锯性能参数见表 6 - 7。

表 6 - 7　油锯性能参数

结　构	性能参数	BG33 型高把油锯	MS180 型油锯	MS251 型油锯
整机	型式	单缸、二冲程	单缸、二冲程	混合、二冲程
	排量/cm³	85	31.8	45.6
	转速/(r·min⁻¹)	6000	12800	13500
	化油器	膜片式	全程隔膜	全程隔膜
发动机	点火装置	可控硅磁电机	电子式磁电点火	电子式磁电点火
	火花塞	4118 型	NGK CMR6H 型	NGK CMR6H 型
	燃油	92 号汽油与二冲程机油按容积比 20：1	92 号汽油与二冲程机油按容积比 50：1	92 号汽油与二冲程机油按容积比 50：1

表 6 - 7（续）

结　　构	性能参数	BG33 型高把油锯	MS180 型油锯	MS251 型油锯
锯切机构	导板长度/mm	540（工作长度为 440 mm）	350	400
	锯链润滑	手动机油泵供油润滑	自动泵供油润滑	自动泵供油润滑
	机油箱容积/L	0.3	0.15	0.2

2. 操作使用

油锯操作比较简单，但若操作不当，出现链条脱落或断裂，也存在一定安全隐患。在操作使用前要做好充足的作业准备工作：检查装备完好性，穿戴好防护装备，清理作业场地等。

1）启动

（1）冷机时的启动（以 MS180 型油锯启动为例）。启动前先将链条锁定（链条锁把向前推）。右手满把握住后握把上端（油门锁下按），右手食指用力按住油门，同时关闭风门（控制杆按到最下端为关闭风门）。左手握住前把手，右手拉住启动手柄，右脚踩住后握把底端。慢慢拉动启动绳，直到感觉到阻力，然后用力垂直猛拉启动绳，直到发动机热机（启动后会自动熄灭）。控制杆向上调动一格（风门调到半开位置），再次拉动启动绳，直至发动机启动，启动后稍加油门（控制杆自动跳到正常急速位置），而后松开油门，使发动机急速运转不熄火。将链条锁向后拉（靠近前把手），加油门使链条正常运转。

（2）热机时的启动。热启动的方法和冷启动方法基本相同。直接将控制杆调到正常急速位置，直接拉动启动绳启动。

（3）其他短把油锯启动方法。打开电路开关，拉出阻风阀拉钮，扣下油门，压下限位按钮后，松开油门，一手按住前把手，一手平稳而迅速地拉动启动手把，一般 3～5 次即可启动。启动后立即推进阻风阀拉钮，控制油门让发动机急速运转 2～3 min，进行暖机。发动机必须暖机后才能高速运转。夏天暖机时间可短些，冬天应长些。

2）调整

油锯调整包括发动机调整和工作部分调整。发动机调整包括急速性能调整和高速性能调整，工作部分调整包括锯链调整和离合器调整。

急速由化油器油针和曲轴箱上的急速限位螺钉配合调整。急速时锯链不应转动。急速油针的开度一般在 3/4 圈左右（即把油针轻轻拧紧后退出 3/4 圈）。若转速较高，松限位螺钉也拧不下来，说明供油太稀，应增大急速油针的开度，油针开度增大，转速会下降，应与限位螺钉配合调整。若急速不能长时间运转，速度慢慢下降，消声器排出的烟越来越浓，最后灭火，这表明供油过浓，应关小油针。

3）停机

松开油门后直至 10 s，将控制杆移动到最上格（"0"标志处），油锯熄火。其他短把油锯停机方法是：松开油门，让发动机急速运转 10 s 左右，关闭电路。停机时严禁链条与地面接触。

（四）割灌机

割灌机主要用来清理小径级立木、灌丛、杂草等，开辟隔离带和宿营地，具有性能先进、操作方便、维修简单等特点。森林火灾扑救中常用的割灌机主要有背负式割灌机和侧挂式割灌机。这两种割灌机的发动机主要零部件采用镁合金压铸和工程塑料，重量轻、结构紧凑、造型美观；性能先进，使用可靠，操作方便，维修简单。目前消防救援机动队伍主要配发 BG40A 型、FR3900 型背负式割灌机和 FS120 型、CG63 型侧挂式割灌机，如图 6 - 17、图 6 - 18 所示。

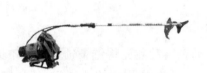

图 6 - 17　BG40A 型背负式割灌机　　　　图 6 - 18　FS120 型侧挂式割灌机

1. 基本结构

割灌机主要由切割部分、控制部分、动力部分组成。切割部分主要由锯片和齿轮箱组成，它还可以使用圆锯片、刀片和尼龙绳实施切割。控制部分主要由软轴总成（软轴）、传动杆（传动轴）以及电路、油门开关组成。动力部分由启动器、空滤器、化油器、离合器、减速器、火花塞、活塞、曲轴及燃油箱组成。FS120 型侧挂式割灌机性能参数见表6 - 8。

表 6 - 8　FS120 型侧挂式割灌机性能参数

排量/cm^3	30.8	功率/kW	1.3	重量/kg	6.3
空转转速/(r·min^{-1})	2800	总长度(不含打草头)/cm	177	油箱容积/L	0.64

2. 操作使用

1）启动

（1）冷机启动：打开油门开关，将油门手柄转到启动位置（切忌启动时油门开到最大，会使割刀突然高速旋转而发生危险）。关闭阻风阀门，轻拉启动器数次，打开阻风门，迅速拉动启动器，启动发动机。发动机启动后，先怠速运转 2 ~ 3 min 后再加负荷（机器启动时，割刀可能旋转，软轴也可能摆动，切记不要让割刀触到任何物体，割刀周围不要站人）。发动机怠速可通过调整化油器上的怠速螺钉来实现。

（2）热机启动：发动机在热机状态下启动时，应将阻风门手柄置于全开位置。启动时，如吸入燃油过多造成启动困难，可取下火花塞，全开阻风门拉动启动器数次，按前述方法启动。

2）作业

根据草、灌的疏密粗细不同，适当调整油门手柄，一般开到 1/2 或 1/3 处。双手自然握紧手把，掌握好留茬高度，双脚分开身体慢慢左右摆动，割幅一般在 1.5~2 m 范围内，有节奏地边走边割。切割灌木时根据倒向选择切口，一次性割倒。在斜坡上作业时，应沿斜坡等高线行走，使割刀从高向低切割。切割时由右向左进行作业，附近 15 m 范围内不得有人活动。割刀碰到石头或坚固物体，应停机检查。

3）停机

松开油门操作手柄，使汽油机怠速运转 30 s 以上。将停车开关按钮推至停机位置，发动机即停止运转。

（五）点火器

点火器在灭火中主要用于以火攻火、阻隔火线、计划烧除和应急自救。森林消防救援人员应了解掌握点火器的结构性能和正确的操作使用方法。

1. 基本结构

目前，点火器的种类主要分为滴油式和储压式两类，如图 6-19、图 6-20 所示。消防救援机动队伍配发的主要是滴油式点火器，主要型号有 DH-1 型和 2002 型。

图 6-19　滴油式点火器　　　　　图 6-20　储压式点火器

滴油式点火器由瓶体、滴油管、点火头和背具组成。瓶体侧面有提把，底部有放气孔和放气孔螺钉，滴油管上有刻度，点火头内装有油针。点火器性能参数见表 6-9。

表 6-9　点火器性能参数

型　　号	指标	参　数	指标	参　数
DH-1 型	装油量/L	2	全重/kg	2.9
	燃料	汽油	工作时间/h	>1

表6-9（续）

型号	指标	参数	指标	参数
2002型	装油量/L	3.5	全重/kg	1.6
	点烧距离/m	1300	点烧环境	5级风以下
	燃料	纯汽油或汽油与机油混合（20∶1）		

2. 操作使用

以2002型滴油式点火器为例：

（1）首先拧开油桶部压盖，取出点火器上部组件。

（2）拧下阀盖上的封闭丝堵，把封闭丝堵拧在阀盖的另一螺纹孔上。

（3）将油桶装上燃油，将上部组件点火向上，用压盖连接在油桶口上。

（4）打开油桶上部跑风阀，将跑风阀按逆时针方向旋转一圈即可。

（5）提起点火器，将点火头向下倾斜，向点火头上滴上燃油后点燃点火头，提起点火器将点火头倾斜向下，燃油会从油嘴不断流出，经点火头点燃，点烧工作开始。

（6）点烧工作结束后，将点烧器直立放在地上，待点火头上的燃油燃尽后，点火头上的火焰会自动熄灭。

第二节　车辆灭火装备

目前，国内外的森林消防车辆大都以军用车、工程车或普通车辆为基础改装而成。分为履带式和轮式两种。规格根据实际不同需要有重型、中型和轻型。履带式森林消防车能在没有公路及复杂地形的情况下行进，不受风雨和低能见度等天气影响，在夜间也能完成各种森林灭火作战任务。轮式森林消防车包括水罐式消防车和全地形车等。这些消防车具有良好的越野性能和防护性能，在提高消防救援人员机动性的同时，也提供了安全保障。

一、履带式森林消防车

履带式森林消防车主要是指装备履带行走装置，用于在复杂地形条件下扑救火灾或向灾害现场运输人员、器材和物资的消防车。履带式森林消防车利用履带行走装置，提高了车辆的爬坡、越障等能力，并且受天气影响小，在夜间也能完成各种森林灭火作战任务，可以有效满足现阶段大型林区火灾的救火需要。

（一）基本结构

履带式森林消防车一般由履带底盘及履带式车辆行驶系、履带式车辆转向系、推铲、驾驶室、器材箱、消防水泵、水罐等组成。

履带底盘包括履带、驱动轮、托带轮、张紧装置、缓冲弹簧、导向轮、支重轮、行走机构，如图 6 – 21 所示。

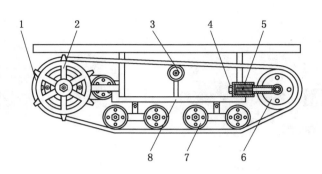

1—履带；2—驱动轮；3—托带轮；4—张紧装置；5—缓冲弹簧；6—导向轮；7—支重轮；8—行走机构

图 6 – 21　履带底盘结构组成

履带式车辆行驶系由行走装置和悬架组成。行走装置一般由驱动轮、履带、支重轮、托轮、导向轮和张紧缓冲装置等组成。悬架一般由连接车辆本身或车体和支重轮的全部构件组成（包括台车架、弹性元件、导向装置、平衡元件等）。

履带式车辆转向系和轮式森林消防车车辆转向系完全不同，它是靠改变转矩在左右履带上的分配来实现转向的，它由转向机构和转向操作机构组成。转向机构安装在后桥中，把主减速器传来的动力传递给两侧的最终传动，再传给驱动轮。

（二）种类与性能

消防救援机动队伍配备的履带式森林消防车主要有 804 式履带式森林消防车、531 式履带式森林消防车、俄式 GAZ – 34039 型履带式牵引车（图 6 – 22）、赛速 NA – 140 型全道路运兵车（图 6 – 23）、SXD09 型多功能履带式森林消防车（图 6 – 24）。近年来，消防救援机动队伍灭火机械化特种装备得到全面升级换代，高科技、高性能国产新型装备陆续配发，主要有 SX2020 系列履带式特种车辆等［包括 SX2020 – Z 型履带式指挥车、SX2020 – Y 型履带式运兵车、SX2020 – S 型履带式水炮车（图 6 – 25）、SX2020 – C 型履带式炊事车等］。

图 6 – 22　俄式 GAZ – 34039 型履带式牵引车

图 6 – 23　赛速 NA – 140 型全道路运兵车

图 6-24　SXD09 型多功能履带式森林消防车　　　图 6-25　SX2020-S 履带式水炮车

1. 531 式履带式森林消防车

531 式履带式森林消防车是由国产 63 式履带装甲输送车改装的，于 1979 年装备到消防救援机动队伍使用。该车具有较高的行驶速度和较强的越野能力，机动灵活，在无道路的丘陵地区和山区均有良好的通过性能；可穿越草塘及慢坡山林地，能撞倒直径 30 cm 以下的树木，开辟道路；最大爬坡度为 32°~35°，最大下坡度为 30°~32°，最大侧倾行驶坡度为 25°~30°；能够穿越一般河流，水深在 1.5 m 以上、水流量在 5 m/s 以内车辆可浮渡。

2. 俄式 GAZ-34039 型履带式牵引车

俄式 GAZ-34039 型履带式牵引车是引进俄罗斯 GAZ-34039 型牵引车改装而成，于 2004 年装备到消防救援机动队伍使用。该车重量相对较轻，越野性能好，在草塘、沼泽、水湿地、丘陵地内具有良好的通过性能；爬坡能力强，最大爬坡度为 35°，最大下坡度为 32°，最大侧倾行驶坡度为 25°；能够穿越一般河流，水深在 1.3 m 以上、水流量 1.1 m/s 以内车辆可浮渡。

3. 赛速 NA-140 型全道路运兵车

赛速 NA-140 型全道路运兵车引进于芬兰赛速公司，于 1991 年装备到消防救援机动队伍使用。该车具有较强的越野能力，接地压强小，可在复杂草塘和疏林地内行驶；爬坡能力强，最大爬坡度为 45°，最大下坡度为 45°，最大侧倾行驶坡度为 35°；能够穿越一般河流，水深在 1.2 m 以上、水流量在 5 m/s 以内车辆可浮渡。

4. SXD09 型多功能履带式森林消防车

SXD09 型多功能履带式森林消防车是中国兵器江麓机电有限公司在对我国南北森林地区的地形、地貌，森林火灾、火情、灭火理念、灭火方法以及现有森林消防装备进行充分调查的基础上研制而成的森林消防专用车辆。

二、轮式森林消防车

与履带式森林消防车相比，轮式森林消防车是以驱动车轮为主要行走机构的灭火机械装备。轮式森林消防车可装配灭火救援器材、灭火救援设备及灭火剂，承载消防救援人员，可机动、高效地完成火灾扑救、灾害和事故救援等多项任务，是重要的森林灭火机械装备之一。

（一）基本结构

消防车底盘是整车各部件的承载总成。整车所有总成部件都直接或间接地安装在车辆底盘上。整车的行驶功能全部由底盘承担，并在行驶时承担整车的全部重量。森林水罐消防车底盘一般采用商用汽车二类底盘。森林水罐消防车以底盘发动机作为主动力源，通过功率输出装置带动水泵工作，以水为灭火介质进而实现灭火功能，具有结构简单、越野性能强，可向其他消防车和灭火喷射装备供水、应用范围广等特点。

（二）种类与性能

目前，消防救援机动队伍所配备的轮式森林消防车主要分为森林水罐消防车、森林远程供水消防车及全地形车等。除此之外，常用于森林火灾扑救的轮式森林消防车还有森林消防后勤车、车载远程灭火炮、人工增雨车等。

1. 森林水罐消防车

森林水罐消防车具有一定的越野能力，动力强，可以用于林区和山区灭火作战和水源输送，能够适应一定的恶劣环境，是森林灭火中提供远距离水源补给的重要机械装备。森林水罐消防车主要由车辆底盘总成、水罐、水泵系统、消防水炮、功率输出及传动装置、电气系统、器材箱等组成。

2. "山猫"全地形车

自然灾害发生时，"山猫"全地形车可拉载消防救援人员和装备迅速通过狭窄山路到达最接近发生自然灾害的地方，及时进行抢险救灾。这种新型全地形车采用八轮式驱动，具有承载重量大、爬坡能力强、适用地域广等特点。"山猫"全地形车可适应于沙滩、雪地、河床、林道、山地等地形，更加有利于急难险重任务。

3. 车载远程灭火炮

车载远程灭火炮采用高机动防护型特种车底盘，搭载灭火炮及液压驻锄装置，能快速转移，可快速到达目的地附近，用于陡峭山区、密集林区等人员无法到达的区域，实现精准、高效、远程消防灭火。

4. 人工增雨车

人工增雨车可通过实施增雨作业方式扑灭森林火灾，扑灭范围广、不留隐患，对森林火灾火场余火清理和防止森林火灾复燃及降低森林火险等级作用明显。人工增雨扑火较安全，森林火灾尤其是特大森林火灾当风速较大时，大火蔓延速度快，扑打人员来不及撤离火场被烧伤、烧死的情况时有发生。而人工降雨作业出动人员少，且远离火区，被火烧伤、烧死的概率很小，灭火人员人身安全性较高。当然，要实施人工降雨必须有相应的天气条件配合，这表明不是每一次森林火灾都能实施人工降雨作业。

第三节　航空灭火装备

　　航空灭火装备主要分为固定翼飞机、直升机及无人机三类。其中以固定翼飞机和直升机为主，对大面积林区进行防火探测，及时发现火情，消灭森林火灾，组织抢救。森林航空灭火装备的主要特点集中表现在：在消防车无法进入的地区使用飞机这种现代化运载工具，迅速、及时地发现火情，运送消防救援人员和灭火装备到达火场，进行火灾施救，以有效保护森林资源，减少森林火灾损失。

　　目前，国家综合性消防救援队伍拥有 2 个直升机支队，分别位于大庆和昆明，是一支成建制的森林航空消防力量，现装备 18 架灭火直升机，配备有消防吊桶、机腹式水箱、电动绞车、大功率搜索灯、吊篮、吊椅等专业化救援装备。队伍主要承担森林防火灭火，人员物资输送，空中指挥通信、侦察勘测、人员搜索营救等综合性航空应急救援任务，同时也为社会组织和企业航空救援力量提供技战术运用指导。我国拥有南方、北方 2 个航空护林总站。主要承担森林航空消防、森林防火协调、卫星林火监测、防火物资储备、人员技能培训等工作，日常以租用航空器的方式开展森林防火灭火工作。目前，2 个总站共管理 47 个航空护林站。其中，南方总站负责黄河以南 18 省（区、市）的航空护林工作，有 6 个直属航站、10 个省属航站和 5 个省属市级航站。北方总站负责黄河以北 13 个省（区、市）的航空护林工作，有 6 个省属航站和 20 个省属市级航站。

一、直升机

　　目前，我国民用直升机数量不到 900 架，能够用于森林灭火的直升机不足 70 架，主要有国产直－8、直－9、AC－313 直升机，俄罗斯的卡－32、米－171、米－26 直升机等。

　　1. 直－8 直升机

　　直－8 直升机（代号 Z－8，图 6－26）是我国在 20 世纪 90 年代以法国 SA321 直升机（"超黄蜂"直升机）为基础仿制改进的 13 吨级多用途直升机。直－8 直升机是单旋翼带尾桨多用途直升机，在标准状态下有较大的功率储备，具有飞行性能好、使用寿命长、飞行安全、操纵容易、使用维护方便等特点，应急时可在水面起降，在军、民两方面都获得了广泛应用。

图 6－26　直－8 直升机

　　我国重点林区森林火灾一直比较严重。东北林区独特的地势和气候导致了森林火灾火势蔓延快、控制难，对专业空中作战力量的需求极为迫切。2009 年 7 月，经国务院、中央军委批准，原武警森林指挥部直升机支队在黑龙江省大庆市揭牌成立，并配备了 8 架直 - 8WJS 型直升机，标志着该机首次进入消防领域。直 - 8WJS 型直升机主要承担森林防火灭火、抢险救灾、紧急救援等任务，进行远距离快速灭火作战，提高了灭火作战的机动能力。直 - 8 直升机性能参数见表 6 - 10。

表 6 - 10   直 - 8 直升机性能参数

乘员	2 名（载员 39 名）	载油量/kg	3900
旋翼直径/m	18.90	载重量/kg	3000
尾桨直径/m	4.00	最大飞行速度/(km·h⁻¹)	273
长度/m	23.035	海平面爬升率/(m·s⁻¹)	11.5
高度/m	6.66	动力升限/m	6000
机身宽度/m	5.2	悬停升限/m	5500
机身长度/m	18.985	航程/km	800
空重/kg	6980	推重比	0.3
最大起飞重量/kg	13000	续航时间/h	4
动力系统	装 3 台涡轴 - 6 型发动机，发动机最大应急功率 1170 kW（1570 hp），起飞功率 1144 kW（1535 hp），中等应急功率 1050 kW（1410 hp），最大持续功率 961 kW（1290 hp）		

2. 直 - 9 直升机

直 - 9 直升机（代号 Z - 9，图 6 - 27）是 SA - 365 直升机的国产化机型。1980 年 10 月，国务院批准第三机械工业部（中国航空工业部前身）以技贸结合形式，引进法国 SA - 365 "海豚" 直升机。具体由中国哈尔滨飞机制造公司负责，引进法国 SA - 365N1 直升机专利，开始试制生产 "海豚" 直升机。随后采用国产设备材料的国产化直升机被正式命名为直 - 9 直升机，可以执行民用和军事任务，包括反坦克、反潜艇作战和搜

图 6 - 27   直 - 9 直升机

索救援任务。直 - 9 直升机视野开阔、座舱宽敞，出入和起降方便，视线好，噪声低，乘坐舒适性好，又有多种布局可供用户选用。同时该机维护简单，机械部件精度高，翻修寿命长，有效载荷大，航程远，具有良好的飞行品质和安全性能。其技术成熟，配套机载设备质量稳定，是国内批量生产并具有当代先进技术水平的直升机。直 - 9 直升机性能参数见表 6 - 11。

表6-11　直-9直升机性能参数

驾驶员/名	2	最大起飞重量/kg	4300
经济型座椅/个	12	最大有效载荷/kg	2301
客舱高度/m	1.4	最大巡航速度/(km·h⁻¹)	324
舱室宽度/m	1.98	行程范围/km	828
舱室长度/m	2.3	燃油经济性/(km·L⁻¹)	0.729
全机长度/m	13.73	最大升限/m	6096
机尾高度/m	4.06	爬升率/(m·s⁻¹)	8.94
机身直径/m	2.03	发动机功率/kW	624（838 hp）
旋翼直径/m	11.94	油箱容量/L	1155
发动机		2台 Turbomeca Arriel 2C 型涡轮轴发动机	

3. AC-313直升机

图6-28　AC-313直升机

AC-313直升机（图6-28）是我国第一款完全按照国际适航标准和适航审定程序研制的大型民用直升机，是世界上第一款在4500 m高海拔地区进行 A 类适航验证的民用直升机，最高升限9008 m，创造了中国大型直升机336 km/h的最快飞行速度纪录，整体性能已达到世界先进水平。最大起飞重量为13 t，可一次性搭载27名乘客或运送15名伤员，最大航程超过1500 km，最大续航时间为5.5 h，可用于搜索救援、护林灭火、客货运输、吊挂作业、医疗救护、海洋考察等，飞行区域可覆盖中国全疆域，是多灾种航空应急救援主要装备之一。

AC-313直升机配有消防吊桶，具备较强的航空护林直接灭火能力，消防吊桶可载水3 t，可在水深2.5 m以上的水源点进行取水，以160 km/h的速度飞往火场上空进行灭火作业，切实发挥"森林卫士"的作用，是我国航空护林的主力装备之一。AC-313直升机还通过加装机腹式水箱系统和水炮系统，用于城市高层建筑、悬崖复杂地形环境、大面积火源及多个火点的火灾扑救工作，其研制对加强国内大中城市高层建筑的消防具有重要意义，填补了国产直升机应用于高层建筑消防的空白。

4. 卡-32直升机

卡-32直升机（代号 Ka-32，图6-29）是俄罗斯以卡-27直升机为基础，专为消防设计研制的一型双发通用直升机，1973年开始服役。该直升机装备两台 TB3-117BMA 型燃气涡轮发动机，抗风能力较强，可抵御的最大风速达20节（10 m/s），飞机上还配备了 GPS 定位仪和救生设备。

卡 – 32 直升机具有良好的高温高原性能，非常适用于我国南方高海拔林区的航空消防。与其他直升机不同，卡 – 32 直升机具有共轴双旋翼，从而使直升机具有良好的操控性和悬停稳定性，无尾桨的设计使直升机的事故发生率降低了 20% 左右。吊桶灭火时，其最大载水量可达 4.5 t，0.8 m 水深即可取水，只需 71 s 便能吸满水箱。此外，卡 – 32 直升机还可以进行水炮灭火、机侧发射消防弹灭火。采用卡 – 32 直升机，不仅可以应用于森林航空消防，适应复杂地形和天气作业，还可以应用于城市消防、

图 6 – 29　卡 – 32 直升机

搜索救援、复杂高层建筑安装和海上作业等。在卡 – 32A 直升机基础上衍生出了卡 – 32A1 消防型、卡 – 32A2 警用型、卡 – 32A7 武装型、卡 – 32K、卡 – 32M、卡 – 32S、卡 – 32T 等多种机型的直升机。卡 – 32 直升机性能参数见表 6 – 12。

表 6 – 12　卡 – 32 直升机性能参数

乘员	2 名（载员 16 名）	最大起飞重量/kg	11000
长度/m	12.3	最大飞行速度/(km·h^{-1})	250
旋翼直径/m	15.9	实用升限/m	5000
高度/m	5.4	航程/km	800
空重/kg	6500	推重比	0.3
动力系统	2 台 TB3 – 117BMA 型燃气涡轮发动机		

5. 米 – 171 直升机

图 6 – 30　米 – 171 直升机

米 – 171 直升机（代号 M – 171，图 6 – 30）是俄罗斯根据米 – 8T 和米 – 17 直升机改进的，性能和可靠性比米 – 8T 和米 – 17 直升机有显著提高，1991 年研制成功开始服役。米 – 171 直升机可在交通极为不便的地区及高原地区使用，主要用来执行货运、客运和救援任务。由于机上装有苏联生产的导航和无线电设备，其中部分设备是专门为直升机生产的，因此米 – 171 直升机可在极坏的气候条件下、地面能见度低或高纬度地区安全飞行和着陆。该直升机可在悬停情况下装卸货物，舱内设有货物固定装置。大型货物可通过外部吊索吊挂在机身下。

米－171 直升机是在米－8 直升机基础上研制而成的，具有一系列良好、可靠的性能，有运输、客运、货运、贵宾、医疗、消防、事故救援、军事运输等各种改型，装备威力强劲的 TV3－117VM 型涡轴发动机和 VK－2500 型辅助动力装置，大幅提升了直升机的动力升限、航程、稳定性、安全性等性能，能在酷热及高山空气稀薄条件下执行复杂任务，一台发动机发生故障后，另一台发动机能实时进入紧急状态，保障直升机（标准起飞重量）以 0.8 m/s 的垂直速度爬升，然后水平飞行至少 60 min，直至安全着陆。米－171 直升机性能参数见表 6－13。

表 6－13　米－171 直升机性能参数

乘员	2 名（载员 27 名）	载重量/kg	4000（货舱内） 3000（外挂）
长度/m	25.35	最大飞行速度/ (km·h^{-1})	250
旋翼直径/m	21.29		
高度/m	5.54	实用升限/m	5000
航程/km	495		
旋翼面积/m^2	356	翼载荷/(kg·m^{-2})	36.55
最大起飞重量/kg	13011	推重比	0.24
动力系统	2 台伊索托夫 TV3－117VM 型涡轴发动机，每台 1545 kW（2070 hp）		

6. 米－26 直升机

图 6－31　米－26 直升机

米－26 直升机（代号 M－26，图 6－31）是苏联生产的一型双发多用途运输直升机，1980 年开始服役。米－26 直升机是当今世界上仍在服役的最重、最大、最快的直升机。苏联建造米－26 直升机的目的是运送重达 13 t 的两栖装甲运兵车，因此米－26 直升机的载重性能非常突出。但其巨大的体积也使得驾驶操作十分复杂，完成飞行任务需要 5 人协同配合（2 名飞行员，1 名飞机工程师，1 名领航员和 1 名理货员）。米－26 直升机的两台发动机燃油消耗非常大，达每小时 2.5 t，约 3000 L，每小时飞行总费用达人民币 13 万元。

除了米－26 直升机外，其衍生机型还有米－26A、米－26T、米－26P、米－26M 等。其中，米－26T 直升机是 1983 年改版的军民两用机型，增加了无线电通信、导航等设备，可用于森林消防。米－26T 直升机内部燃油箱可用来装 15000 L 灭火剂，或吊挂 17260 L 水，参与了 2010 年 7 月大兴安岭、2012 年 3 月云南省玉溪市易门县、2012 年 3 月西昌市安哈镇、2014 年 2 月四川省凉山州冕宁县等多次森林火灾的扑救任务。米－26 直升机性能参数见表6-14。

表6-14　米-26直升机性能参数

乘员	5名（载员80名）	最大起飞重量/kg	56000
长度/m	40.025	最大飞行速度/(km·h⁻¹)	295
旋翼直径/m	32.00	实用升限/m	4600
高度/m	8.145	航程/km	1920
旋翼面积/m²	804.25	翼载荷/(kg·m⁻²)	69.6
空重/kg	28200	推重比	0.3
动力系统	2台D-136型涡轴发动机，单台功率8500 kW		

二、固定翼飞机

固定翼飞机是指由动力装置产生前进的推力或拉力，由机身的固定机翼产生升力，在大气层内飞行的重于空气的航空器。固定翼飞机的载重量大、低飞性能好，加载喷洒系统后可以自吸加水，灭火效率高。在1987年大兴安岭"5·6"特大森林火灾之后，我国曾将水轰-5飞机（图6-32）改装为森林消防飞机，填补了我国水上飞机森林灭火的技术空白。该机机舱内安装的水箱容积为8.3 m³，可在10~15 s灌满，而其投水时间为1~1.5 s，平均投水厚度为1.5 mm，可应对很多重大火灾。目前，我国应用于森林火灾扑救的固定翼飞机主要有鲲龙AG600、Y-5B、Y-11、Y-12、M-18A、N-5A、GA-200、夏延、塞斯纳等机型。

1. 鲲龙AG600飞机

鲲龙AG600水陆两栖飞机（以下简称AG600飞机，图6-33）是国家应急救援体系建设急需的重大航空灭火装备。AG600飞机的设计制造，填补了我国大型水陆两栖飞机的空白。AG600飞机可在陆地上起降，也可在水面上起降，低空巡航速度为460 km/h，最

图6-32　水轰-5飞机

图6-33　鲲龙AG600飞机

大航程超过 4000 km，最大救援半径为 1600 km，最大起飞重量为 53.5 t，20 s 内可一次汲水 12 t，可执行森林灭火、水上救援等多项特种任务。可在水源与火场之间多次往返投水灭火，除水面低空搜索外，还可在水面停泊实施救援行动，水上应急救援一次可救护 50 名遇险人员。

AG600 飞机具有速度快、装载量大、灭火效率高、覆盖范围广、可到达其他灭火工具无法到达的火灾地点等诸多优点，AG600 飞机可以在陆上机场向水箱注水或到火源地区附近水域滑行汲水后飞到火区上空，视火情大小，或者直接往返投水灭火，或者多机集中往返灭火。单次加油最大投水量约为 370 t，可单次齐投 12 t 水，也可以分批次投水。并可为被困人员和其他灭火人员及灭火机械开辟进出火区的安全通道。目前，水陆两栖飞机是航空灭火装备中灭火效率最高的。另外，AG600 飞机还可根据任务需要，通过加改装任务系统，应用于海洋环境监测、海洋资源探测、海上运输等领域。

2. 运 – 12 飞机

运 – 12（代号 Y – 12，图 6 – 34）飞机是中国哈尔滨飞机制造公司研制的轻型多用途飞机，可用作客货运输、空投空降、农林作业、地质勘探，还可改装成电子情报、海洋监测、空中游览和行政专机等。Y – 12 飞机采用双发、上单翼、单垂尾、固定式前三点起落架的总体布局和全金属、长桁隔框式半硬壳结构，广泛采用胶接工艺，减轻结构重量。Y – 12 飞机可以在目视飞行规则（VFR）和仪表飞行规则（IFR）下，在非结冰条件下飞行。如果选装尾翼除冰装置，还可以在结冰条件下飞行。

图 6 – 34　Y – 12 飞机

图 6 – 35　N – 5A 飞机

3. 农 – 5A 飞机

农 – 5A（代号 N – 5A，图 6 – 35）飞机是我国第一架自行设计研制和生产的农用飞机，也是我国第一架从设计阶段就全面按照中国民用航空规章（CCAR – 23）及型号合格审定程序研制和管理的飞机。1992 年 8 月获得中国民航型号合格证，2007 年 3 月获得美国 FAA 认证，取得了走向国际市场的通行证。N – 5A 飞机为单发动机、单驾驶、下单翼、固定式前三点起落架飞机，装用美国莱康明公司生产的 400 马力活塞式发动机和美国哈策尔公司生产的恒速变距 3 叶金属螺旋桨。N – 5A 飞机备有喷洒液体和播撒粉状或颗粒物料等两种农业设备，可进行播种、施肥、除草、农林业病虫害防治、森林防火等作业。

三、无人机

无人机是无人驾驶飞机的简称，是利用无线电遥控设备和自备的程序控制装置的不载人飞机，能够携带各类有效载荷的空中飞行器。近年来，我国无人机技术发展较快，国内无人机的发展研究在总体设计、飞行控制、组合导航、中继数据链路系统、传感器技术、图像传输、信息对抗与反对抗、发射回收、生产制造以及应急救援应用等诸多技术领域均积累了一定经验，具备一定的技术基础，在森林防灭火方向逐步应用于火灾隐患巡查、现场救援指挥、火情侦测及防控等方面。

按飞行平台构型不同，无人机可分为多旋翼无人机、复合翼无人机、固定翼无人机、无人飞艇、伞翼无人机等，森林防灭火常以多旋翼无人机和固定翼无人机为主。根据无人机搭载设备的不同，其应用范围也各有不同。无人机在森林防灭火应用方面正逐渐发挥重要作用。森林消防无人机按用途不同可分为通信中继无人机、火场勘探无人机、地形测绘及数据信息采集无人机等机型。

1. 多旋翼无人机

多旋翼无人机的优点为可垂直升降、空中悬停、结构简单，但其受自身结构特点影响，缺点也十分明显。其续航时间短、载荷小、飞控要求高，若应用于无人机挂载灭火弹投放装置，大多只能投放一个灭火弹，由于单个灭火弹的灭火面积有限，因此在实际森林灭火作战中作用有限，难以满足大面积扑火效果。因此，多旋翼无人机往往侧重于救援保障类应用。2015 年开始，消防救援机动队伍配备了科卫泰 X6L（M）六旋翼无人机（图 6−36），该机起飞重量为 7.5 kg，最大飞行速度为 12 m/s，负载荷飞行时间为 40 min，抗风能力为 5 级，具备高清 HD1080i/p 图像实时传输、快拆式结构、防雨设计等优点，使用地面站控制距离可达 10 km，主要用于火场侦察和抛投作业等。

图 6−36 科卫泰 X6L（M）六旋翼无人机　　　图 6−37 ZT−3VS 复合翼无人机

2. 复合翼无人机

2020 年，消防救援机动队伍配发了 ZT−3VS 复合翼无人机（图 6−37）。该机翼展

2.4 m，机身长度为1.1 m，机身高度为0.5 m，重量（含电池、吊舱）达9.75 kg，巡航速度（空速）为70 km/h，最大飞行时间为75 min，起降方式为垂直起降，工作环境温度为 -20 ~ 55 ℃，具备长航时、高航速、起飞要求低等优点，主要用于灾情侦察和视频采集传输。此外，部分单位自购了大疆悟系列、御系列小型无人机，主要用于小范围灾害现场侦察、视频采集和宣传报道等。

3. 固定翼无人机

不同于多旋翼无人机，固定翼无人机具有续航时间长、载荷大、可远距离飞行等优势，缺点为不能空中悬停、起飞须助跑、降落须滑行等。正因如此，固定翼无人机常加载大质量仪器设备克服森林火场烟雾和高温的干扰进行远距离、高海拔的灾情鉴定侦察、地理专业测绘等任务。

图6-38　"翼龙"无人机

为了提高扑灭森林大火的效率，提高灭火反应速度，特别是保证消防救援人员的生命安全，我国工业部门研发了多种型号的先进灭火装备。不过，在消防无人机领域目前应用的还多是小型旋翼及固定翼无人机，大中型中高空长航时无人机还属于空白。我国自主研发的"翼龙"无人机（图6-38），经过改装后同样可以应用在森林消防灭火领域。"翼龙"无人机除用于监视林场及火场，侦察和判断火情外，

还可以利用自身能够挂载多种装备的优势，实现"侦察-灭火"一体化。此外，在面对大规模森林火灾时，"翼龙"无人机还可以根据云层条件，挂载天气干预装备，在高空中喷撒碘化银等催化剂或者干冰，形成降水，帮助扑灭大火。

第四节　保障灭火装备

一、个人防护装备

个人防护装备是用来保护灭火人员在灭火中避免高温、火焰和浓烟等对人身体的伤害，进行自身防护的专用装备。目前，消防救援机动队伍配备的个人防护装备主要包括防护外衣、防护内衣（阻燃隔热抓绒服）、防护手套、防护靴、防护头盔、防护眼镜、防护头套（防烟面罩）、强光方位灯、水壶、挎包、毛巾等。

1. 森林防火服

扑救森林火灾是一项十分复杂、艰苦和危险的工作，扑火队员受到森林火场高温的灼烤，一般工作服不能保护扑火人员的安全和健康。烧伤是森林火灾扑救中常见的事故，是由森林可燃物燃烧的火焰、火场高温、树木灼热等作用于人体所引起的，烧伤不仅是皮肤

损伤，还可深达肌肉、骨骼，严重者可引起一系列的全身变化，如休克、感染等。森林防火服（图 6-39）是专门供森林消防救援人员在灭火时，为防御火焰、炽热物体等伤害而穿用的特种工作服。采用防护性能优异的防护服装是减少扑火人员受伤程度、提高团队战斗能力的有效保障。

图 6-39　森林防火服

森林防火服面料颜色为橘红色，芳纶抗撕裂格纹面料，洗涤 50 次后的续燃和阴燃时间不大于 1 s，燃烧无熔融、滴落现象；森林防火服的胸围、袖口、裤腿膝盖以下应有反光带，保证 360°可视，保障夜间灭火或者白天高浓度烟雾状态下可以看见人员位置。森林防火服具有阻燃性和热防护性，并具有耐磨、耐化学品腐蚀、抗油拒水等综合防护性能。

2. 阻燃隔热抓绒服

阻燃隔热抓绒服（图 6-40）采用优质芳纶抓绒布材料制作，衣服整体符合人体工学原理，上下分体式结构，整体协调，穿着舒适；上衣下摆设有斜插式口袋，满足储物需求；衣服采用树脂拉链闭合，综合防护性能卓越，具有保暖、防尘、隔热、吸汗、透气、易洗涤等功能。

图 6-40　阻燃隔热抓绒服　　　　图 6-41　防护手套

3. 防护手套

防护手套（图 6-41）分别由外层、防水透气层、隔热层、舒适层组成，采用高性能杜邦 Nomex 混纺面料、芳纶阻燃粘胶混纺布、芳纶水刺隔热毡、阻燃搭扣带、阻燃耐割止滑布、对位芳纶针织布、阻燃反光布和阻燃反光带等面料制作。手掌和虎口处采用补强工艺，手掌拇指、食指和无名指尖、袖口调节袢表面采用阻燃硅胶印刷工艺，手背和手背指尖具有反光功能，手套夹层内置 PTFE 防水层和隔热层。立体剪裁，长袖型设计，具有阻燃、防水、防滑、隔热、反光、耐磨、耐刮等功能，能最大程度防止消防救援人员在灭火救援时双手被火焰或高温烧伤、烫伤。

4. 防护靴

消防救援机动队伍目前配发的是 19 式森林灭火作战靴（图 6 - 42）。该靴由靴筒、靴面、靴底组成，内部设有阻燃保温隔热层，主要用于在灭火作战中保护消防救援人员脚部和小腿位置。鞋面采用芳纶阻燃布及黄牛阻燃防水革，有效实现阻燃防腐、耐磨透气的安全保障，鞋体四面有阻燃反光革，有效保证夜间灭火作战，确保自身安全。同时配有合金鞋环和阻燃鞋带及快速束紧扣。鞋内采用超细纤维绒面合成革，抗穿刺内壁从后足延伸至整个鞋头。阻燃橡胶鞋底采用多种纹理组合，足底大块沟槽花纹增加了耐磨性，旋转的凹形颗粒花纹具备自清洁功能，长沟槽花纹便于行走，腰窝采用横向花纹，加强辅助攀爬功能，整体具有防水、防割、防砸、防刺穿等功能。

5. 防护头盔

防护头盔是消防救援人员在灭火战斗时用于保护头部、颈部安全的防护装具。目前消防救援机动队伍配发是 15 式森林消防防护头盔（图 6 - 43），是根据森林防火、灭火工作的特殊性而设计的。其抗击力、阻燃、防尘、轻便的特点对森林扑火作业人员的头部、额部、颈部都能起到保护作用。防护头盔由盔壳（橘红色）和盔壳辅件（黑色）组成。盔壳辅件由其盔壳上佩带的帽徽、导轨及下颏带、缓冲层、内衬组成。悬挂后部有可调松紧的调节装置，头盔佩戴舒适、稳定。下颏带、头盔悬挂系统组件完整，紧急脱扣应扣解方便，下颏带可调节。同时，头盔上配有标准化导轨及墨鱼干快挂支架设计，导轨可装配手电、摄像头、热感应警示系统，墨鱼干快挂支架可配夜视仪等作战装备，实现了头盔功能拓展。

图 6 - 42　19 式森林灭火作战靴　　　图 6 - 43　15 式森林消防防护头盔

6. 防护眼镜

防护眼镜（图 6 - 44）采用阻燃、耐高温材料制成，护目镜轮廓与脸部紧密贴合，视线清晰，视野开阔，轻便舒适，适于长时间佩戴。护目镜由镜框、镜片和头带组成。镜框由阻燃、耐高温改性橡胶制成，具有良好的密封性，可防止浓烟侵入，并附有防止热气积聚的透气孔。镜片为聚碳酸酯单片镜片，双面均有防雾、防刮擦涂层，抗冲击、抗紫外线，视野清晰，透光率为 80% ~ 100%，隔热性好。头带具有阻燃、耐高温特性，长度可调节。

7. 防护头套

防护头套（图 6 - 45）是森林消防救援人员在森林火灾扑救现场套在头部，与防护头盔配合使用，用于保护头部、侧面部及颈部免受火焰烧伤或高温烫伤的防护装具。防护头套采用进口阻燃纤维布，燃烧无熔融、滴燃现象，具有阻燃、隔热、保暖及耐腐蚀等功能。

图 6 - 44　防护眼镜　　　　　　　图 6 - 45　防护头套

二、野外宿营装备

野外宿营装备是灭火人员在灭火间隙或完成紧张繁重的灭火任务后睡觉和休息所用的装备，它能够保障灭火人员得到充分的休息，尽快恢复体力。

1. 野战背囊

消防救援机动队伍使用的野战背囊（图 6 - 46）容量为 70 L，采用加厚布料，防红外处理，背囊背部有 2 个海绵垫，包内有金属支架，确保腰部不易劳损。左右 2 个耳包。面料具有防雨拒水功能，主要装有帐篷、充气睡垫、睡袋、防护内衣、雨靴、单兵自热食品、携行衣物等装备。

2. 羽绒睡袋

目前，消防救援机动队伍使用的羽绒睡袋（图 6 - 47）为信封式结构，在野外宿营做被子用，重量轻，具有保暖、防寒作用。羽绒睡袋性能参数见表 6 - 15。

图6-46 野战背囊　　　　　　　图6-47 羽绒睡袋

表6-15 羽绒睡袋性能参数

尺寸/mm	2200（长）800（宽）	重量/kg	≤3.2（含内衬、气枕）	面料	橄榄绿色涂层布
充绒量/g	800	填充物	90%白鸭绒、保暖絮片	包装袋材料	橄榄绿色PU涂层布

3. 充气睡垫

目前，消防救援机动队伍使用的睡垫（图6-48）为自充气结构，在野外宿营做床用，重量轻，具有防潮、防寒、隔凉作用。充气睡垫性能参数见表6-16。

4. 单人帐篷

目前，消防救援机动队伍配发使用的单人帐篷（图6-49）为柔性支杆式内、外篷双层结构，主要用于为野外灭火作战、靠前驻防、野外驻训等提供休息场所，具有防水、防潮、防寒等性能。单人帐篷性能参数见表6-17。

图6-48 充气睡垫　　　　　　　图6-49 单人帐篷

表6-16 充气睡垫性能参数

充气后尺寸/（mm×mm×mm）	2000×750×40	重量/kg	≤1.7	面料	橄榄绿色TPU涂层布
包装袋材料	橄榄绿色PU涂层布	睡垫填充物	软质聚醚型聚氨酯泡沫塑料	底料	橄榄绿色TPU尼龙牛津布

表6-17　单人帐篷性能参数

充气后尺寸/ （mm×mm×mm）	2100×900×1000	重量/kg	≤3.2	使用面积/m²	1.89
外篷面料	橘红色涂层布	内篷面料	橄榄绿色防蚊虫格子布	地布面料	橄榄绿色PU涂层布
防雨性能	帐篷展开后，关闭帐篷门及孔口后，在持续1h、降雨强度为16 mm/h淋雨试验无渗漏				

5. 野炊器材

野炊器材主要用于野外条件下灭火队员野外生存热食制作，具有携行方便、操作简单、重量轻、泅渡可漂浮等特点。不同级别分队配备给养器材单元如下：

（1）班用给养器材单元：携行包1个、饭锅1套、炒菜锅1套、支架2副、储水袋2条、炊事用具1套。

（2）排用给养器材单元：塑料单元箱2个、30 L铝行军锅1套、30 L行军箱1套、菜盆6个、行军锅背架3副、20 L送饭背水袋3条。

（3）中队给养器材单元：单元箱2个、45 L铝行军锅2套、45 L铁行军锅1套、炊事用具1套、7.5 L软体油桶2个、野战燃油炉灶1套、铝合金菜盆20个、行军锅背架5副、20 L送饭背水袋5条。

📖 习题

1. 风力灭火机的灭火原理是什么？

2. 水泵架设方式有哪些？

3. 如何安全使用森林消防车辆进行灭火？

4. 航空灭火装备有哪些技术应用？

第七章　森林灭火安全

森林火灾扑救工作危险性大、处置救助困难；稍有不慎，极易造成群死群伤事故。因此，科学预判火场危险险情，正确运用紧急避险方法，是确保灭火队员和人民生命安全的基础。

第一节　危险自然因素

森林灭火危险自然因素主要包括危险的气象、地形和可燃物因素。森林火灾因受气象、地形和可燃物三大自然因素的影响，火场变化无常，给扑火人员带来了极大的危险。

一、危险气象因素

天气是指大气层的变化，气候是天气长期作用的结果，气象是短期的天气现象，常见气象因素包括气温、湿度、降水量、风力、风向、气压、云量、能见度、日照、辐射等。气象因素随时间和空间的变化而变化，与森林火灾的关系非常密切，是影响林火发生和蔓延的重要因素。与森林灭火安全联系紧密的气象因素主要包括气温、相对湿度、风向、风速、降水及连旱天数等。

（一）气温与相对湿度

气温与相对湿度是形成林火行为的关键要素，是灭火指挥员在森林灭火过程中必须了解和掌握的重要气象因子。

1. 气温

表示空气冷热程度的物理量称为气温。空气的冷热程度实质上是空气分子平均动能大小的表现，当空气获得热量时，它的分子运动平均速度增大，随之平均动能增加，气温也就升高；反之，当空气失去热量时，它的分子运动平均速度减小，气温也就降低。

气温的单位，目前我国规定用摄氏温标（℃）。大气中的温度一般以百叶箱中干球温度为代表。

地球上的热量基本来源于太阳辐射，太阳辐射引起气温的变化。大气不能吸收太阳的短波辐射热，大气的热主要来源是地面的长波辐射。从气温日变化的平均情况和地面热量收支可分析出每天气温以日出前最低，以午后两点钟左右最高，这是因为地面长波辐射的结果，如图 7 - 1 所示。

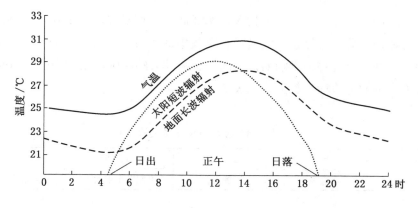

图 7 - 1　气温的日变化平均情况和地面热量收支示意图

气温与林火的发生十分密切，它能直接影响相对湿度的变化。气温升高，空气中的饱和水汽压随之增大，使相对湿度变小，直接影响细小可燃物的含水量。气温升高，可提高可燃物自身温度，使可燃物达到燃点所需的热量减少。通常，当火场气温变得越来越高时，火强度将变得越来越高，扑火人员的危险性逐步增大。

2. 相对湿度

相对湿度（RH）是空气中的含水率与其相同温度和大气压下饱和含水率之比，指空气中实际水汽压（e）与同温度下的饱和水汽压（E）之比的百分数：

$$RH = \frac{e}{E} \times 100\%$$

如图 7 - 2 所示，相对湿度的日变化主要取决于气温，气温增高，空气相对湿度减小；气温下降，相对湿度增大。因此，相对湿度的日变化有一个最高值，出现在清晨（4—6时）；有一个最低值，出现在午后（14—16 时）。

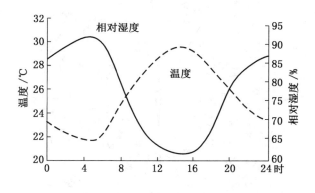

图 7 - 2　相对湿度的日变化

相对湿度的大小直接影响可燃物含水率的变化，特别是对细小可燃物的影响尤为明显。相对湿度越大，可燃物的水分吸收越快，蒸发越慢，可燃物含水率增加；反之，可燃物的水分吸收越慢，蒸发越快，可燃物含水率降低。当相对湿度为 100% 时，空气中水汽达到饱和，可燃物水分蒸发停止，大量吸收空气中的水分，会使可燃物含水率达到最大。由于相对湿度对细小可燃物的影响明显，间接影响林火的蔓延速度和强度。因此，相对湿度越小，扑火人员的危险性就越大，见表 7 - 1。

表 7 - 1 相对湿度与火灾发生的关系

相对湿度 RH/%	>75	55～75	30～55	<30
火灾发生	不会发生	可能发生	可能发生重大火灾	可能发生特大火灾

相对湿度越小，表示空气越干燥，森林火险越高。如 1987 年大兴安岭"5·6"特大森林火灾发生时，5 月 6 日塔河最小相对湿度仅 6%，5 月 7 日漠河、阿木尔的最小相对湿度为 4%。所以，导致了森林火灾迅猛发展，但如果长期干旱，相对湿度 80% 以上也可能发生火灾。

（二）风向与风速

空气的水平运动称为风。风是由于水平方向气压分布不均匀引起的，当相邻两处气压不相同时，空气就会从高压向低压移动。

1. 风向

风向是指风的来向，火场风向多变不定时，预示火头位置不定，林火蔓延方向多变，易造成扑火人员受到大火突袭和包围。风向通常用 8 个方位或 16 个方位来表示，如图 7 - 3 所示。

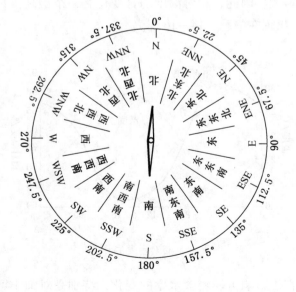

图 7 - 3 风向的 16 个方位

2. 风速

风速指空气在单位时间内水平移动的距离，通常用 m/s 或风力的级数来表示，见表 7-2。

表7-2　风力风速表

风级	名称	风速		陆地地物征象
		m/s	km/h	
0	无风	0～0.2	<1	静，烟直上
1	软风	0.3～1.5	1～5	烟示方向，风标不能转动
2	轻风	1.6～3.3	6～11	面感有风，树叶微响，风标转动
3	微风	3.4～5.4	12～19	树叶及微枝摇动不定，旗开展
4	和风	5.5～7.9	20～28	能吹起尘土和纸片，树木小枝摇动
5	劲风	8.0～10.7	29～38	树叶小枝摇摆，内河水有微波
6	强风	10.8～13.8	39～49	大树枝摇动，电线呼响，举旗困难
7	疾风	13.9～17.1	50～61	全树摇动，大树枝弯曲，迎风步行困难
8	大风	17.2～20.7	62～74	可折断树枝，人向前走感到阻力大
9	烈风	20.8～24.4	75～88	烟筒及平房受到损失，小屋遭到破坏
10	狂风	24.5～28.4	89～102	陆地少见，可使树拔起

风　速　简　诀

零级风，烟直上；一级风，烟稍偏；二级风，树叶响；三级风，旗翩翩；
四级风，灰尘起；五级风，起波澜；六级风，大树摇；七级风，行步难；
八级风，树枝断；九级风，烟囱塌；十级风，树根拔；十一级，陆罕见；
十二级，飓风灾。

通常，风力在 3 级以下时，灭火相对安全；风力达到 4 级以上时，危险性随之加大。当风速变得越来越大时，预示火蔓延速度越来越快，在火场外和接近火场的扑火人员易受到大火的突然袭击；当风向多变时，预示火头位置不定，林火蔓延方向多变，易造成扑火人员受到大火突袭和包围。

风速和风向有很高的可变性，很难量化其最严重的程度。国外通过使用自动气象站（Remote Automated Weather Stations，RAWS），积累数十年的历史观测数据，通过计算机模拟得出风速极值，如图 7-4 所示。

风会使可燃物加快水分蒸发，使其快速干燥而易燃；不断补充氧气，增加助燃条件，加快燃烧过程；改变热对流，增加热平流，缩短预热时间，加快蔓延速度；风也是产生飞火的主要原因之一。

相同天气条件下，不同的地被物，对火的发生和蔓延也有不同影响。草地风速高，枯

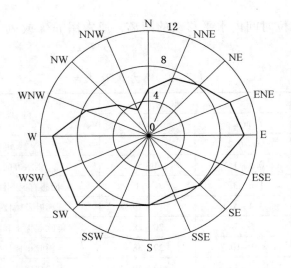

图7-4 RAWS观测不同风向上的风速（m/s）

草易干燥；而在林内，受树木阻挡，风速低、湿度大、可燃物干燥慢。特别是在连旱、高温的天气条件下，风是决定发生森林火灾次数多少和面积大小的重要因子。月平均风速与火灾次数的关系见表7-3。

表7-3 月平均风速与火灾次数的关系

月平均风速/(m·s^{-1})	≤2.0	2.1~3.0	3.1~4.0	>4.0
火灾次数/次	1	23	31	64
占百分比/%	1	20	25	54

（三）降水与连旱天数

降水与连旱天数影响森林火灾的发生与发展，对森林灭火极为重要，降水越少，连旱天数越长，参战人员就越危险。

1. 降水

从云中落到地面上的液态或固态水的滴粒称为降水，如雨、雪和冰雹等。降水直接影响可燃物的含水率。通常降水量小于1 mm时，对林内地被物的含水率影响较小，达到2~5 mm降水量时可燃物含水率明显增加，当天一般不会发生火灾，即使发生林火，火势也比较小。月降水量分布越均匀，越不易发生森林火灾；月降水量分布越不均匀，越易发生森林火灾。降水量大，火灾发生次数少；降水量小，火灾发生次数多。

2. 连旱天数

干旱是指长时间降水偏少，造成空气干燥、土壤缺水，林木体内水分匮缺。天气干旱直接影响森林火灾的发生、发展，通常连续干旱的天数愈长，气温愈高，相对湿度愈小，林内地被物愈干燥，易发生森林火灾。在东北林区，计算连续干旱的天数时，常以雪融化或降水 5 mm 为界，凡降水不足 5 mm 的天数均属连旱天数。

二、危险地形因素

地形起伏变化，形成不同的火环境，不仅影响林火的发生、发展，而且直接影响林火蔓延速度和火强度。

（一）地形因子

地形是地表起伏的形势；通常地形图是用等高线和地貌符号来综合表示地貌和地形。地形差异对森林火灾的影响十分明显。地形变化会引起生态因子的重新分配，形成不同的局部气候，影响森林植物的分布，使可燃物的空间配置发生变化。

1. 地貌

（1）平原：平坦开阔，起伏很小。

（2）丘陵：没有明显的脉络，坡度较缓和，且相对高差小于 100 m。

（3）低山：海拔小于 1000 m 的山地。

（4）中山：海拔为 1000 ~ 3499 m 的山地。

（5）高山：海拔为 3500 ~ 4999 m 的山地。

（6）极高山：海拔大于或等于 5000 m 的山地。

2. 坡向

目标范围的地面朝向分为 9 个坡向。

（1）东坡：方位角 68° ~ 112°。

（2）南坡：方位角 158° ~ 202°。

（3）西坡：方位角 248° ~ 292°。

（4）北坡：方位角 338° ~ 360°，0° ~ 22°。

（5）东北坡：方位角 23° ~ 67°。

（6）东南坡：方位角 113° ~ 157°。

（7）西南坡：方位角 203° ~ 247°。

（8）西北坡：方位角 293° ~ 337°。

（9）无坡向：坡度小于 5° 的地段。

3. 坡位

分脊部、上坡、中坡、下坡、山谷、平地 6 个坡位。

（1）脊部：山脉的分水线及其两侧各下降垂直高度 15 m 的范围。

（2）上坡：从脊部以下至山谷范围内的山坡三等分后的最上等分部位。

（3）中坡：三等分的中坡位。

（4）下坡：三等分的下坡位。

（5）山谷（或山洼）：汇水线两侧的谷地，若样地处于其他部位中出现的局部山洼，也应按山谷记载。

（6）平地：处在平原和台地上的样地。

4. 坡度

（1）Ⅰ级为平坡：<5°。

（2）Ⅱ级为缓坡：5°～14°。

（3）Ⅲ级为斜坡：15°～24°。

（4）Ⅳ级为陡坡：25°～34°。

（5）Ⅴ级为急坡：35°～44°。

（6）Ⅵ级为险坡：≥45°。

（二）危险地形

1. 陡坡

通常将坡度在25°以上的山坡称为陡坡，坡度大小直接影响可燃物湿度变化。陡坡降水停留时间短，水分容易流失，可燃物容易干燥而易燃；同时，坡度大小对火的传播也有很大影响，坡度越陡，火蔓延速度越快；坡度与火的蔓延速度成正比，通常坡度每增加10°，上山火蔓延速度增加一倍。

陡坡会改变火行为，火从山下向山上燃烧时，上坡可燃物受热辐射和热对流的影响，蔓延速度随坡度增加而增加。同时，火头上空易形成对流柱，产生高温使树冠和上坡可燃物加速预热，使火强度增大，容易造成扑火人员伤亡。因此，直接扑打上山火或沿山坡向上逃避林火都是极其危险的；另外，由于一些燃烧物如松果等随时会滚落到山下，形成新的起火点并形成新的上山火，也会对扑打下山火的人员造成极大威胁。

1993年1月31日，湖南省祁阳县紫云桥乡杨合山发生森林火灾，当时火场情况是：山势陡峭，坡度大于45°，火为上山火，灭火队伍到达后先沿火翼进行扑打；起初火强度不大，火焰不足1 m高，所以没有引起大家足够警惕。为加快灭火进度，由队长带4名灭火机手到火的上坡位置进行扑打，不久风力突然加大，火强度瞬间加强并快速向坡上蔓延，将山坡上扑火的5名扑火队员包围，造成2人死亡，3人重伤。

2. 山谷

1）狭窄山谷

当火烧入狭窄山谷时，由于通风不良，会产生大量烟尘并在谷内沉积，林火对两侧陡坡上的植被进行预热。随着时间推移，热量逐步积累，一旦风向、风速发生变化，在空气对流的作用下，火势突变会形成爆发火。如果狭窄山谷一侧山坡燃烧剧烈，火强度大时，所产生的热量水平传递容易达到对面山坡。当对面山坡接受足够热量而达到燃点时，会引起轰燃。

2010年12月5日，四川省甘孜州道孚县发生山地草原火灾。当时火场情况是：火场右侧为孜龙山，左侧为呷乌山，中间有一条 V 字形深沟——呷乌沟。火先在右侧山坡燃烧，驻地部队官兵和地方群众到达后立即在右侧山坡扑火。15 时，山坡明火被扑灭，火势基本得到控制。此时，有群众发现沟底尚有部分余火，教导员当即带领部分官兵和地方群众前往沟底清理余火。15 时 10 分，正当他们快要接近沟底时，火场突起大风吹燃余火，火焰瞬间高达 5 m，不到 1 min，烈焰就烧遍了整个左侧山坡，致使身处其中的人员难逃劫难。最终，造成包括 15 名解放军官兵在内的 23 人死亡，另有 3 人受伤。

2）单口山谷

三面环山的单口山谷俗称"葫芦峪"。单口山谷为强烈的上升气流提供了通道，很容易产生爆发火，造成扑火人员伤亡。

2004 年 1 月 3 日 16 时 30 分，在扑救广西玉林市兴业县卖酒乡党州村太平自然村经济场后岭火灾过程中，21 名扑火队员从经济场后背山西面沿火线向鬼岭肚方向扑打。到达鬼岭肚后，兵分两路，一路由乡长带领沿火线继续向前扑火，另一路由乡林业站长带领 13 人下到山谷欲实施扑火。17 时 10 分，当 13 人将要接近山谷火线时，由于山谷属单口山谷的特殊地形，局部产生了旋风，火势突然增大，火焰高达 10 余米，13 人中只有 2 人脱险，其余 11 人全部死亡。

3. 山脊

山脊是由数个山峰相连形成的脊状延伸的凸形地貌形态。由于林火使空气升温，沿山坡上升到山顶，与背风坡吹来的冷风相遇，从而在山脊附近形成飘忽不定的阵风和空气乱流运动，使林火行为瞬息万变，难以预测，容易造成人员伤亡。

云南省玉溪市城北区刺桐关火场地势为海拔高 2000～2100 m 的狭长山谷，谷口朝西南，谷底到山脊高差 100 m，坡度大于 50°，山脊长 1000 m 左右，脊线上有几处鞍部。1986 年 3 月 29 日 8 时 30 分，玉溪市组织 1 万余人扑火，31 日早晨 3000 余人在刺桐关大省山脊上开设隔离带，火从对面的东南坡缓慢向谷底燃烧。12 时，开设隔离带 1000 m 后，大部分人员转移到侧翼开设隔离带，留下部分人员休息待命。13 时，东南坡的林火烧至谷底后，火瞬间从谷底蔓延到对面山坡形成冲火，伴随高温、浓烟和轰鸣声迅速冲过隔离带，造成 24 人死亡、96 人受伤。

4. 鞍部

鞍部是相连两山顶间的凹下部分，形如马鞍形状，故称鞍部。鞍部受昼夜气流变化的影响，风向不定，是火行为不稳定而又十分活跃的地段。当风越过山脊时，鞍部风速最快，并形成水平旋风和垂直旋风。当林火高速通过鞍部时，高温、浓烟、火旋风会造成扑火人员伤亡。如 1989 年 3 月 13 日，在辽宁省锦县（现为凌海市）火场扑火过程中，当地驻军在向火场开进中，行至山脊鞍部时前面 9 人被烧亡。

除陡坡、山谷、山脊、鞍部危险地形外，在实施森林灭火过程中，还需要警惕草塘沟、山岩陡崖、复杂嵌套地形、阳坡等，这些也是易造成人员伤亡的危险地形。

三、危险可燃物因素

森林可燃物是指森林和林地上一切可以燃烧的物质，如枯枝落叶、树皮、灌木、草本、苔藓、地衣、腐殖质、泥炭等。森林可燃物是森林火灾发生的基础，也是发生森林火灾的首要条件。在分析森林能否被引燃及整个火行为过程时，可燃物是非常重要的因素。森林可燃物根据其外形大小，可分为细小可燃物和粗大可燃物。

（一）危险可燃物

1. 草塘

草塘为林火蔓延的快速通道，火在草塘沟燃烧时，通常火强度大、蔓延速度快，同时火会向两侧的山坡燃烧形成冲火，容易造成扑火人员伤亡。

内蒙古陈巴尔虎旗火场的地势为长 2000 m 东西走向的草塘沟，1987 年 4 月 20 日上午，火从北山坡向山下蔓延，护林员带领 94 人扑灭了 2000 m 火线。12 时 30 分护林员去侦察火情，扑火人员在沟塘中部休息待命。14 时，火突然从沟西部顺风向沟口方向迅速蔓延，造成 52 人死亡、24 人受伤。

2. 灌丛

灌木为多年生木本植物，灌木的生长状态和分布状况均影响林火强度。通常丛状生长的灌木着火后危害严重，不易扑救。

灌丛植株细小、密度大，含水量低、蔓延速度快、释放能量迅速，扑火人员在灌丛中行走困难，通视条件较差，容易造成扑火人员伤亡。

3. 乔、灌、草混合分布区域

乔木、灌丛和杂草混合分布区域，可燃物载量大、透光性好、植被干燥，林火燃烧至此区域，火势发展快，在短时间内会形成高强度大火。另外，灭火队员在此区域内行动迟缓，对灭火队员的危害性大。

灭火队员在灭火时遇到这样的植被区域，一定要本着选稀不选密、选少不选多、选湿不选干的原则，采取能避开不突进、能绕开不穿行、能间接不直接的灭火方式。

（二）可燃物分布

可燃物分布是指可燃物复合体或个体之间在水平和垂直方向上的连续性。可燃物在空间上的配置和分布的连续性对火行为有极为重要的影响，若可燃物在空间上是连续的，燃烧方向上的可燃物可以接收到火焰传播的热量，使燃烧可以持续进行；若可燃物在空间上是不连续的，视彼此间距离远近而影响燃烧传播的热量。

1. 可燃物垂直分布

可燃物的垂直分布是指林内不同层次间可燃物的连续性。正常林分可分为树冠层、灌木层、杂草层、地表凋落物层和地被物下层等 5 个层次。在垂直方向上如果可燃物的分布是连续的，则称为可燃物垂直连续分布，又称为可燃物梯形分布。在垂直方向上如果可燃物的分布是不连续的、间断的，则称为可燃物垂直间断分布。

可燃物垂直分布影响林火强度、蔓延方向和蔓延速度，但更主要的是决定林火种类。如果可燃物在垂直方向上分布是连续的，则地面燃烧的林火可以蔓延到树冠上；如果可燃物在垂直方向上分布是间断的，则地面燃烧的林火就不会蔓延到树冠上而形成树冠火（不包括热辐射和热对流对树冠火形成的影响）。垂直连续分布的可燃物形成"火梯"，有利于地表火转变为树冠火，形成立体燃烧，容易造成扑火人员伤亡。

2. 可燃物水平分布

可燃物的水平分布是指可燃物复合体或个体在水平方向上的连续性。如果可燃物在水平方向上是连续的，则称为连续水平分布；如果可燃物在水平方向上是不连续的、间断的，则称为间断水平分布。

当森林可燃物之间处于分离状态，彼此不连续，将给能量传播造成困难。此时热传播以热辐射为主，但受辐射距离限制。如果可燃物之间的距离超过热辐射作用半径，林火将很难蔓延，甚至停止。树冠层可燃物不连续，即使形成树冠火也是间歇型，靠地表火支持，通常称为冲冠火。

当林内杂乱物、采伐剩余物等地表可燃物以堆状不均匀分布在林地上，而周围被生长的绿色植物所包围，可以认为是相当安全的，不会造成大面积火灾。但在火险季节，枝丫堆周围的杂草枯枝会成为枝丫堆的引火物质，形成地表可燃物的连续分布，容易引发大面积高强度火灾。

值得注意的是，飞火的出现可以打破可燃物水平分布和垂直分布的界限。即使在可燃物分布不连续的条件下，一旦出现飞火，也能使间断分布的可燃物丧失阻火作用，形成新的火场。

（三）可燃物的载量及大小

可燃物载量多少影响林火蔓延速度和火强度，森林可燃物载量越多，林火蔓延速度越快，反之越慢。通常，森林有效可燃物的载量增加一倍，林火蔓延速度增加一倍，火强度增加四倍。当林火从可燃物载量少的区域蔓延到可燃物载量多的区域时，林火蔓延速度和强度就会突然增大，威胁扑火人员安全。

可燃物的大小（粗细）影响可燃物对外来热量的吸收。对于单位质量的可燃物来说，可燃物越小，表面积越大，受热面积越大，接收热量多，水分蒸发快，可燃物越容易燃烧，蔓延速度快。大载量细小可燃物分布区域，可燃物预热快容易燃烧，林火蔓延速度快，火强度大，容易造成扑火人员伤亡。

林内细小可燃物和林地杂乱物（采伐剩余物、倒木、枯立木等）混合在一起，称为大面积粗大与细小可燃物混合分布。大面积粗大与细小可燃物混合分布区域的林火视其分布不同，或呈现高强度或呈现快速蔓延，同时扑火人员在此区域内行走困难，容易造成扑火人员伤亡。

四、易导致伤亡的情形

林火行为不同，森林燃烧表现出来的特征不同，给森林带来的后果也不同，与扑火人员的安全程度有密切关系。

（一）易导致伤亡的林火种类

根据火烧森林的部位不同，林火可以划分为地表火、树冠火和地下火。这三类林火可以单独发生，也可以并发，特别是原始林区的重特大森林火灾，往往是三类林火交织在一起。易发生伤亡的林火主要包括急进地表火和急进树冠火两种。

1. 急进地表火

急进地表火燃烧速度快，速度可达 5 km/h，所以燃烧不均匀、不彻底，常烧成"花脸"，留下未烧地块，有的乔木没被烧伤，火烧迹地呈长椭圆形或顺风伸展呈三角形。由于其蔓延速度很快，灭火人员在接近火场或在火场附近时，易造成人员伤亡。

2. 急进树冠火

急进树冠火又称狂燃火，火焰在树冠上跳跃前进，蔓延速度快，顺风可达 8~25 km/h 或更大，形成向前伸展的火舌。火头巨浪式前进，有轰鸣声或噼啪爆炸声，往往形成上、下两层火，火焰沿树冠蔓延过后，地表火在后面跟进。火烧面积呈长椭圆形，易造成扑火人员伤亡。

（二）易导致伤亡的林火行为

林火行为是指森林可燃物被点燃开始至林火熄灭的整个过程中，火表现出的各种现象和特征，包括林火蔓延、林火强度、林火烈度、对流柱、飞火、火旋风、火爆、轰燃和高温热流，其中对流柱、飞火、火旋风、火爆、轰燃和高温热流属高危险性火行为。在扑救森林火灾的过程中要观察预判火行为，特别要注意火焰高度、火的蔓延速度、飞火和火旋风。

图 7-5 对流柱模型图

1. 对流柱

对流柱是由森林燃烧时产生的热空气垂直向上运动形成的。典型的对流柱可分为可燃烧载床带、燃烧带、湍流带（过渡带）、对流带、烟气沉降带、对流凝结带，如图 7-5 所示。对流柱的形成主要取决于燃烧产生的能量和天气状况。

每米火线每分钟燃烧不到 1 kg 可燃物时，对流柱高度仅为几百米；每米火线每分钟消耗几千克可燃物时，对流柱高达 1200 m；每米火线每分钟燃烧十几千克可燃物时，对流柱可发展到几千米高。根据苏联学者研究，地面火线长 100 m，对流柱可达 1000 m。

对流柱的发展与天气条件密切相关。在不稳定的天气条件下，容易形成对流柱；在稳定天气条件下，山区容易形成逆温层，不容易形成对流柱。在热气团或低压控制的天气形势下形成上升气流，有利于对流柱的形成；在冷气团或高压控制的天气形势下为下沉气流，不利于形成对流柱，见表 7-4 和图 7-6。对流柱的形成与大气温度梯度和风力的关系密切。地面气温与高空气温差越大越易形成对流柱。

表 7-4　对流柱类型及主要特点

序号	类　型	主　要　特　点
I	高耸的对流柱和轻微的地面风	当大气或燃料改变时稳定的中等强度林火发展成快速的大火
II	高耸的对流柱越过山坡	具有对流柱的短期快速越过鞍形场的大火
III	强大的对流柱和强大的地面风	具有短距离飞火区的快速、飘浮不定的大火
IV	强大的垂直对流柱被风砍断	具有长距离飞火区的稳定或飘浮不定快速的大火
V	倾斜的对流柱和中等的地面风	既具有短距离又具有长距离飞火区的快速飘浮不定的大火
VI	在强大的地面风下，没有上升的对流柱	被热能和风能驱使的特快大火，通常具有近距离的飞火区
VII	山地条件下强大的地面风	既有快速的上山火，又有快速的下山火，通常具有大面积的火场和飞火区

2. 飞火

飞火是由高能量火形成强烈的对流柱将火场上正在燃烧的可燃物带到空中后飘洒到其他地区的一种火源，强大的对流柱是形成飞火的必要条件。如果对流柱倾斜，被对流气流卷扬起来的燃烧物在风力和重力作用下作抛物线运动，会被抛出很远的距离。被卷扬起来的燃烧物能否成为飞火，直接取决于风速、燃烧物的重量和燃烧持续时间。那些重量较轻，而燃烧持续时间很长的燃烧物，才是形成飞火的最危险的可燃物，如鸟巢、蚁窝、腐朽木、松球果等。

一般来说，对流柱受到强烈限制时才能形成飞火。但是，在闭塞的峡谷中如果发生烟雾内转也会形成飞火。

飞火的传播距离可以是几十米、几百米，也可以是几千米、几十千米。如果大量飞火落在火头前方，就有发生火爆的危险，这对扑火人员是很危险的。

在旋风作用下，还会出现大量飞散的小火星，大多数吹落在距火头数十米以至数百米外，可引燃细小可燃物，这种现象称为火星雨，形成斑点状燃烧。

在 1987 年大兴安岭"5·6"特大森林火灾中，也曾出现飞火情况。如 5 月 7 日 21 时，盘古林场运材公路一支线火场忽然刮起大风，火势旺盛，紧接着刮起旋涡对流柱和蓝白色浓烟，使人抬头看不见人。浓烟过后，立即在距主火头前方 400~500 m 的树根下忽然起火，这正是飞火所致。又如盘中林场，林场北面是 100 多米宽的河流，河西面有公路，河东面是一排连绵起伏的高山。林火刚越过山脊为下山火，扑火队员正在扑打下山

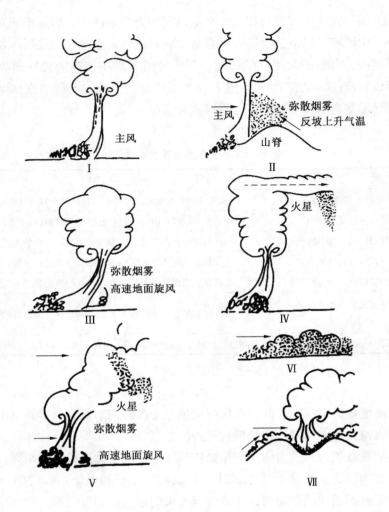

图7-6 对流柱类型示意图

火。不久，风速突然加大，火从西山飞过2~3 km直奔居民区，而当时山坡河谷的林木并无着火。因此，在扑火中，当发现飞火从头上飞过时，必须尽快撤离火线，转移到安全地带。

飞火的产生与可燃物含水量密切相关。当可燃物含水量较高时，脱水引燃需要较长时间和较多热量，夹带在对流柱中的这类可燃物不能被引燃；当可燃物含水量太低时，引燃的可燃物在下落到未燃区之前已经烧尽，也不能产生飞火。国外资料推测细小可燃物含水率为7%是可能产生飞火的上限，而含水率为4%是产生飞火的最佳含水率。

产生飞火的原因：一是地面强风作用；二是由火场的涡流或对流柱将燃烧物带到高空，由高空风传播到远方；三是由火旋风刮走燃烧物，产生飞火。

3. 火旋风

在强热对流时，如有侧风推动，就有可能在燃烧区内形成高速旋转的火焰涡流——火旋风。产生火旋风的原因与对流柱活动和地面受热不均有关。一是当推进速度不同的两个火头相遇可能产生火旋风；二是火锋遇到湿冷森林和冰湖；三是大火遇到障碍物，或者大火越过山脊的背风面时都有可能形成火旋风。一般在山地比在平原上发生火旋风多。

在森林火灾中，要特别留心因地形形成的火旋风、林火初始期的火旋风以及林火熄灭期的火旋风，林火越过山坡，在山的背坡常产生地形火旋风。火旋风加速了林火的蔓延速度且往往偏离原蔓延方向，易造成扑火人员伤亡，熄灭期的火旋风会造成余火复燃或形成新的火场。通常在大风的推动下，高速蔓延的火很容易形成火旋风，会使附近的灭火队员转向，灭火人员逃跑时产生的负压会吸引火旋风跟随灭火队员跑动的方向旋转过来，发生火追人现象，造成伤亡。故在大风天气灭火时，要时刻注意火旋风现象，一旦发生这种现象，灭火队员要尽快转移到安全地带。

美国林务局南方森林火灾实验室用自制的火旋风模型所做的实验表明：高速旋转的热气流速度可达 23000~24000 r/h，水平移动速度达 12~16 km/h，从中心向上的速度达 25~31 km/h，并且证明这种燃烧能提高燃烧速度 3 倍。1871 年 10 月 8 日，美国威斯康星州森林火灾中，大火伴随着强烈的大风，大量的大树被风扭弯甚至连根拔起，车库及建筑物的屋顶被抛开，风卷着火舌形成龙卷风样的旋涡，并发出龙卷风到来时的呼啸声，大多数目击者称为"火龙卷"，这场大火约有 1000 人丧生。

1987 年大兴安岭"5·6"特大森林火灾，盘中、马林两个林场在大火到来之前，都是黑色飓风旋转袭来，把全林场房屋的铁瓦盖卷向天空，扑火人员看到火在树梢爆旋式旋转，可以看到旋转燃烧的椭圆形大火团，燃烧着的帐篷被火旋风卷向天空，像大簸箕一样在空中旋转，给扑火人员带来了极大危险。

4. 火爆

火爆是高能量火的一个主要特征。当火头前方出现许多飞火、火星雨时，积聚到一定程度，燃烧速度极快，产生巨大的内吸力而发生爆炸式的联合燃烧，在火头前方形成新的火头，形成一片火海，这种森林燃烧现象就称为火爆。

火爆属森林中最强烈的火行为之一，林火从可燃物较少的地方蔓延到有大量易燃可燃物的地方，易燃可燃物载量陡增会形成爆炸式燃烧，两个或多个火头相遇也会形成爆炸式燃烧，易造成扑火人员伤亡。

5. 轰燃

在地形起伏较大的山地条件下，由于沟谷两侧山高坡陡，当一侧森林燃烧剧烈，火强度很大时，所产生的强烈的热水平传递容易到达对面山坡。当对面山坡接受足够热量时，会突然产生爆炸式燃烧，这种现象称为轰燃。当产生轰燃时，火强度大，整个沟谷呈立体燃烧，如果扑火人员处在其中，极易造成伤亡。

轰燃主要发生在两种地形：一是狭窄山谷，二是陡坡。发生的条件：一是大载量细小可燃物，二是从山下向山上燃烧，三是大量热辐射使可燃物几乎同时到达燃点。

6. 高温热流

高温热流是大量可燃物猛烈燃烧释放出巨大热量加热地表空气，形成看不见的高温高速气流（强烈热平流）。其温度可达 300～800 ℃，局部可达 800 ℃以上，其速度达 20～50 km/h。高温热流所到之处，可点燃森林可燃物，形成爆炸式燃烧。

这种现象在我国 1987 年大兴安岭"5·6"特大森林火灾中首次被认识。从空中看，有些燃烧地带似刀切一样整齐，显示高温热流推进的速度极快，受高温热流袭击，盘中、马林两个林场的房屋，飓风过后并未见火光，却几乎同时起火。许多周边没有可燃物的木质桥涵被烧了，未燃烧的房子迎风面的玻璃有的被烤熔了，周围百米没有可燃物的电话线也被熔断，高温热流灼伤人体使人呼吸困难。

（三）易导致伤亡的危险时段

不同季节与时段火场上的火行为不同，火势有强有弱，这些火行为特征为在灭火中寻找最佳战机提供了条件。

1. 森林防火期与森林高火险期

火灾季节亦称防火期，是指某个地区在一年中森林火灾出现的季节或时期。在防火期中，一般中期发生的森林火灾次数多，燃烧面积大；初期和末期发生的森林火灾次数少，燃烧面积小。根据高温、干燥、大风的高火险天气出现的规律而划定的高火险期，称为森林高火险期。这一时期是扑救森林火灾易发生伤亡的季节，其主要特征是降水量少、空气湿度小、干燥、风大，易发生森林火灾和人员伤亡。

通常，火灾季节是植物的非生长季节，我国地域辽阔，不同省（区）其火灾季节有很大差异。我国绝大多数省（区）的火灾季节时间都在半年以上，其中多数省（区）（南方省区）的火灾季节为 11 月至翌年 4 月，东北地区分为春季（3—6 月）和秋季（9—11 月）两个火灾季节，新疆地区火灾季节主要在夏季（5—10 月）。

《森林防火条例》第二十八条规定："森林防火期内，预报有高温、干旱、大风等高火险天气的，县级以上地方人民政府应当划定森林高火险区，规定森林高火险期。"

2. 灭火危险时段

通常每天的 10—18 时，风大物燥，气温高、相对湿度小、风向风速易变、火场烟尘大、能见度低，是扑救森林大火极其不利的危险时段。特别是 13—14 时为高危时段，森林最易燃烧，林火蔓延速度最快，火强度最大，扑救最困难，最易造成扑火人员伤亡。火场教训表明，以往灭火人员火场伤亡事故 90% 以上都发生在危险时段，如图 7-7 所示。

从白天延续到夜间的火情会给灭火行动带来一系列特殊问题，如在夜间不能掌握可燃物的准确类型，也不知道地形情况、何处有陡坡和林火的蔓延速率等。尤其是时段与地段耦合在一起影响林火危险程度，存在许多安全问题，如被滚落下来的石头砸伤或因视线不良而看不见鞍状区域、窄的山脊线、安全区和撤退路线。同样，地面人员和灭火机械的工作效率一般都很低。因此，在制定夜间扑火行动计划时，一定要把安全注意事项和防范地形作为重点。

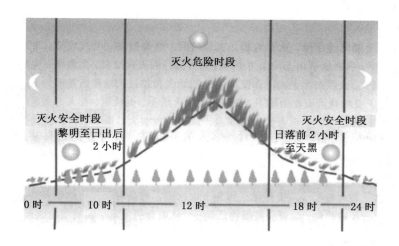

灭火危险时段

灭火安全时段
黎明至日出后
2 小时

灭火安全时段
日落前 2 小时
至天黑

0 时　　10 时　　12 时　　18 时　　24 时

图 7-7　灭火危险时段示意图

第二节　灭火行动安全

森林灭火安全工作贯穿于灭火过程的始终，每个阶段的安全工作都关系到战斗力的发挥，关系到灭火人员的人身安全。

一、准备阶段

准备阶段的安全是确保灭火任务圆满完成的前提与基础。安全源于警惕，事故出自麻痹。事实证明，只有准备充分，才能确保森林火灾扑救安全。

（1）灭火队伍要建立安全工作组织机构，确定人员分工和工作职责，明确工作任务和有关要求。

（2）灭火队伍各级安全组织要及时收集火场情况，分析火场安全形势，制定安全防范措施，严格落实安全责任，明确安全工作注意事项。

（3）灭火队伍要认真及时地对车辆和灭火装备状况进行检查和维修保养，使之处于良好的技术状态。

（4）灭火队伍要根据任务实际，经常组织有针对性的安全教育和检查，增强防范意识。

（5）灭火队伍要组织贴近实战的安全训练，增强防护技能。

二、机动阶段

机动阶段的安全是确保灭火队伍及时抵达火场，实现"打早、打小、打了"的前提。

（一） 乘机开进安全

1. 登离机安全

扑火指挥员按照本架次的乘机人数有秩序地组织人员迅速登机不得拥挤。上机后指挥员要检查乘机人员装备是否带齐，乘机人数是否准确无误。乘机时，运送灭火人员的汽车停放位置应与直升机降落点有一定距离。登机要从直升机颈前和侧方进入机舱，不能从机体底下或尾桨底下通过，防止被尾桨击伤。登机前要把帽子、旗子拿住，防止吹跑。下机由一名分队指挥员指挥传接装备，最后一名人员下机时，要检查是否有装备遗留机上。下机也要从机颈前方或侧方迅速离开直升机。

2. 乘机安全

机舱内禁止吸烟，不要来回走动，锐器和风力灭火机用油要放在安全位置上，禁止拉动机舱内的紧急把手。飞机起飞及降落时严禁使用通信器材、电脑等产品。

（二） 铁路开进安全

1. 装卸载安全

装卸载时，严格按照铁路部门装卸载有关规定执行。装载后的车辆内严禁乘员，停车时，指定专人进行安全检查。

2. 乘车安全

输送途中，乘车人员不准乱窜车厢，不准随意下车，不准将身体各部位伸出车外，不准在车厢连接处停留，不准随意购买食品。

（三） 水路开进安全

1. 装卸载安全

装卸载时，严格按照装船艇卸载有关规定执行，严禁超载。装载后的船艇内严禁乘员，停船时，指定专人进行安全检查。

2. 乘船安全

指挥员组织人员对船艇进行安全检查，指定安全员和观察员，并落实安全责任。乘员不得在船上随意走动，不得将身体探出船舷外，不得坐在护栏上。乘员不得擅自进入驾驶舱和机舱，不得随意挪用和损坏船艇内的救生、消防设备。

（四） 摩托化开进安全

1. 登离车安全

扑火指挥员按照乘车人数有秩序地组织人员迅速登车不得拥挤。上车后指挥员要检查乘车人员装备是否带齐，乘车人数是否准确无误。每台车辆应有带车人员，指定安全员和观察员，并落实安全责任。当车辆到达目的地时，乘车人员应提前做好离车准备；当车辆停稳后，由安全员打开车门允许下时才能离车，最后离车人员要检查灭火用具及物品有无遗失。

2. 乘车安全

车辆在开进途中严格控制车速，保持车距。高速公路最高车速不得超过 80 km/h，车距不得少于 100 m；柏油路（国道、省道、县道）最高车速不得超过 60 km/h，车距不得少于 50 m；砂石路（国道、省道、县道）最高车速不得超过 50 km/h，车距不得少于 40 m；林区防火公路及运材路最高车速不得超过 40 km/h，车距不得少于 30 m；车辆在高原林区盘山路段行驶时，最高车速不得超过 30 km/h，车距不得少于 40 m。车辆开进途中，通常 2 h 组织一次小休，时间不超过 20 min；4 h 组织一次大休，时间不超过 90 min。大小休期间，要适时检查车况。行车时，不和驾驶员交谈，不大声说笑，特别不要谈论容易分散驾驶员注意力的话题。不要随意干预驾驶员驾驶，特别在会车、超车、转弯时，不能指手画脚。乘车人员不要将头部和身体伸出车外，否则会影响驾驶员对路况的观察，特别是乘坐敞篷车且路边树木较多或走山路时，乘车人员要坐稳扶住，避免车辆晃动时被甩出或碰伤。

（五）徒步开进安全

（1）徒步向火场开进前，各级指挥员应明确力量编成、携行装备的种类和数量，明确时间、地点、路线和任务。进行安全教育，提出安全要求，落实安全责任。

（2）徒步行进中，指挥员要随时清点人员和装备，保持通信联络。密林中行进时，要严防树枝回抽，枯枝掉落；水湿地段行进时，要严防人员和装备陷入泥潭；山坡行进时，要严防滚石；窄脊石崖小路上行进时，要严防人员装备侧滑。复杂地段、险段行进时，要事先拴好保险绳，派出排险侦察人员，做好警示标志。

（3）夜间徒步行进时，要携带照明设备和警示灯，人员之间行进距离保持在 2 m 以内，指挥员要经常清点人员，严禁各类人员擅自离队。

（4）适时组织休息，一般情况下 2 h 组织一次小休，时间不超过 20 min；爬山时 1 h 组织一次小休，时间不超过 10 min；4 h 组织一次大休，时间不超过 90 min。大小休之后，每次都要认真组织清点人员和装备。

（5）选择距火场较近的路线行进。行进时保持班组和团队的整体性。队伍前部为先遣人员，中部是大队伍，后部为收容队，及时收拢掉队及伤病人员。

三、扑救阶段

扑火队伍从下达灭火命令到扑灭火场的全部过程中，各级指挥机关和指挥员要及时、准确地搜集所属队伍灭火情况，对在火场不同位置的人员提出不同的要求，确保扑火人员和装备安全。

（一）接近火场安全

在直接扑救森林火灾时，灭火队伍到达火场附近后，第一个灭火环节就是接近火场。接近火场是指灭火队伍机动至火场附近后，以徒步方式向火场运动到达火场，打开缺口的全过程。这一过程有长有短，接近火场距离越长对灭火人员的威胁就越大，是扑救森林火灾诸多环节中最危险的一环。

1. 接近火场原则

1）不可逆风接近火场

在扑救森林火灾的诸多环节中，接近火场是整个扑火过程中最危险的环节。从国内外直接扑救森林火灾中的人员伤亡案例上看，在接近火场这一扑火环节中，发生伤亡的次数和人数最多，且极易发生扑火人员群死群伤事件。为此，在扑救森林火灾中各级指挥员和扑火人员接近火场时不可盲目行动和掉以轻心，应在判明风向、掌握地形、了解可燃物分布及载量的情况下接近火场。

2）不可由上向下接近火场

受火行为影响，林火向山上燃烧时，坡度越陡其蔓延速度越快。当大火向山上燃烧时，无论是火的蔓延速度还是火强度，都会有明显增加。因此，在接近火场时，不可由上向下接近火场。

3）避开大载量细小可燃物区域和垂直可燃物分布地带

可燃物载量的大小及分布状况，会直接影响火强度的高低和燃烧状态。因此，扑火队伍在接近火场时，应避开大载量细小可燃物区域和垂直可燃物分布地带。

4）避开10—18时危险时段

通常在这一时段里气温高，风速大，相对湿度小，特别是细小可燃物含水率低，火强度大，蔓延速度快，易发生伤亡。因此，在大风天气条件下应尽量避开这一危险时段。

2. 接近火场时应把握的要素

1）避开危险风向环境

在大风天气条件下，火场不能形成对流柱，使扑火队伍对火场的距离和位置难以作出准确判断。大风会把大量烟尘顺风送往扑火队伍方向，造成能见度降低，使扑火队伍无法观察火场情况。在大风作用下，火焰会向顺风方向倾斜，降低火焰的相对高度，使扑火队伍看不到火焰，不能准确判断火线的具体位置。接近火场时，林内的树木、灌丛及杂草都会影响透视距离。

2）避开危险地形环境

林火向山上燃烧时，由于受地形影响，热辐射和热对流会向上坡可燃物快速传播大量热量，使其迅速达到燃点，加快向上坡的燃烧速度形成冲火。若此时扑火人员处在冲火上方区域，极易造成人员伤亡。

3）避开危险可燃物环境

森林中的灌丛生长茂密并易燃，人员在灌丛中行动迟缓，易出现险情。宽大草塘中的可燃物为细小可燃物，其燃点低、载量大，加之通风条件好，火的蔓延速度快、释放能量迅速、火强度高，极易发生伤亡。因此，扑火队伍在接近火场时，特别是10—18时，要避开茂密的灌丛及宽大的草塘。

2003年3月28日陕西省佛坪县，在扑救袁家庄镇塘湾村的森林火灾中，15时许部分扑火人员到火头前方，欲开设隔离带拦截火头时，由于开设隔离带的地域内草本可燃物载量大，火头在大风的作用下突然烧入欲隔离区域，造成 10 人死亡。

（二）火线行动安全

1. 突破火线原则

突破火线是指扑火队伍到达火场后，利用扑火装备在火线上打开缺口。

（1）选顺不选逆。就风向而言，应选择顺风或侧风打开缺口，不可逆风实施。

（2）选下不选上。就地形而言，扑火队伍应在火线下方选择有利位置打开缺口，不可在火线上方实施。

（3）选疏不选密。就森林郁闭度而言，应选择疏林地打开缺口，不可在密林地实施。

（4）选小不选大。就可燃物载量而言，应选择可燃物载量小的区域打开缺口，不可在大载量可燃物地域实施。

2. 扑救地表火

1）危险情况

火势突然加大或火头方向突然发生变化，从山上向山下直接扑打上山火，在危险地段扑火或休息时。

2）预防措施

通常扑打火头时，应从火头两翼选择火势较弱地段，采取"一点突破"或"多点突破"，两翼夹击火头，严禁正面迎火头扑打。当火线强度大时，可避开强火打弱火，选择火尾突破，采用多点突进、分兵合围战术追歼火头。

扑打火线时，要紧贴火线。在火场上，扑火队员贴近火线灭火更为安全，当火势较猛，风向倒转，大火回烧或遇大火突袭时，扑火队员可立即从扑灭的火线处撤入火烧迹地内躲避。

当火焰高度超过人高时，热辐射强度大，扑火队员无法靠近火线，故不能进行直接扑打，应采取间接灭火方法。

在扑打上山火时，不可直接迎火头扑打上山火头，因为上山火蔓延速度快、强度大，在火头上方拦截火头，会造成人员伤亡。

在山脚下扑火时要防止山坡上的滚木、滚石造成伤亡；应在被扑灭的火线边缘休息，保证遇有险情可迅速进入火烧迹地避险。严禁在草甸、杂灌、山沟等危险地带休整，夜间清理火场及返回营地时，沿火线清理返回，以防迷山。

3. 扑救地下火

地下火可以烧至矿物层和地下水位上部，蔓延速度缓慢（<5 m/h），温度高、破坏力强、持续时间长，扑救困难。其燃烧形式主要有三种：一是表层可燃物燃烧过后，下层可燃物阴燃跟进；二是火线垂直燃烧；三是下层可燃物的蔓延速度快于表层可燃物的蔓延速度。

1）危险情况

地下火因其对树木根系破坏严重，火烧迹地内易发生树倒伤人。此外，地下火主要发

183

生在有腐殖质层及泥炭层的原始林区，加之下层可燃物的蔓延速度快于表层可燃物的蔓延速度，易发生扑火人员掉入火坑烧伤事故。

2）预防措施

（1）为防止扑火人员掉入火坑，要正确判断下层可燃物的燃烧位置，在外线实施扑救。

（2）禁止扑火人员在火烧迹地内行走，防止树倒伤人。

（3）在枯立木较多区域扑救地下火时，要设立观察哨，时刻观察火场情况，防止发生意外。

4. 扑救树冠火

树冠火多数是由强烈地表火引起的，多发生在可燃物垂直分布与水平分布相连的大郁闭度针叶林。树冠火的火势发展迅猛，燃烧强烈，能量大，伴有飞火发生，扑救树冠火难度大，危险性高。

1）危险情况

火蔓延方向突然改变，火蔓延速度突然加快，大量飞火落在扑火队员后方。

2）预防措施

设立观察哨，时刻侦察周围环境和火势，判断火的蔓延方向，估测火的蔓延速度，时刻观察飞火和火势变化；在林火前方开设隔离带时，应建立安全避险区；点放迎面火的时机，最好选择在夜间进行。

5. 间接灭火安全

间接灭火是指离开火线一定距离采取阻隔手段实施灭火的一种方法。例如，利用自然依托或人为开设依托，在依托内侧边缘点放迎面火或开设隔离带拦截林火等。间接灭火时，需注意以下事项：

（1）不在上山火的上方山坡和山脊线上开设隔离带，应在山的背坡或在地势平坦地域开设隔离带，否则极易造成人员伤亡。

1986年3月29日，云南省玉溪市发生森林火灾，30日林火蔓延威胁到国家重要战备物资仓库，31日早晨3000多人陆续到达距火头2 km的刺桐关东山大箐顶山脊，在山顶海拔2365 m处开设隔离带，12时开设隔离带1000 m后，大部分人员转移到侧翼开设隔离带，留下部分人员休息待命。13时，东南坡的林火烧至谷底后，火瞬间从谷底蔓延到对面山坡形成冲火，伴随高温、浓烟和轰鸣声，迅速冲过隔离带，烧死24人、烧伤96人。

（2）严禁在可燃物载量大的区域近距离开设隔离带。

（3）开设隔离带时，要确定或开设安全避险区域，并明确撤离路线。要将清除的障碍物放到隔离带外侧，防止点火后增加火强度，造成跑火。在可燃物载量大的地段开设手工具阻火线时，清除可燃物后，要挖一锹深一锹宽的阻火沟并砍断树根，把挖出的土覆盖在靠近隔离带外侧的可燃物上。

（4）开设隔离带后，要沿隔离带内侧边缘点放迎面火，不应等待林火烧到隔离带。

四、撤离阶段

1. 队伍转场安全

转场阶段由于灭火人员经过连续奋战，身心疲惫、精力分散，易发生安全事故。

（1）在转场前指挥员要认真组织清点人员和装备，防止人员丢失和装备遗漏。

（2）在转场前要认真检修装备，使之恢复良好技术状态。同时，还要及时补充给养和燃料，保证队伍能够连续扑救，出现险情能够及时处置。

（3）队伍在撤离宿营地前，要彻底熄灭野外生活用火，防止引发新的火灾。

2. 队伍撤离安全

撤离阶段容易造成灭火队员盲目乐观和思想麻痹松懈易引发安全事故。

（1）队伍撤离前要严格验收火场，彻底消除余火，在确保不发生复燃的情况下才能撤离。

（2）撤离前，要收拢人员，清点装备，进行安全教育，按安全规定要求有序组织撤离。

（3）一般情况下，撤离路线是沿火烧迹地边缘按原路返回。在集结地点情况不明时，严禁随意选择撤离路线，严禁随意穿插火烧迹地。

（4）在行进中，时刻保持通信联络。乘机返回时，要选好登机地点，按规定要求乘机。

（5）迷失方向时，千万不可乱走乱找，离开火烧迹地边缘。

（6）归建途中要严格按队伍开进安全要求执行。

（7）灭火队伍撤离归建后，要认真总结安全工作，及时补充装备物资，以利再战。

第三节 火场紧急避险

火场紧急避险是指为使灭火人员免受突然变化的高强度林火袭击而采取的紧急应对措施。它关系到灭火人员和人民群众生命安全，是检验灭火任务完成质量的一个关键，也是实现灭火安全高效的重要保证。从影响灭火安全的主要因素和国内外近几年来发生的灭火伤亡情况综合分析，火场紧急避险具有高危性、突发性、特殊性特点。严格遵守灭火安全规定和操作规程，深入研究灭火安全的特点规律，认真落实教育为先、防护为主、训练为重、救护为辅的要求，实施正确科学指挥。在灭火遇险组织实施紧急避险行动中，指挥员和战斗员要时刻保持清醒头脑，坚持做到不盲目指挥、不违规作业、不冒险行动。灭火队员一旦被林火围困或袭击，要科学果断决策，迅速选择突围和避火路线，采取正确的避险方法，避免发生扑火伤亡。

一、避开危险火环境

避开危险火环境是指当灭火队员突遇大火来袭，威胁灭火队员安全时，采取不与大火直接接触，主动避开，从而保护自身安全的一种方法。灭火作战中要认真勘察火场，对周边地形地貌进行全面了解，遇有狭窄山脊线、鞍部、山谷、高强度上山火、急进树冠火、风力较大的中午时段、易燃灌木丛地带等易发生危险的地域和地段时，不能直接接近火线，应迅速避开危险环境，选择安全区域休整或重新选择路线或突破点。

不宜直接接近火线或接近路线有重大安全隐患时，应主动避开危险地形、危险时段、危险植被类型，选择安全区域休整或重新选择接近路线。此时，指挥员要准确判断火场态势，灭火人员要服从命令，听从指挥。避开避险火环境的主要特点就是易于操作，成功率高，可以最大限度地保证灭火队员的生命安全。

二、预设安全区避险

为保护重点目标安全，灭火人员强行阻截林火蔓延时，应预先在指定位置开设安全避险区域，确保在火势突变时进入安全区避险，保证人身安全。安全区域的开设通常选择在植被稀少、地势相对平坦、距火线较近且处于上风向的有利位置。

预设安全区域，一是坚持宁大勿小的原则，二是要清除地表可燃物，三是在展开前要将开设避险区域及相关注意事项通知灭火人员，四是派出观察哨及时通报火场发展态势。

三、快速转移避险

灭火行动展开后，因气象条件、可燃物的变化，火场瞬间燃烧剧烈，对灭火人员构成威胁时，或在灭火人员接近火场途中误入危险区域时，应快速组织人员、装备转移至农田、河流、植被稀疏地带等安全区域避险，如图7-8所示。

图 7-8　快速转移避险

行动过程中，指挥员应该通过对火场的全面情况进行勘察和调查分析，对火场周边的自然地形地貌和火线发展趋势等情况进行全面了解和准确掌握，如接近火线遇有狭窄的山脊线、山谷、鞍部、高强度上山火等易使人发生危险的路段和区域时，不能直接接近火线，要迅速组织灭火队员避开危险环境，选择安全区域进行灭火或休整伺机进行扑救。这时，指挥员要科学准确地预测和判断接近火场的态势，灭火人员要坚决听从指挥，服从命令，迅速避开危险地段，转移至附近安全区域进行避险。也可进入火烧迹地避险，转移进入火烧迹地避险是避免灭火队员自身遭受大火伤害的最佳避险方式。但要特别注意的是，在火烧迹地避险，要选择无余火或残存量相对较少的地段，尽量远离浓烟和燃烧的火线。用随身携带的湿布或毛巾紧紧捂住口鼻，严防皮肤和呼吸道外露，人机必须分离防止烫伤，装有燃油的机具一定要远离灭火队员避险地点 30 m 以上。

为有效减少现场浓烟和燃烧热浪对人的呼吸道构成的危害，要用各种防护装具做好防护；没有随身携带防护装具时，可用湿毛巾捂住口鼻，外衣包头，最大限度地减少烟毒和燃烧热浪对灭火队员皮肤和呼吸道的直接侵害。随后，及时选择一处火势较弱、烟雾较稀的地段，进入此区域实施避险。奔跑过程中，一定要对火势保持清醒的头脑，不可选择顺风向山上或顺火奔跑。如果火势靠近山地，应选择逆风向山下和顺着冲过山坡较大侧翼的方向奔跑，不可顺火向山上跑。此时，指挥员要因时因势，机断行事，派出观察员对林火发展情况进行跟踪观察，发现异常情况及时报告。

四、点顺风火避险

点顺风火避险（图 7-9）保安全是火场上最为简便、最为适用的一种自救方式。点顺风火避险的关键是高危环境下，及时选择合适的地域，掌握好短时间内点火的技术。点火控制不好，人员安全了，但扩大了火场燃烧面积，延长了灭火时间，增加了灭火难度，加大了林木损失，也会给友邻队伍带去危险；如果火点晚了，风大点不着或烧除的面积小，避险区面积不够，还有被烧伤的可能。

图 7-9　点顺风火避险

选择点火最佳地段应重点把握以下三点：一是选择临近较为开阔、通风较好、植被稀少的地域进行点火；二是采取多点点烧，快速烧除可燃物，清除迹地余火的方法开设安全区，并迅速组织人员转入火烧迹地避险；三是烧除一定区域内可燃物后，人员进入迹地，消灭周边火，清除迹地火，侧风卧倒避火保安全。

点顺风火的实施条件通常为：一是距大火到来的实际时间较短，且火烧迹地地表温度较低时，可迅速顺风点火，人员顺势进入火烧迹地；二是用衣服蒙住头部，用湿毛巾捂住口鼻，并将携带水洒到避险人员的头部和身上；三是如时间紧迫，应采取蹲姿，背部朝向迎风一侧；四是避险人员要相对集中在火烧迹地中央偏前位置，按倒三角形排列。

五、冲越火线避险

当灭火队员被大火包围，来不及实施上述各种避险方法时，可以采取强行冲越火线进入火烧迹地避险（图 7 – 10）。这种避险方法是在没有任何其他办法的前提下，灭火队员面对高强度林火所能采取的最后一搏，危险性极大，非万不得已情况下不宜采用。

图 7 – 10　冲越火线避险

冲越火线时，一是要选择地势相对平坦、植被相对稀疏、火强度较弱、火墙较窄的火线冲越；二是将易燃物资扔出距灭火人员最大距离，用衣服蒙住头部，采取跳跃姿势一口气越过火线；三是利用周边或随身携带的水源，将衣物浸湿，然后再护住头部等部位，迅速冲越火线。穿过火线后，迅速逆风蹲下，用湿毛巾捂住口鼻，将燃烧的衣物脱下。

在实施上述紧急避险过程中，当火烧着灭火队员衣服时，应当实施脱衣避险。

1. 单人自救

衣服燃烧时，迅速解开袖口按扣，两手抓住衣襟，猛力将衣扣拉开；并迅速弯腰、屈膝、低头，抓住后衣领，用力向前下方猛拉，将上衣脱下，并用脱下的衣服扑打其他起火部位。

2. 双人互救

遇险者迅速解开袖口按扣，将上衣上面两个扣子拉开，同时弯腰、屈膝、低头，两臂前伸；另一名灭火队员用左（右）手抓住遇险者后衣领，迅速向后下方猛拉，将遇险者上衣脱下，并用脱下的衣服扑打遇险者其他起火部位。

3. 三人协同

（1）抓衣襟法。遇险者迅速解开袖口按扣成弓步，两名灭火队员同时抓住遇险者衣襟，猛力将遇险者衣扣拉开，由前向后协力将遇险者上衣脱下，并用脱下的衣服扑打遇险者其他起火部位。

（2）抓衣领法。遇险者迅速解开袖口按扣，两名灭火队员同时抓住遇险者，迅速将衣扣拉开，遇险者同时弯腰、屈膝、低头，两臂前伸；其中一名灭火队员抓住遇险者衣领，向后下方猛拉，将遇险者上衣脱下，并用脱下的衣服扑打遇险者其他部位。

习题

1. 危险气象因素对灭火安全有哪些影响？

2. 危险可燃物有哪些种类？

3. 危险时段是如何划分的？

4. 林火行为对发生伤亡的影响有哪些？

5. 突破火线的原则是什么？

6. 接近火场时应把握的要素有哪些？

7. 冲越火线时的要求有哪些？

8. 灭火行动中如何贯彻"人民至上、生命至上"理念？

第八章　森林灭火预案

森林火灾的发生具有不确定性，人们在总结以往经验的基础上，可以在一定程度上分析森林火灾的诱因或前兆。因此，在森林火灾还没有发生的情况下，通过对以往类似或相关事件进行总结分析，制定应对措施，形成应对方案，这样才能在应对森林火灾的过程中有备无患，未雨绸缪。

第一节　森林灭火预案概述

凡事预则立，不预则废。森林火灾的应急处置尤其如此，能否有力、有序、有效地处置森林火灾，直接关系到国家生态安全和人民生命财产安全。

一、森林灭火预案的含义

森林灭火预案是针对可能发生的森林火灾，为保证依法有力有序有效地开展森林火灾应急处置行动、降低人员伤亡和经济损失而预先制定的有关计划或方案。它是在辨识和评估潜在的重大危险、森林火灾类型、发生的可能性及发生过程、事件后果及影响严重程度的基础上，对处置机构与职责、人员、技术、装备、设施（备）、物资、扑救行动及其指挥与协调等方面预先作出的具体安排。它明确了在森林火灾发生之前、发生过程中以及结束之后，谁负责做什么，何时做，以及相应的处置方法和资源准备等。森林灭火预案总目标是控制紧急情况的扩展并尽可能消除危机，将森林火灾对人、财产和环境的危害降到最低限度。

二、森林灭火预案的功能

森林灭火预案的功能表现在以下方面。

1. 准备充分，决策从容

森林灭火预案针对的是责任主体在责任范围内发生或波及的森林火灾。森林火灾突发性强、破坏性大，其应急处置具有情况复杂、难以预见的问题多、需要调度的资源和人员广泛等特点，即使是从事森林火灾应急处置的专业人士也往往缺乏经验。因而，许多同志在危机来临时由于缺乏准备和演练往往会顾此失彼、不知所措。有了预案，才可以做到成竹在胸，从容应对。

2. 机制预设，运作自如

森林火灾的应对工作涉及面广，时间紧，压力大；往往需要多个地区、部门、机构、组织、单位的统一配合、协调联动。森林灭火预案既包括机制性的安排，也包括事务性的安排。而且，很多联动、协调等需要在平时就已经启动、落实，并经过教育、培训、演练演习、检查考核，成为常态性的准备，在需要时召之即来，保证应对处置井然有序。

3. 资源到位，应对得力

森林火灾的应急处置工作，往往需要调度和动用大量社会资源，包括人、财、物等资源。森林灭火预案既要确定需要的物资资源种类、数量和规格，也要通过预案实施保证所需物资资源提前准备到位，避免出现应急处置成为无米之炊。同样，森林灭火预案也要将人力资源和财力资源事先安排；许多专兼职防扑火队伍，需要按照预案来培训，以熟悉和掌握自己的应急职责。

4. 措施明确，环环相扣

通过科学方法制定的森林灭火预案，汲取了前期森林火灾应急处置工作的经验教训，能够较好地把握森林火灾的发展规律，制定出比较合理的处置程序和措施。同时，通过演练，应急管理人员对这些程序和措施能够熟练掌握，在森林火灾发生后，能够按图索骥，根据火灾发展进程，环环相扣，采取应对措施。

三、森林灭火预案的作用

森林灭火预案在应急管理中起关键作用，它是针对可能发生的森林火灾及其影响和后果严重程度，为应急准备和应急响应的各个方面所预先作出的详细安排，是及时有序有效处置森林火灾的行动指南。

具体来说，森林灭火预案在森林火灾扑救中的重要作用体现在以下几方面：

（1）森林灭火预案明确了应急处置的范围和体系，使应急准备和应急响应不再无据可依、无章可循，一旦发生事故，可以有序应对、忙而不乱。

（2）通过编制森林灭火预案，对那些事先无法预料到的森林火灾，也可以起到基本的应急指导作用，成为开展应急处置的"底线"。针对特定危害编制的专项应急预案，制定专门应急措施，可大大提高救援效果。

（3）森林灭火预案有利于作出及时的应急响应，降低事故损失。预案预先明确了应急各方的职责和响应程序，在应急力量和应急资源等方面做了大量准备，可以指导应急救援迅速、高效、有序开展，将事故造成的人员伤亡、财产损失和环境破坏降到最低限度。此外，如果提前制定了预案，对森林火灾发生后必须迅速解决的一些应急恢复问题，森林灭火预案也会起到重要的指导作用。

（4）森林灭火预案建立了与上级单位和部门应急体系的衔接。通过编制森林灭火预案，可以确保当发生超过本级应急能力的重大事故时，及时与有关应急机构进行联系和协调。

（5）森林灭火预案有利于提高风险防范意识。森林灭火预案的编制、评审、发布、宣传、演练、教育和培训，有利于各方了解可能面临的重特大森林火灾及其相应的应急措施，有利于促进各方面提高风险防范意识和能力。其中，培训可以让防扑火队伍熟悉自己的责任，具备完成指定任务所需的相应技能；演习可以检验预案和行动程序，并评估防扑火队伍的技能和整体协调性。

四、森林灭火预案的分类

对森林灭火预案进行分类与分级对于形成森林灭火预案体系、编制森林灭火预案具有重要的指导意义。预案的分类方法：按行政区域进行分类，可划分为国家级、省级、市级、区（市、县）级森林灭火预案；按预案适用范围进行分类，可划分为森林灭火综合预案、森林灭火专项预案和森林灭火现场处置方案；按预案管理方式进行分类，可划分为文本化森林灭火预案、数字化森林灭火预案和智能化森林灭火预案。

（一）按行政区域划分

1. 国家级森林灭火预案

1）国家级森林灭火预案的制定

森林火灾发生、发展及造成后果超过省、自治区、直辖市边界的应急能力以及列为国家级事故隐患、重大危险源的设施或场所，应制定国家级应急预案。我国国家级森林灭火预案有《国家森林草原火灾应急预案》。

2）国家级森林灭火预案的管理

（1）国家森林草原防灭火指挥部：①负责《国家森林草原火灾应急预案》的制定、批准、宣传、演练和修订；②确定专项应急预案种类、牵头制定机关和参加部门，负责组织和批准专项应急预案的制定、宣传、演练和修订；③指导、协调、监督部门应急预案和省级应急预案管理工作；④负责部门应急预案、省级应急预案和专项应急预案的备案工作。

（2）国家森林草原防灭火指挥部成员单位及地方人民政府有关部门：①依据同级综合预案和专项预案中所承担的应急职责，制定、批准、宣传、演练和修订部门应急预案；②参与综合预案的制定修订工作；③牵头或参与有关专项应急预案的制定修订工作；④指导、协调和监督本部门领域有关单位的应急预案编制和管理。

2. 省级森林灭火预案

1）省级森林灭火预案的制定

森林火灾发展超过城市、地区边界，或超出应急能力范围，以及列为省级事故隐患、重大危险源的设施或场所，应制定省级森林灭火预案，协调全省范围内的应急资源和力量，或提供森林火灾发生的城市或地区所没有的特殊技术和设备。

2）省级森林灭火预案的管理

地方人民政府及其森林草原防灭火指挥机构：①负责地方综合预案的制定、批准、宣传、演练和修订；②确定地方专项预案种类、牵头制定机关和参加部门，负责组织和批准专项预案的制定、宣传、演练和修订；③指导、协调、监督地方部门应急预案和下一级人民政府应急预案管理工作；④负责地方部门预案、下一级人民政府综合预案和专项预案的备案工作。

3. 地市级森林灭火预案

地市级森林灭火预案的制定：对城市或地区潜在的森林火灾或发生在两个县或县级市管辖区边界上的需要协调地市级应急资源和力量的森林火灾，应制定地市级应急预案。

地市级森林灭火预案的管理：同省级森林灭火预案管理。

4. 县区级森林灭火预案

县区级森林灭火预案的制定：对县区潜在的森林火灾，应制定县区级应急预案。

县区级森林灭火预案的管理：乡（镇）、街道基层政权组织结合本区域实际情况，制定落实上一级政府森林灭火综合预案、森林灭火专项预案、森林灭火部门预案和其他类型森林火灾的行动方案。

（二）按预案适用范围划分

1. 森林灭火综合预案

森林灭火综合预案也称森林灭火总体预案或战略预案，是预案体系的顶层设计。该预案的核心是提出国家、省、地市、县区层面上的森林火灾应急处置目标及原则，主要功能是从政策上进行引导、从总体上进行布局，时间跨度是数年以上，涵盖内容比较概略而不宜太细。从国家森林灭火综合预案到省、地市、县区森林灭火综合预案要逐级细化，通过森林灭火综合预案可以很清晰地了解应急体系基本构架及预案的文件体系，并可以作为森林火灾扑救工作的基础。如《国家森林草原火灾应急预案》《四川省森林草原火灾应急预案》。

2. 森林灭火专项预案

森林灭火专项预案是应对重点地区（林区）、重大风险点、重要设施、危险目标的紧急森林火灾的应急响应而制定的。森林灭火专项预案是在综合预案的基础上充分考虑某种特定危险的特点，对应急的形式、组织机构、应急活动等进行更具体的阐述，具有较强的针对性。如《处置东北、内蒙古地区重特大森林草原火灾预案》《2021 年秋冬季应对部分省区重特大森林草原火灾专项预案》。

3. 森林灭火现场处置方案

森林灭火现场处置方案是在森林灭火专项预案的基础上，根据具体情况需要而编制，针对特定地区、地形、植被类型、气象条件，通常是恶劣天气、高火险地区等所制定的预案。这类预案在应急行动的时间、地点、人员和活动方面都要清晰、明确和具体。现场预案具有更强的针对性和对现场救援活动更具体的操作性。如《×××大队春季防火期扑救××地区森林草原火灾行动方案》。

除上述 3 个主体组成部分外，森林灭火预案还需要有充足的附件支持，主要包括：有关应急部门、机构或人员的联系方式；重要装备物资的名录或清单；规范化格式文本；关键路线、标识和地图；相关应急预案名录；有关协议或备忘录（包括与相关应急救援部门签订的应急支援协议或备忘录等）。

（三）按预案管理方式划分

1. 文本化森林灭火预案

文本化森林灭火预案简称文本预案，是指政府为了能够快速有效应对森林火灾，根据森林火灾的特点、以往应对处置工作的经验、对森林火灾的预测分析而预先制定的行动方案。它是以文本为表现形式的森林灭火预案，是森林灭火预案的直观表现形式，也是目前森林灭火预案的主要形式。

文本预案以文本形式规定了森林火灾应急处置方法与步骤，明确了各部门的职责，使各部门在事件发生后有条不紊地开展应急工作，提高了应急处置效率。平时各部门根据文本预案进行演练，可以大大提高各有关部门及相关人员对于森林火灾应急处置的熟悉度，这有助于在事件发生后快速有效地进行处置。

但是，在使用文本预案时也存在不方便的地方。例如，表现不够直观形象；操作、查询不便，不能快速有效地提取所需信息；形式单一，不能根据森林火灾发展情况自动关联有直接针对性的处置内容和方法；无法直接获得数据库的支持，难以有效利用大量与森林火灾有关的数据；不能帮助决策者进行信息筛选与整合，可实施的森林火灾扑救方案无法方便地从森林灭火预案基础上形成，森林火灾扑救方案与森林灭火预案的关联度完全依赖于方案制定者对森林灭火预案的把握程度。

因此，开发一种既继承文本预案的优点，又能改善其使用方便性的应急预案系统就显得非常有必要，这也是数字化森林灭火预案被提出的根源。

2. 数字化森林灭火预案

传统文本预案在编制、评审、修订、检索、时效性、可操作性等方面已经无法适应快速合理地处理各种森林火灾的应急要求。对文本预案进行数字化，可以使预案的编制更加规范、更加方便。同时在启动森林灭火预案时可以做到快速响应，提高预案实施效率，并且可以建立覆盖各地区、各部门、各有林单位"横向到边、纵向到底、科学有效"的预案管理体系。数字化森林灭火预案是将文本预案进行数字抽象化，针对森林火灾的应急处置，事先在系统中做了处置方案、救援疏散路线、救援进攻路线等，并且通过地理信息系统（GIS）以直观形象、图文并茂的方式展示给指挥决策人员。

因此，在现代信息技术高速发展的背景下，必须建立一套充分利用网络技术、数据库技术的数字化森林灭火预案系统，以从更大范围，更快捷有效地对预案进行编制、提交、存储、检索、评审、修订和使用。数字化森林灭火预案管理系统如图8-1所示。

1）基于网络技术的森林灭火预案

计算机网络可以实现森林灭火预案的汇集、管理及发布。一方面可以快速高效地整合、管理森林灭火预案；另一方面可以快速发布预案、应急指挥信号和决策信息，真正实

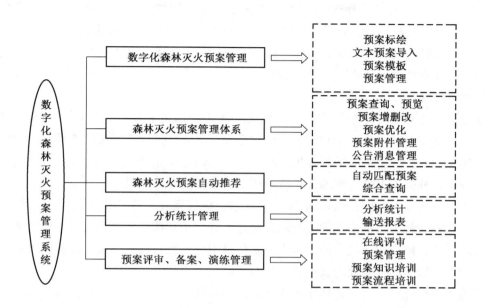

图 8-1　数字化森林灭火预案管理系统

现森林灭火预案的资源共享。它不仅能提供应急管理自动化、降低管理成本，更重要的是保证各级应急单位信息共享的即时性，通过上下级之间的交互平台，真正实现了森林灭火预案的动态化管理。政府管理部门能够及时掌握各重点地区（林区）、重大风险点、重要设施、危险目标的应急资源及预案变化情况。

2）基于仿真技术的森林灭火预案

利用虚拟现实技术和仿真技术，将森林灭火装备和森林火灾现场以 3D 方式真实地再现在计算机上。通过真实数据的三维渲染，接近真实地呈现森林草原地貌情况，并在此基础上进行危险火环境、危险地形等森林火灾的战役推演操作，通过虚拟仿真技术让受训者熟悉林火行为特征和分类，能够身临其境地感知林火类型、蔓延速率和强度特征；根据模拟的气象条件、可燃物条件和地形条件分析火场发展态势，确定科学的灭火方式和灭火路线。

通过建立森林火灾扑救决策的数学模型，开发相应的辅助决策系统，开展森林火灾扑救战术的计算机辅助决策技术研究，加强复杂地形下森林火灾火行为的研究，制定这些情况下的扑火战术标准。

3）基于 GIS 的森林灭火预案

地理信息系统（Geographic Information System，GIS）是运用计算机硬件、软件及网络技术，实现对各种空间信息和空间数据的输入、存储、查询、检索、处理、分析、显示、更新和提供应用的技术系统。它由数据、软硬件及网络、标准、人员、管理 5 部分组成，是创建、管理和运用地理知识以及编辑、制图、空间分析和可视化的信息系统平台。

GIS 使得火灾扑救的调度、指挥可以采用电子地图的直观方式来获取信息，进行分析决策。GIS 为扑火人员提供了图形化的操作界面，使得各种信息的获取更加快捷、方便、直观。利用 GIS 空间分析功能，不仅可以辅助进行分析决策，还可以快速跟踪、推演森林火灾事件的发展规律和对周边事物的影响。

3. 智能化森林灭火预案

高度智能化和实时化是数字化应急预案管理系统的发展趋势，针对某一典型森林火灾，通过建立完备的应急知识和应急案例数据库，将应急处置常识按照森林火灾发生演化的时间顺序和不同应急阶段的特征进行顺序分条存储；运用智能化技术建立应急处置推理机制，分析森林火灾事件发展的某个阶段所应采取的应急处置措施；形成高度智能化的森林火灾应急处置专家系统；综合运用 GPS 技术、物联网技术等现代化定位跟踪技术，实现应急预案各种相关资源信息的实时动态跟踪；开发更加精确的森林火灾事件监测和参数提取技术手段，使应用系统中的森林火灾事件模拟更加贴近其真实演化过程，确保分析结果的准确性，从而实现系统的高度智能化与实时化。

智能化的森林灭火预案管理系统优势是，当森林火灾发生后，由应急指挥人员根据一个或几个相关森林灭火预案，应用事件分析与模拟预测结果，结合空间环境信息、应急资源信息、现场情况信息，通过对有关案例信息的智能检索和分析，并询问相关专家意见，形成应对森林火灾的应急流程与行动方案。

智能化的内容包括森林火灾应急组织体系、森林火灾应急工作流程、森林火灾应急资源调配、森林火灾应急处置方法等，所有这些都是以相关森林灭火预案中规定的内容为基础的。智能方案形成后，通过森林火灾应急平台所具备的手段，系统将自动通知方案中规定的相关人员与部门，自动按照规定将相关信息，如组织体系、处置流程、资源调配、周边环境、事件发展等情况直观地显示出来。

森林灭火预案对于森林火灾应急管理工作有举足轻重的作用，森林灭火预案的好坏直接关系着森林火灾扑救的成败。文本预案是目前我国森林灭火预案的主要形式，虽然在具体森林火灾处置过程中存在如何提高其使用效率等问题，但其重要性仍然是显而易见的。数字预案系统是森林灭火预案的一种重要应用形式，是森林灭火预案得以有效发挥作用的发展方向。数字预案系统的最终目标是生成指导应急行动的智能化森林灭火预案。文本化、数字化与智能化森林灭火预案有内在联系：数字化是文本化的延伸，智能化是数字化的结果与目标；文本化森林灭火预案还需进一步完善，数字化工作则刚刚开始。因此，对于森林灭火预案的应用，仍然有许多工作要做。

第二节　森林灭火预案编制

编制森林灭火预案时应当结合实际，做到重点突出，反映出本地区的主要森林火灾风险，并合理划分各类森林灭火预案的使用范围，保证各类预案之间无缝联结。

一、森林灭火预案的编制路径

森林灭火预案的编制路径决定着森林灭火预案的编制路线和出发点，是编制预案的方法性指导。国内广泛使用的编制路径主要有以下几种。

1. 基于情景的预案编制

基于情景的森林灭火预案编制是以一种森林火灾情景为预案编制的逻辑起点的方法。该方法是：首先设立一处森林火灾情景，然后分析该情景的影响（过程、规模、后果等），再决定适当的响应程序和应对措施。

这些情景既可以作为各级政府制定森林灭火预案的对象，又能够作为应急准备的目标，指导各级政府的森林火灾扑救准备工作。

2. 基于功能的预案编制

基于功能的森林灭火预案编制也叫功能性预案编制，其方法是：确定本行政区划政府在森林火灾处置中必须履行的一般功能，之后设定履行这些功能的部门与机构，以及履行这些功能的行动程序和措施。

3. 基于能力的预案编制

基于能力的森林灭火预案编制是依据一个行政区划应对森林火灾能力而展开一系列响应行动的预案编制方法。其工作任务是：将现有的培训、组织、方案、人员、指挥与管理、装备、设施等恰当地组合起来，去履行必需的应急功能。从过程上看，这种依次确定"情景—任务—能力"的方法，有点像基于情景和基于功能方法的结合体。

事实上，在预案编制实践中，单独使用上述哪一种路径都不普遍。在实际的森林灭火预案编制工作中，需要将上述 3 种路径相结合。

二、森林灭火预案的编制方法

1. 模板法

广泛采用的预案编制方法是模板法。对于没有预案编制经验的单位来说，此方法更为行之有效，且可避免走弯路。

森林灭火预案编制模板是国家森林草原防灭火指挥部制定和发布的，是规定森林灭火预案基本结构和主要内容的框架性工具，是经过反复研究敲定、多次实践证明、能够代表森林火灾应急处置标准程序和正确途径的指导性文件。

模板法是基于森林灭火预案模板，按照规定结构和内容的编制要求与做法，制定本部门（单位）森林灭火预案的方法。这种方法的优点是：第一，它不会遗漏或忽略森林火灾扑救的重要环节和内容，也不会出现程序性错误；第二，它规定的每一项内容都有指导性或提示性导语，对具体内涵作了要求和概述，编制者可以明确无误地填写，不会偏离方向；第三，它为预案的规范化提供了保障，非常便于预案管理。

必须指出的是，森林灭火预案编制模板只是指导性文件，多数只有做什么的内容，没有如何做的内容，许多工作必须由编制者自己按照规范认真分析研究，不能有丝毫忽略和敷衍。比如，风险评估、资源保障、演习演练等各个环节的细节都不能忽视，都要经过严密的分析研究确定。

更需要说明的是，由于模板法依据的是模板，那么模板的科学性就直接决定着编制出的预案的科学性。有的预案模板本身就有诸多瑕疵或漏洞，如果编制者没有丰富的经验，就会在盲从中犯错误。因此，只有认真研究森林火灾应急管理的理论和实践，总结本单位森林火灾应对处置的经验教训，学习和借鉴国内外森林火灾应急响应中的成功方法，才能编制出科学、适用的应急预案。

2. 比照法

由于目前发布的森林灭火预案模板适用面较窄，很多人在预案编制中不得不采用比照法。具体做法是：拿一份同类的森林灭火预案作参照，框架不变或作部分修改，内容可用的基本不变，不可用的部分重新编写，最后形成与原预案体例基本一致的预案。采用这种方法编制出来的预案在目前占相当大的比例。

比照法的优点是将他人的预案作为模板和范例，使用起来非常简单、省力，但容易落入照搬或模仿的窠臼；况且，如果选取的参照预案本身编写得不好，所编制的预案就可能是低水平仿制。所以，用比照法编制预案时，学习完善的同时重点在于突破和创新，真正编制出符合应急需求的预案。

三、森林灭火预案的编制准备

（一）确定预案编制部门

无论是各级政府还是有林单位，在决定编写森林灭火预案的时候，首先要确定参加编制的所有部门或单位。根据森林火灾应急准备和应急响应的需要，以下几类部门必须参加预案编制。

1. 森林火灾应急准备和响应的领导部门

首先应该包括负责启动和指挥应急响应的行政岗位，其次是专项预案中的牵头部门。

2. 参与森林火灾应急响应的部门

这主要是指专业从事应急响应或确定承担应急响应任务的部门。一般包括应急部门、外交部门（仅涉外火灾时参加）、发展改革委、公安部门、工业和信息化部门、交通运输部门、铁路集团有限公司、林草部门、气象部门、民航部门、卫健委、民政部门、财政部门、住房城乡建设部门、商务部门、粮食和储备局、红十字会、宣传部门，如果可能，还应该考虑包括地方驻军和武警。

3. 相关部门

这包括下级行政部门、本地区受影响的大型企事业单位、志愿者组织，以及森林火灾应急响应中需要特别关照的场所，如加油站、林中建筑等。

（二）确定预案编制人员

预案编制委员会（组）由预案编制参与部门的代表、特邀专家以及工作人员组成。预案编制部门选派代表有如下要求。

1. 资格要求

参与人员必须有足够的级别，能够代表其部门或机构在预案编制过程中作出决策和承诺。特别需要指出的是，领导部门的代表应该是主要行政首长（往往不能全程参加），或者是分管行政首长（有可能全程参加），或者是他们委托的代表（应该对领导职责相当了解并承担一定职务，如秘书长、办公室主任）；牵头部门的代表应该是主管领导，至少是分管领导。如果他们不能自始至终参加，要确保有他们委托的代表递补，不能缺席某个环节。

2. 经验要求

最好参加过森林火灾事件的处置，具有森林火灾事件处置经验。此外，这些人员还应熟悉本部门的基本信息，如部门的人员、资源与职责范围，以及本部门相关的应急工作。如某地选派到市级森林灭火预案编制小组的代表，应了解植被、海拔地势、林火发生可能性等情况。

3. 知识要求

参与人员应具备专业知识和应急管理知识。专业知识是指选派人员应具有森林火灾起因、扑救、管理的专业知识。在一个单位中，有单纯从事行政管理者，有单纯从事技术工作者，也有行政与技术"双肩挑"的人员。应急管理知识是指要求熟悉本辖区应急管理工作的规定、程序、内容等。而参与预案编制的人员，最好是"双肩挑"人员。

特邀专家一般是森林火灾事件应急处置的专家和森林灭火预案编制的专家，既可以从当地选择，也可以从其他地区邀请。

工作人员可以从相关机关部门抽调，没有特殊要求。

（三）成立预案编制委员会（组）

森林灭火预案编制是一个复杂的系统工程，需要森林灭火预案编制委员会（组）成员的精诚合作，既要使所有成员配合良好，又要使每一个人都能最大限度地发挥作用。因此，预案编制委员会的恰当组织与磨合，是预案编制成功的前提。

1. 选择委员会（组）主任

预案编制委员会（组）一般设一位主任，两位副主任。主任原则上由能参加编制全过程的来自政府的最高负责人出任，负责编制的全面工作，协调所有涉及的部门以配合编制，特别是管理所有参与编制的人员。副主任中，一位可由应急办的代表出任，负责编制的业务管理；另一位可由预案编制专家出任，负责编制的技术性工作。

2. 组成工作小组

根据预案编制的工作内容，将参加人员分为若干个工作小组，并选出组长。一般分为编写组、资料信息组和管理保障组。

（1）编写组是负责编写预案主体的主业务组，包括各个部门的代表，人员最多。如果是一个比较大的预案（级别较高），为了工作方便，也可以将编写组分为两个甚至三个小组。

（2）资料信息组负责为编写组提供所需要的各种法律法规、文件、相关应急预案、参考资料；负责为成稿的预案编写术语解释和法律法规依据；负责编写预案编制委员会的工作通报，等等。

（3）管理保障组负责预案编制委员会的日常管理，如考勤、通信、会议、办公场所、后勤保障，等等。

各小组组长可以由委员会主任指定或小组成员推选。

（四）准备资料

1. 法律法规

国家、上级政府、主管部门颁布的法律法规和相关文件是预案编制的法律和政策依据。在确定了编制什么样的预案之后，可根据该预案涉及的管辖范围和管理对象，收集用以指导应急准备和应急响应工作的法律法规和政策文件。一般来说，《国家森林草原火灾应急预案》和相关专项预案都是地方政府制定综合预案和专项预案的法律依据。对地方国有林区的预案编制来说，国家和上级政府、主管部门的应急管理方面的法律法规、应急预案都是制定预案的法律依据。在编制预案之前，资料信息组应该将这些资料收集、准备齐全，供编写组学习、参考。

2. 关系预案

关系预案是指与待编写的预案有关联的上级部门预案、横向兄弟部门的预案、系统内的兄弟部门预案。在应急准备和应急响应中，许多工作（环节）需要与他们协调、配合、合作和相互帮助。为了保证预案编写出来之后能够与它们较好地衔接，需要将它们收集过来作为参考。有时候，有的非关系预案也可以收集以作借鉴，比如国内外一些编制得很优秀的森林灭火预案，可以学习其编制方法。

3. 编写指导文件和模板

许多国家的政府为了保证各地能够编写出合乎要求的应急预案，常常颁布预案编写的指导文件，原则上各级地方政府应该按照这些文件要求的格式和方法编写预案。

此外，比这些文件更具体、更具有便利性的，是森林灭火预案的编制模板。模板几乎固化了森林灭火预案的内容和形式，编写人员只要按照模板规定的操作程序和方法，将指定的内容填进去即可。对于基层单位和部门来说，使用模板编写不会偏离应急响应的基本路线，但是容易漠视模板规定的操作过程，将编写过程流于形式。

（五）培训准备

编写人员到位以后，要为预案编写做好知识和技能培训。培训内容包括以下几方面。

1. 法律法规学习

熟悉和掌握预案编制所涉及的相关法律法规的内容，特别是关键点描述，确保编写出的预案符合法律法规和政策要求。

2. 预案编写方法培训

学习预案的实质、预案的构成、编写预案的指导文件和模板、编写工作的方法和程序。

3. 形势认识

学习全国、当地的森林安全形势，了解具有典型性的森林火灾事件响应的案例以及重要的经验教训，认识预案编制的重要性。

四、森林灭火预案的编制过程

应急预案编制过程一般由 5 个步骤构成（图 8 - 2），每一个步骤都有相对固定的内容。对于不同类型的应急预案，这些步骤可以根据需要作适当调整。

图 8 - 2　森林灭火预案的编制步骤

（一）风险分析

风险分析的任务有以下 6 个：①识别一系列可能发生的森林火灾风险；②确定森林火灾风险发生的频率及其造成的破坏；③确定森林火灾风险对辖区所造成的影响；④突出最有可能和最有破坏性的森林火灾风险；⑤确定面对森林火灾风险时辖区的脆弱所在；⑥确定制定各种应急预案的优先顺序。

森林火灾风险分析通常采用五步法。

1. 识别森林火灾风险

该步骤的任务是调查在辖区内已经出现或可能出现的森林火灾事件，形成一份风险清单。风险调查的方法包括：查找历史资料，走访当地长期住户，以及作全面的危险（源）普查。既不要漏掉曾经发生过的森林火灾事件，又要发现新增加的风险元素，比如新建的输配电线、住宅区甚至道路。总之，要确保风险清单全面。

2. 描述森林火灾风险

将森林火灾用应急管理的专门术语对其作全方位限定，这些术语包括周期模式、频率/历史、地理范围、严重性/强度/级别、时间框架、发作速度、可预警性、可管理性等。美国联邦紧急事务管理局制定的风险描述工作表（表 8 - 1）可以作为实施风险描述的参考。

描述森林火灾风险的目的是对清单上列出的所有危险作逐一评估，以便排列出编写专项预案的优先顺序。

表 8-1 风险描述工作表

风险名称：

可能的级别 a （辖区可能受影响部分的百分比）
灾难级的：$a \geqslant 50\%$
严重级的：$25\% \leqslant a < 50\%$
一般级的：$10\% \leqslant a < 25\%$
微小级的：$a < 10\%$

发生频率： 极可能：次年发生概率 β 接近 100% 很可能：次年发生概率或以后 10 年至少发生 1 次的概率在 $10\% \leqslant \beta < 100\%$ 可能：次年发生概率或以后 100 年至少发生 1 次的概率在 $1\% \leqslant \beta < 10\%$ 不太可能：以后 100 年发生概率 $\beta < 1\%$	周期模式：

最有可能受影响的地区：

可能的持续时间：

可能的发作速度 （预警时间的可能长度）：
时间最短 （或没有） 预警时间
6 ~ 12 h 预警时间
12 ~ 24 h 预警时间
24 h 以上预警时间

现有的预警系统：

是否存在脆弱性分析？
是
否

3. 描述辖区关键要素

辖区关键要素是指与森林火灾相关联的构件和环境。构件部分包括森林火灾作用对象、响应处置部门；环境包括地理特征、人口分布、基础设施等。描述的目的是确定可能的受害对象、受害范围和应急响应的资源。可以参考美国联邦应急管理学院的预案编制教科书中关于辖区关键要素描述的格式，见表 8-2。

表 8-2 辖区关键要素描述

要素	地理	财产	基础设施	人口状况	应对机构
要素具体内容	■主要地理特征 ■典型气候类型	■数量 ■类型 ■年代 ■建筑法规 ■关键设备 ■潜在的间接危险	■公共事业建筑、布局、通道 ■通信系统布局、特征、后备 ■道路系统 ■空中水路支持	■人口数量、分布、密集度 ■易受攻击地区的人口数量 ■特殊人群 ■动物数量	■位置 ■联系地点 ■设备 ■服务 ■资源

表 8 - 2（续）

要素	地理	财产	基础设施	人口状况	应对机构
风险分析中的作用	■预测风险因素，以及潜在的危险与间接危险的影响	■预计潜在的危险对地方影响的结果 ■确定可用的资源（如避难所等）	■确定脆弱点 ■准备疏散路线、紧急状态通信，以及预计应对与恢复的需要	■预计灾难对人口影响的结果 ■发布警报信息和公共信息 ■部署撤离与群众照顾	■确定应对能力

注：资料来源于美国联邦应急管理学院相关教学资料。

4. 脆弱性分析

脆弱性是衡量一个社区招致损失的倾向性尺度，是对森林火灾风险的易感性。脆弱性分析是对辖区易发生森林火灾地区的查找和确定。简单地说，进入防火期时，哪里会发生森林火灾？哪里发生林火后会失控？有可能造成多大的生命、财产或经济损失？通过回答上述问题，从而找出最薄弱的环节，这就是脆弱性分析的任务。

通过脆弱性分析，确定管辖区内重点地区（林区）、重大风险点、重要设施、危险目标，为设定应急响应时保护对象的优先权提供依据。

5. 情景设置

通过第一、二步确定了需要优先对待的灾害，通过第三、四步确定了面对灾害需要优先（重点）保护的对象，下一步需要设定一种森林火灾事件的具体情景，作为森林灭火预案针对的目标，这就是情景设置的内容。

应急预案情景是指应急预案的适用情况（情形）和环境，包括森林火灾事件的种类、级别、发生时间、地点、预期影响范围及森林火灾事件应对主体等。这是应急预案的第一个要素，决定着应急预案的指向。

预案的情景设置是在应急预案编制中根据风险评估所设定的森林火灾事件的完整情节、规模和形势。而预案展开的过程，完全是靠情景进展驱动的。所以，情景是预案的逻辑起点和发展依据。

情景设置的常用方法有案例分析法、演习补充法等，一般采用最多的是案例分析法。具体做法是：选择某一种森林火灾事件的若干案例，特别是本地区发生过的或相似地区发生过的案例，以时间为主线总结、描绘出其进程的各个情节及影响，通过综合这些情节和影响勾画出一场森林火灾的全景图；以该全景图为蓝图，结合本辖区情况，制定出本预案的情景。

（二）确定职责

预案编制过程中应当广泛听取有关部门、单位和专家的意见，与相关的预案做好衔接。涉及其他单位职责的，应当书面征求相关单位意见。

（三）分析资源

分析并确定所需要的森林火灾应急响应资源，是为应对处置森林火灾事件准备恰当的武器。

1. 分析资源的目的

资源是应对和处置森林火灾事件所需要的几乎全部要素，包括人力资源、物资资源、装备设施资源、信息资源、财政资源，等等。

分析并确定资源是为了确定：①有效森林火灾应急响应需要资源的种类、数量与规格；②在本辖区内当前拥有哪些资源；③资源现状与应急响应需求的关系（短缺还是过剩）。

2. 分析资源的方法

分析资源的基本方法是以任务定资源。根据上一步确定的职责和任务，分析履行职责、完成这些任务所需要的各种资源和服务，然后研究和确定这些资源的恰当满足方式，其步骤如下。

1）弄清应急响应需要的所有资源和服务

应急响应有若干环节，每一个环节都要求指定的部门采取一个或几个行动，需要特定的资源来实施。因而，必须根据森林火灾应急响应的程序，细化并列出一系列行动的构成，这是确定资源的必要前提。

需要注意的是，森林火灾事件发生后，对应急资源会产生灾害压迫性需求，在正常环境下能够满足需要的资源这时将因为需求量大增而无法满足。比如，疏散路线上的道路会形成通行高峰而堵塞；移动电话也会因使用量激增而瘫痪。所以。在确定所需要的资源时，要留出余量，并安排补充和替代方案。

2）分析现有资源的满足状况

根据情景设置的森林火灾事件规模，确定了所需要的资源和服务总量之后，下一个任务就是分析本辖区现有的资源情况，衡量对应急响应需求的满足程度。基本方法是：对本辖区的应急资源作分门别类的普查，之后对照上一步得出的需求总量，计算出资源差额。

普查时要将资源分为三种形式：储备（现货）可用、征集（含征用和采购）可用和生产可用。储备可用的是最直接的资源，主要的、大宗的资源应该以储备为主。征集可用是半直接资源，届时可能征集不到需要的数量、品种和规格，在计算时应该打折扣，通用的物资和装备可以考虑这种形式。生产可用是间接的资源，形成资源需要一定的周期，对于非紧急需要的资源或非常用的资源可以考虑该形式，在计算时应该标明形成可用资源的时间周期。

3）确定获得不足资源的措施

知道了自有资源和服务的差额，下一步就要确定从何处、用何种方法获得这些资源和服务。一般来说，满足所需资源的途径有：

其一，自己准备。各级政府和林区单位都应该常年准备一定量的主要应急资源，在财政预算和单位开支中要保证恰当的比例用于购买、储备。确认应急资源准备量的一般做法是：保证一级响应时资源需求量的50%左右。在品种上，要以常用的、量大的为主。

其二，申请上级政府调拨。每年中央财政和地方财政都要拨专款用于准备应急资源。在地方发生森林火灾时可以申请上级政府支持。

4）检查落实资源的到位情况

对于预案中确定的应急资源，通过调余补缺后，应该在预案公布、实施的一定时间内到位。因而，本步骤应该是预案制定完成之后在规定的时间完成，是为了保证预案的可实现性。至于谁来检查落实资源到位情况，森林灭火预案编制委员会应该作出安排。

（四）确定响应程序和行动

这是森林灭火预案最关键的环节。在预案编制工作中，该步骤最具有研究内涵和价值。

1. 指导思想

设计森林火灾事件的响应程序和行动时，要树立正确的指导思想。

由于人们将所有森林火灾事件的后果归结为人员伤亡、财产损失和环境破坏三个方面，所以评价对一个森林火灾事件响应的效果，只能从对这三个后果的降低程度来衡量。这就要求预案编制者在设计响应程序和响应行动时，以最大限度保护生命财产和环境为目标。应急救援的优先权排序——抢救生命、防止伤亡、保护财产和环境，就体现了这种思想。

以此为指导，设计响应程序和行动时，要对预警和疏散撤离环节给予高度重视。预警是做好应对灾害准备、避免伤亡的直接前提，对气象灾害等能够预警的灾害要设计周密可靠的响应行动，力争做到完全避免伤亡；对难以预警的灾害要设计必要的监测监控措施，将警情与疏散撤离等保护措施联动起来，最大限度避免或减少伤亡。

2. 应急响应程序的设计流程

确定一个森林火灾事件的响应程序，需要对该森林火灾事件的发生和演化机理有深刻了解和认识。在参考各类森林火灾事件的一般响应程序的前提下，要收集一定量的同类森林火灾事件案例，仔细分析研究其发生、发展的规律，探讨和学习人类应对它们的经验教训，特别是涉及人身伤亡和重大损失的原因。同时，结合本地区的环境、人文、经济、灾害应对手段等，设计出尽可能科学适用的响应程序。其设计流程如图8-3所示。

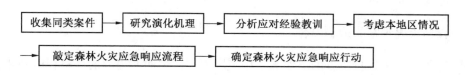

图8-3 森林火灾应急响应程序设计流程

3. 响应行动的设计方法

在确定了一个环节的若干个响应行动之后，要对每一个行动作实践性安排，使之真正确定和落实。一个简便的方法是"七步提问法"。

这个行动是什么？

由谁负责这个行动？

什么时候实施行动？

行动需要多长时间、实际可用的时间有多少？

行动之前发生过什么？

行动之后会发生什么？

实施这个行动需要什么资源？

通过对这些问题的解答，将一个行动的完整信息表现出来，按此设计行动的全部细节。

（五）完成森林灭火预案文本

根据前 4 个步骤的工作，写出森林灭火预案文本。因为预案内容已经规范地确定下来了，因此在完成预案文本时要注意以下技术性要求。

1. 内容合法化

在预案编制中，编制依据部分列举的法律法规，是预案内容的制约条件，必须严格依从。同时，要与已经公布实施的上级政府的、平级政府的和本级政府的其他森林灭火预案相衔接，避免职责和行动的重复与交叉。

2. 形式规范化

（1）结构合理、完整。根据森林灭火预案的标准格式，合理组织预案的章节，预案的基本要素完整，不能出现内容缺失。每个章节及其组成部分在内容上相互衔接，没有脱节和错位。所有需要的附件完整无缺。

（2）语言直白、标准。预案所使用的语言要明确、清晰，句子要短，少用修饰语和缩略语，尽量采取与上级机构一致的格式与术语，不常用的术语要加注解。重要的内容要列清单，操作性的内容要以图、表的方式说明。

3. 使用方便化

预案文本应该考虑使用的便利性，为此，可以在编写方式上增加使用指南，在印刷时不同内容（章节）使用不同颜色的纸张，让使用者很容易找到他们所需要的部分，必要时甚至考虑发布简写本。

五、森林灭火预案的编制内容

不同的预案由于各自所处的层次和适用范围不同，因而在内容的详略程度和侧重点上会有所不同。

（一）森林灭火综合预案

森林灭火综合预案是总体、全面的预案，是从总体上阐述森林火灾的应对工作方针、政策、应急组织结构及相关应急职责、扑救行动、措施和保障、应急预案培训、演练和管理规定等基本要求和程序，是应对处置森林火灾的综合性文件。森林灭火综合预案与森林灭火专项预案和森林灭火现场处置方案不同，综合预案不仅侧重各项职责的规定，还侧重扑救行动的组织协调，为制定专项预案和现场处置方案提供了框架和指导，其内容主要包括以下几部分。

1. 总则

总则是对森林灭火预案的概括性描述，应指明预案编制的目的、依据，明确预案所适用的范围、采取的工作原则和灾害分级规定。

1）编制目的

应阐述森林灭火预案编制的目的。

2）编制依据

应阐述森林灭火预案编制所依据的法律、法规、规章、标准、规范性文件以及相关的应急预案等。如《中华人民共和国森林法》《中华人民共和国草原法》《中华人民共和国突发事件应对法》《森林防火条例》《草原防火条例》《国家突发公共事件总体应急预案》和《国家森林草原火灾应急预案》以及上级文件。

3）适用范围

应说明应急预案适用的范围。

4）工作原则

森林火灾应急处置工作必须有明确的原则和方针作为开展应对工作的纲领。原则和方针应体现应对工作的优先原则。如工作原则上，应明确森林火灾应对工作要坚持统一领导、协调联动，分级负责、属地为主，快速反应、高效应对的原则，实行地方各级人民政府行政首长负责制，省级人民政府是应对本行政区域重大、特别重大森林草原火灾的主体，国家根据森林草原火灾应对工作需要，及时组织应急救援。

5）灾害分级

此部分应介绍森林草原火灾的分级标准。

2. 主要任务

此部分应明确森林火灾扑救的主要任务，包括组织灭火行动、转移疏散人员、保护重要目标、转移重要物资、维护社会稳定等。除组织灭火行动外，要突出解救疏散人员、保护重要目标等内容，使应急处置的主要任务更加具体。

2020年3月30日，四川省西昌市森林火灾不仅造成了19名扑火队员牺牲，而且森林大火直接威胁11家易燃易爆重点单位，包括储存有250 t液化石油气的储配站、加油（气）站、烟花爆竹仓库等，威胁大专院校等19家单位，转移群众3万多人。如果自然条件更加恶劣，扑火中处置不当，后果将不堪设想。

3. 组织指挥体系

此部分应介绍森林草原防灭火指挥机构与职责、组织体系框架描述、应急联动机制、指挥单位任务分工、专家组的建立等内容。要规范森林草原防灭火指挥机构组成、成员单位、任务分工、扑救指挥权限和专家组职能。明确由国务院领导担任国家森林草原防灭火指挥部总指挥，公安部、应急管理部、国家林草局、军委联合参谋部作为副总指挥单位，并对各个单位的主要任务进行明确；对于同时发生三起以上或跨越两个行政区域的森林草原火灾，要提高指挥权限，明确由上一级的森林草原防灭火指挥部负责指挥，完善应对突发火灾的分级负责体制和跨区域协调机制。

指挥部下设扑救指挥、专家支持、综合协调、通信保障、气象服务、宣传报道、火案调查和军队工作组等若干小组，负责扑救行动的整体筹划、组织指挥、协调控制和综合保障等工作，要明确前线指挥的基本内容和流程以及基本的工作制度。要求地方各级政府建立现场指挥机制，规范职责分工，同时突出发挥专家和专业指挥的特殊作用。

4. 处置力量

此部分应明确扑救森林草原火灾时的力量编成和力量调动。

森林火灾扑救以地方专业防扑火队伍、应急航空救援队伍、国家综合性消防救援队伍等受过专业培训的扑火力量为主，解放军和武警部队支援力量为辅，社会救援力量为补充。应首先调动属地力量进行扑救，邻近力量作为补充。必要时可以按照规定申请解放军和武警力量参与扑救，明确公安、武警、驻军、医疗卫生、民政等单位在应急救援中的任务和协调配合的方式方法，进而确定火灾扑救响应机制和启动形式、组织原则和通信指挥方法。

5. 预警和信息报告

此部分应介绍预警分级、预警发布、预警响应及信息报告。要按照"有火必报"的原则，及时、准确、逐级规范报告森林火灾信息，同时要规范需要向上级森林草原防灭火指挥部报告的火灾信息。

6. 应急响应

此部分应介绍分级响应、响应措施、应对工作等内容。

明确以森林草原火灾起数、面积、伤亡人数、敏感程度、是否边境火等指标为启动条件，使响应条件更加具体化，设置等级响应评估建议和审批环节，使响应启动更具科学性，补充救治伤员和善后处置等内容，使响应措施更加完整。

从分级响应、属地负责的责任体系来讲，就同一场火灾而言，从国家层面到省、市、县三级，各级响应启动的条件是不一样的。通俗地说，层级越低，响应启动就要越快越严。同时要注意，启动条件也可以酌情调整，要通过建立灵活的启动机制来支撑。预判可能发展较快、容易失控的，要迅速提高响应等级，包括提级响应；而预判是常规的发展趋势，通常就按常规条件启动响应。

7. 综合保障

此部分应明确输送保障、物资保障、经费保障的方式、程序和制度机制。

8. 后期处置

此部分应明确火灾评估、火因火案查处、约谈整改、责任追究、工作总结、表彰奖励等内容，使火灾应对工作从起始、事中到事后形成一个完整的责任链条。通过约谈整改、责任追究等措施，对工作不到位、处置不得力、责任不落实等问题进行监督整改，特别是对扑救行动中失职渎职造成严重后果的依法追究相应责任。其中，火因火案查处主要是要求有火必查、有案必破；约谈整改主要是对火源管控不力导致人为火灾频发的情况，以约谈整改的方式，对落实管控责任、加强火源管理、切实减少人为火灾发生等相关问题给予提醒、告诫，督促限期整改，做到事前警醒防范，避免因工作不落地，造成人民群众生命财产和生态资源重大损失；责任追究主要是对火灾预防和扑救工作中责任不落实、发现隐患不作为、发生事故隐瞒不报、处置不得力等失职渎职行为，依据《中华人民共和国监察法》等法律法规追究属地责任、部门监管责任、经营主体责任、火源管理责任和组织扑救责任。

9. 附则

此部分应包含名词术语、缩写语和编码的定义与说明，预案管理与更新，国际沟通与协作，奖励与责任，制定与解释部门，预案实施或生效时间等内容。

10. 附录

此部分应包含应急航空救援飞机调用说明、国家综合性消防救援队伍跨区域调用方案、前线指挥部组成及任务分工、各种规范化格式文本，相关机构和人员通讯录等内容。

（二）森林灭火专项预案

森林灭火专项预案是应对重点地区（林区）、重大风险点、重要设施、危险目标的紧急森林火灾的应急响应而制定的应急预案。专项预案应结合综合预案进行编制，对于一些重点地区（林区）、重大风险点、重要设施、危险目标等，因为已经有了综合预案，在编制上应避免重复，而重点强调以下内容：一是要制定疏散、转移、安置群众的具体方案，并作为预案附件内容，明确群众转移方式、路线、安置地域、生活保障以及具体负责的部门和分工；二是要明确重点火险区分布情况、区域面积、植被地形、包含的重点林场、地区等；三是要明确加油（气）站、核设施、军事目标等重要设施目标分布情况和数量情况；四是要统筹本区域内国家综合性消防救援队伍、地方专业队和半专业队、解放军武警和预备役部队最大可动用扑火力量和航空消防力量；五是要明确本区域扑火力量装备、油料、物资等保障工作以及增援力量的集结地域、保障工作，航空力量、主要机型和区域内机场、林航站、临时停机坪分布情况及最大容机量。

专项应急预案可以是综合应急预案的组成部分，也可单独编制，但应按照综合应急预案的程序和要求组织制定。专项预案内容包括情况判断分析、处置原则、主要任务及区分、力量编成和运用、组织指挥、相关保障等内容，同时要明确各级各类指挥机构编成、前线指挥部编成和扑火力量编成。

1. 情况判断分析

针对可能发生的森林火灾及其危害程度进行深入分析，提出具体防范措施，明确可能造成的危害。

2. 处置基本原则

应明确处置森林火灾应当遵循的基本原则。

3. 组织机构及职责

应明确应急救援指挥机构总指挥、副总指挥以及各成员单位或人员的具体职责。应急救援指挥机构可以设置相应的应急救援工作小组，明确各小组的工作任务及主要负责人的职责。

4. 力量编成和运用

应明确森林火灾扑救时的力量编成和力量调动程序。

5. 组织指挥

应急响应和组织指挥按照国家森林草原火灾应急预案和国家扑救森林草原火灾现场指挥机制明确的原则和要求执行。

6. 相关保障

应明确应急处置所需的输送保障、装备物资保障、气象保障、通信保障、油料保障、生活保障和医疗保障等。

（三）森林灭火现场处置方案

森林灭火现场处置方案是在总的指挥原则指导下，根据辖区灭火时机依据地形、可燃物、气象条件、交通情况、兵力布防，由作战指挥机关拟定，制定相应的灭火对策。森林灭火现场处置方案分为三种：森林灭火作战预案、森林灭火作战初期方案、森林灭火作战实施方案。

1. 森林灭火作战预案

森林灭火作战预案是在进入防火期前制定的灭火行动预案。主要包括以下内容。

1）明确本级任务

应明确本级在防火期内所担负的主要任务。通常情况下，消防救援机动队伍在扑救森林火灾战斗中，主要承担以下任务：①扑救森林、草原火灾；②疏散、转移群众；③保护灾区国家、集体财产安全；④保护人民群众的生命财产安全；⑤上级赋予的其他任务。

2）确定本级灭火决心

明确发生森林火灾时的力量调动、指挥关系、完成任务目标。

3）进行力量编成

根据管护区实际，将兵力分成梯队，制成计划，明确先后次序，并确定梯队、分队指挥员。

4）成立指挥机构

（1）成立基本指挥所。确定指挥及各组人员分工，明确其位置及主要任务：①负责与前进指挥所和联合指挥机构的联络，接受上级的命令、指示，及时组织指挥队伍行动；

②搜集各种信息，全面掌握队伍行动及火场发展变化态势；③按照队伍内部分工，做好各项保障工作。

（2）成立前进指挥所。确定指挥及各组人员分工，明确主要任务：①掌握火场的地形地貌、自然和社会情况，分析火场发展趋势；②直接指挥参战队伍实施灭火方案；③掌握灭火人员、装备、给养数量及队伍行动情况，安排灭火任务；④负责火场政治工作和后勤保障工作；⑤负责前指的文件资料整理归档和工作总结。

5）进行车辆编组

明确车辆编号，确定乘行人员。

6）明确组织指挥基本程序

消防救援机动队伍扑救特大森林火灾组织指挥的基本程序分为三个阶段。

（1）准备阶段。其主要工作是：①传达任务，安排工作；②按预案建立指挥机构；③下达预先号令；④准备资料，提出决心建议；⑤召开作战会议，确定开进路线，定下初步决心；⑥检查准备情况；⑦组织各种保障；⑧下达开进命令。

（2）实施阶段。其主要工作是：①组织部队开进；②现地勘察火场，补充明确任务；③组织队伍适时投入灭火战斗；④及时掌握情况，适时调整部署。

（3）结束阶段。其主要工作是：①根据上级指示，组织队伍移交火场；②清点人数和装备；③下达撤离命令，组织队伍撤离；④拟制战斗详报，开展战评工作，整理有关资料。紧急情况下可简化组织指挥程序。

7）组织指挥要求

（1）参战队伍内部要建立自上而下的指挥体系，并由现场最高指挥员负责，按照靠前指挥的要求和联合指挥机构的指示，指挥队伍坚决完成任务。

（2）各级指挥员要熟悉灭火方案，正确领会上级意图，实施靠前指挥。

（3）要准确分析判断火场情况，果断采取各种措施，争取灭火作战的主动权。

（4）必须树立全局观念，加强请示报告，当情况发生变化时，要当机立断，勇于负责，灵活使用力量和运用战术，积极完成任务。

8）确定扑救原则

（1）预有准备，快速反应。熟悉增援地区兵要地志资料和森林火灾动态，及时了解掌握情况，正确判断火灾发展趋势，迅速作出反应，积极主动地投入扑救，力争把损失减少到最低限度。

（2）集中兵力，保障重点。在力量使用上，要根据任务合理编成，做到快速到位，集中使用，梯次配置，留有机动。要形成拳头力量，地空配合，以最快的速度一举将火扑灭。

（3）统一指挥，密切协同。根据上级意图和本级任务，精心部署，严密组织，按照靠前指挥的要求，实施集中统一指挥。与友邻单位密切配合，协同作战，发挥整体威力。

（4）区分火情，积极扑救。要准确判断火情，区分不同情况，全力投入扑救。首先扑灭外线明火，实现外线封控，然后调整部署，逐一扑灭内线明火，尽力减少火灾损失。

9）制定保障计划

保障计划包括：输送保障计划（航空运输计划、铁路运输计划、摩托化开进计划）、通信保障计划、政治工作保障计划、后勤保障计划。

10）对队伍提出要求

搞好战备教育，强化专业训练，落实战备制度，加强安全管理。

2. 森林灭火作战初期方案

灭火作战初期方案是林火发生后，队伍在到达火场之前，根据火情通报的火场面积、林火种类、火场气象条件、植被情况、地形特点制定的初步灭火方案。

3. 森林灭火作战实施方案

灭火作战实施方案是指队伍到达火场后，指挥员经过侦察火场后制定的作战实施方案。制定实施方案时，方案中需要明确的内容有：①前进指挥所的位置；②扑火队伍、工具及带队人员；③确定扑火的技战术；④明确人员到达火场的路线；⑤确定突破火线的位置；⑥明确后勤保障方式；⑦提出安全注意事项。

第三节　森林灭火预案演练

森林灭火预案的演练是应急准备的一个重要环节。国外的应急管理体系中也非常强调应急预案的演练，在美国，地方应急预案委员会（LEPC）每年都要对森林灭火预案的演练进行详细审查和评估；在英国，由卫生安全署（HSE）对森林灭火预案的演练进行严格监督；而在澳大利亚，应急管理署（FEMA）充分调动各个州的积极性和自主性，对森林灭火预案的演练给予规范化指导。在我国，应急预案的演练制度正在完善，森林灭火预案演练作为应急预案演练的一部分，演练程序不断规范化。

一、森林灭火预案的演练类型

（一）按照组织形式划分

按照组织形式划分可分为桌面演练和实战演练。

1. 桌面演练

桌面演练指参演人员利用地图、沙盘、流程图、计算机模拟、视频会议等辅助手段，针对事先假定的演练情景，讨论和推演应急决策及现场处置的过程，从而促进相关人员掌握森林灭火预案中所规定的职责和程序，提高指挥决策和协同配合能力。桌面演练通常在室内完成。

2. 实战演练

实战演练指参演人员利用应急处置涉及的设备和物资，针对事先设置的森林火灾情景及其后续的发展情况，通过实际决策、行动和操作，完成真实应急响应的过程，从而检验和提高相关人员的临场组织指挥、队伍调动、应急处置技能和后勤保障等应急能力。实战演练通常要在特定场所完成。

（二）按照内容划分

按内容划分，应急演练可分为单项演练和综合演练。

1. 单项演练

单项演练指涉及森林灭火预案中特定应急响应功能或现场处置方案中一系列应急响应功能的演练活动，注重针对一个或少数几个参与单位（岗位）的特定环节和功能进行检验。其中重点检验森林灭火预案的指挥、协调、综合功能，以及事前、事中和事后各机构的程序、职责的互动，一般在应急指挥中心或者一个类似应急指挥中心的房间、教室中举行，从而保证森林灭火预案所涉及的所有重要人物，比如各相关部门的负责人参加。

2. 综合演练

综合演练是森林灭火预案的最高层次演练，涉及森林灭火预案中多项或全部应急响应功能，并且要求尽可能模拟应急处置的全面性。综合演练要求所有森林灭火预案涉及的部门、人员、装备都要按照真实发生突发事件的情况到位，设计仿真的突发事件情景，按照森林灭火预案的安排一丝不苟地执行。演练要动员在真实应对中所需要采用的人员、装备和各种资源，全面检验各个相关部门和人员执行森林灭火预案的能力。演练设计得越逼真、越接近真实的火场情况，就越能发现森林灭火预案的不足，也越能培养所有参与者实施预案的能力，从而在真正的森林火灾发生时，就越能从容应对，减少损失。综合演练具有以下特点。

1）演练环境更加突出实战性

综合演练是未来遂行灭火任务的预实践，必须按照实战要求，通过构设逼真的火场环境，使参演队伍始终处于近似实战的现场环境中，按实战要求练指挥、练战法、练协同、练保障，在真演实练中提高队伍实际遂行灭火任务的能力。

2）演练行动更加突出对抗性

森林灭火是人与自然的对抗，火场情况瞬息万变，危机随时发生。增强综合演练的对抗性是遂行灭火任务提升灭火能力的客观要求，也是组织实施综合演练不断追求的目标。应注重将演练地点设置在复杂陌生地域，出难题，设危局，组织队伍与大火实打实地对抗，锤炼队伍战斗精神和消防救援人员血性斗志，提升队伍灵活处置和应对复杂局面的能力。

3）演练内容更加突出系统性

消防救援机动队伍遂行灭火作战任务，往往是军警民联合行动，参战力量多元。灭火实装演练不但可以检验首长的指挥决策水平、机关的指挥控制能力和队伍的行动能力，也可以演练联合作战条件下的联指、联防、联训、联战、联保等问题，组织本级和各方支援力量，全程进行走、打、吃、住、联、管、保的联合演练，进一步理顺指挥关系，增进各力量之间的协同配合，提高整体灭火效能。

4）演练目的更加突出检验性

灭火演练的基本目的是检验评估队伍的灭火能力。因此，无论演练设计也好，还是情况构想也好，都必须紧紧围绕评估队伍作战能力这个核心来进行。

（三）按照目的与作用划分

按目的与作用划分，应急演练可分为检验性演练、示范性演练和研究性演练。

1. 检验性演练

检验性演练指为检验森林灭火预案的可行性、应急准备的充分性、应急机制的协调性及相关人员的应急处置能力而组织的演练。

2. 示范性演练

示范性演练指为向观摩人员展示应急能力或提供示范教学，严格按照森林灭火预案规定开展的表演性演练。

3. 研究性演练

研究性演练指为研究和解决森林火灾应急处置的难点问题，试验新方案、新技术、新装备而组织的演练。

二、预案演练的目的与方案

（一）预案演练的目的

1. 检验预案

通过开展森林灭火预案演练，查找森林灭火预案中存在的问题，进而完善森林灭火预案，提高森林灭火预案的实用性和可操作性。

2. 完善准备

通过开展森林灭火演练，检查火灾应急处置所需消防救援机动队伍、物资、装备、技术等方面的准备情况，发现不足并及时予以调整补充，做好灭火准备工作。

3. 锻炼队伍

通过开展森林灭火预案演练，增强各参演单位的机动能力，指挥员指挥控制能力，消防救援人员灭火作战能力以及灭火指挥部的保障能力。

4. 磨合机制

通过开展森林灭火演练，进一步明确相关单位和人员的职责任务，完善森林灭火机制。

5. 科普宣教

演练是最好的培训。通过开展森林灭火演练，普及森林火灾知识，提高公众风险防范意识和自救互救等灾害应对能力。

（二）预案演练的方案

演练方案是根据演练目的和应达到的演练目标，对演练性质、规模、参演单位和人员、假想事故、情景事件及其顺序、气象条件、响应行动、评价标准与方法、事件尺度等制定的总体设计，是开展演练的主要依据和蓝本。

演练方案的文件体系主要包括以下内容：情况想定、演练计划、评价计划、情景事件总清单、演练控制指南、演练人员手册、通讯录、演练现场规则等（表8-3）。情况想定文件的作用是描述突发事件场景，为演练人员的演练活动提供初始条件和初始事件；演练计划文件则确定了演练的主要目标和任务；评价计划文件是对演练计划中演练目标、评价准则及评价方法的扩展；情景事件总清单文件是演练过程中需引入的情景事件按照时间顺序列表；演练控制指南文件是向控制人员和模拟人员解释与他们相关的演练思想，制定演练控制和模拟活动的基本原则以及说明、相关的通信联系、后勤保障和行政管理等事项。

表8-3 森林灭火应急预案演练方案文件体系

演练方案文件	主 要 内 容
情况想定	发生何种森林火灾，森林火灾的发展速度、强度与危险性，信息的传递方式，采取的应急响应行动；已造成的财产损失和人员伤亡情况；森林火灾的发展过程，森林火灾的发生时间，是否预先发出警报，森林火灾发生地点，森林火灾发生时的气象条件等与演练情景相关的影响因素
演练计划	演练范围、总体思想和原则，演练假设条件、人为事项和模拟行动，演练情景，包含事故说明书、气象及其他背景信息，演练目标、评价准则和评价方法，演练程序，控制人员、评价人员的任务和职责；演练所需要的必要支撑条件和工作步骤
评价计划	对演练目标、评价准则、评价工具及资料、评价程序、评价策略、评价组成以及评价人员在演练准备、实施和总结阶段的职责和任务的详细说明
情景事件总清单	情景事件及其控制消息和期望行动，以及传递控制消息时间或时机
演练控制指南	有关演练控制、模拟和保障等活动的工作程序和职责的说明
演练人员手册	向演练人员提供的有关演练具体信息、程序的说明文件
通讯录	记录关键演练人员联络方式及其所在位置信息
演练现场规则	为确保演练安全制定的对有关演练和演练控制、参与人员职责、实际紧急事件、法规符合性、演练结束程序等事项的规定或要求

三、森林灭火预案的演练准备

森林灭火预案演练的准备阶段主要分为成立导演机构，确定参演人员，选定演练场地，拟制演练方案，拟制演练计划，编写导演文书，培训导调、信息采集、评估和显示人员，组织导演部推演，设置演练场地，演练直前准备10个阶段。

（一）成立导演机构

导演部是演练的组织领导机构，通常根据演练规模、演练准备的需求和组成人员的素质状况等，在演练开始前的适当时机成立。通常设总导演、副总导演、导演评估组、调理采集组、情况显示组和综合保障组等。根据演练需要，还可编配执行导演和若干导演助理。

1. 总导演

总导演是组织队伍演练的最高指挥员，负责演练的全盘工作。其主要职责是组织导演部人员学习与演练有关的理论和其他相关知识；审定演练方案，组织拟制演练计划、导调文书和演练有关规定；组织导演部训练；检查演练准备工作；导演队伍行动，掌握演练情况，控制演练进程；组织演练导调、信息采集、评估及演练保障；组织审定采集的定性信息，认定评估结果；组织演练总结讲评等。

2. 副总导演

副总导演是总导演的助手。其主要职责是组织协调导演部各职能组的工作，完成总导演赋予的各项任务。通常由组织领导演练的本级副职领导担任。

3. 导演评估组

导演评估组通常由训练基地及其他相关人员组成。其主要职责是拟制演练方案、演练实施计划、演练评估计划、演练有关规定，编写导调文书；录入基础数据和想定条件，协调导演部各组完成演练准备工作；协助总导演组织导演部推演；依据演练实施计划适时向演练队伍提供情况，诱导队伍进行演练；根据总导演意图和演练态势，设置临时机构和提供新的演练条件；适时掌握、记录演练情况，将队伍演练信息录入"队伍演练评估系统"，评估队伍作战能力；整理演练队伍的演练信息数据；协调组织演练总结工作。

4. 调理采集组

调理采集组通常以训练基地为主和临时抽调的人员组成，根据需要可分为指挥机关调理采集组、分队调理采集组和机动调理采集组。其主要职责是熟悉演练实施计划、演练评估计划，拟制信息采集计划；根据总导演指示，调理队伍行动；采集队伍演练信息，及时发现、记录队伍问题；分阶段汇总、提交演练信息采集表，配合导演评估组实施评估；负责分层对口讲评。

5. 情况显示组

情况显示组通常由训练基地及临时抽调的有关人员组成。其主要职责是熟悉演练实施计划，拟制情况显示和目标设置计划；组织培训情况显示人员；按计划和总导演指令，组织保障分队设置演练场地，显示演练情况；运用自动采集手段，采集相关演练信息；组织保障分队清理情况显示区域。

6. 综合保障组

综合保障组通常由训练基地和演练保障单位的有关人员组成。其主要职责是熟悉演练实施计划、评估计划以及情况显示和目标设置计划；拟制通信保障计划、物资器材保障计划、车辆保障计划、警戒勤务保障计划、生活保障计划、群众工作计划等各类保障计划；组织培训各类保障人员；组织保障分队搞好技术与通信、演练监控系统等保障，做好安全警戒、生活保障和群众工作。

（二）确定参演人员

演练规模、参演力量通常由上级确定。

（三）选定演练场地

演练场地由导演部根据演练目的和可能的保障条件选定。根据演练规模，选定的场地要有足够的战术容量，能保证队伍展开和行动；具备良好的道路条件，能保证队伍顺利机动。演练场地确定后，导演应在现地明确各演练问题的地段，情况显示分队（人员）的配置位置，演练地区的界线，警戒位置、行进路线和警戒区域等。

（四）拟制演练方案

森林灭火预案演练方案主要内容包括：指导思想与目的，演练课题、性质和代号，演练背景、演练问题及情况构想，组织实施方法，参演单位、出动力量、装备携带及演练地区，演练日程安排，组织领导，有关保障，下步工作计划安排等。拟制灭火实装演练方案，必须以遂行灭火作战任务为背景，结合队伍管护区地形、气候、植被和参战力量构成特点，充分体现新的作战思想和战法，充分考虑信息化手段的运用，充分考虑队伍编制装备实际。

（五）拟制演练计划

演练计划是为实现演练目的，对演练组织与实施中的各项工作所做的筹划和安排。主要包括演练实施计划、演练评估计划、演练保障计划三大类。

1. 演练实施计划

通常在演练方案确定之后，由导演部依据演练方案的总体构想和规定的训练问题，并结合演练队伍编制装备、战斗素养和演练场地具体的天气、地形、植被、水源、交通条件等实际情况拟制演练实施计划，并呈总导演批准。演练实施计划由文首和正文两大部分组成。文首部分通常包括：演练课题、演练目的、演练时间、地图比例尺和年版等。正文部分通常包括：演练阶段、训练问题、演练情况、演练时间（作战与天文时间）、演练地点、导演部工作、演练队伍可能行动等。

2. 演练评估计划

演练评估计划是对演练队伍信息采集和评估工作的具体筹划和安排，是信息采集人员和作战能力评估人员开展工作的主要依据，对于客观、准确地检验评估演练队伍的作战能力和评定其演练成绩具有重要作用。通常由演练评估组依据演练方案、演练实施计划，结合《消防救援机动队伍灭火作战能力评估实施细则》进行拟制，并呈总导演批准。通常包括：训练问题、演练时间（作战与天文时间）、评估项目与指标、信息采集项目与方法、信息采集员数量及分布、完成时限与要求等。

3. 演练保障计划

演练保障计划是为保障队伍演练顺利实施而制定的各种保障计划的统称。主要包括：情况显示计划、火线设置计划、勤务保障计划、通信保障计划、车辆保障计划、物资器材保障计划、群众工作计划等。

（1）情况显示计划，是对演练过程中显示各种战斗或保障情况的具体筹划和安排，是保障人员进行情况显示的基本依据，对于创设近似实战的演练环境，诱导演练队伍进行贴近实战的演练具有重要作用。主要内容包括：演练阶段、情况编号、显示时间、显示内容、显示地域（点）、显示方法、指挥联络方式和信（记）号、显示器材的区分和数量、显示单位（人员）、保障措施、负责人等。

（2）火线设置计划，是对演练过程中设置火线的具体筹划和安排，是保障人员进行火线设置的基本依据，对于创设近似灭火实战的演练环境，真实检验与评估队伍的作战能力具有重要作用。

（3）勤务保障计划，是为维持演练秩序，保证演练正常、有序进行而拟制的勤务实施方案，是勤务人员实施保障行动的基本依据。主要内容包括：机动路线警戒及调整勤务、指挥所搭设（撤收）勤务、指挥所勤务等。

（4）通信保障计划，是演练过程中对导演部内部、导演部与演练队伍之间通信保障情况的具体筹划和安排，是搞好通信保障的基本依据。导演部内部通信保障计划应重点明确导演与各导调组、目标显示组以及综合保障组之间有线通信网与无线通信网的构成，号码资源和电台频率分配，器材设备数量，通信联络规定等。导演部与演练队伍之间的通信保障计划应重点明确队伍指挥通信网的构成，号码资源和电台频率分配，器材设备数量，插入队伍指挥通信网的时机、方式，注意事项等。

（六）编写导演文书

导演文书是诱导队伍演练的基本条件，是以森林灭火预案演练方案为主体编写的。主要包括情况通报类文书、指示命令类文书、请示报告类文书。

1. 情况通报类文书

情况通报类文书是以上级、地方防火部门或友邻的身份通报告知火场情况。主要用于参演队伍了解灭火作战相关情况，通常以火情通报、作战会议纪要的形式编写。

2. 指示命令类文书

指示命令类文书是以上级身份下达灭火作战命令、指示。

（1）命令，是上级对下级下达作战任务的专用文书。主要有预先号令、战备等级转换命令、机动命令、作战命令、撤离火场命令等。

（2）指示，是上级对下级下达的指令性文书。主要包括协同动作指示、通信保障指示、侦察情报保障指示、政治工作指示、后勤保障指示、装备保障指示、现场管理指示及专项指示等。

3. 请示报告类文书

请示报告类文书是以下级身份请求事项或报告情况。

（1）请示，是下级请求上级决定或协助办理的专用文书。如预备力量的使用、装备器材油料的补充等，都应以请示类文书行文，以诱导和检验队伍相关内容的演练。

（2）报告，是下级向上级报告情况的专用文书。按内容可分为综合性报告和单项报告。综合性报告，是对某一阶段情况进行的综合报告，如机动集结情况报告、灭火行动部署情况报告等。单项报告，就是一事一报，如人员伤亡、装备损毁等。

（七）培训导调、信息采集、评估和显示人员

导演部应对导调、信息采集、评估和情况显示人员进行培训，主要是组织学习有关灭火作战理论、熟悉演练文书、熟悉演练区域情况、学习有关规定规则、掌握系统和设备的操作使用等。目的是熟悉各时节情况显示时间、内容、数量、方法、显示器材的操作要领、各种信（记）号和安全规定等。

（八）组织导演部推演

导演部推演是指在各类人员分别培训的基础上，组织导调、信息采集和评估、情况显示及勤务保障人员，按照演练实施计划，以推演形式进行模拟演练全过程的训练。通常由总导演或副总导演组织，按照演练的实际规模、时间和运行过程进行推演，各类工作人员按照职责、任务和协同关系，认真严格地展开工作。通过推演，对各类人员的工作和行动提出改进意见；对想定内容和演练计划中不尽合理的部分予以修改补充；对物资器材、通信联络、情况显示、演练场所等保障环节所暴露的问题采取必要的补救措施。推演一般连贯进行，视工作人员素质和演练要求，可进行一次或多次。

（九）设置演练场地

1. 设置警戒点

在演练区域周边路口、空旷地或制高点设置警戒哨，防止无关人员、牲畜进入演练区域影响演练进程。

2. 设置火线

依据情况构想，根据不同地形、不同植被，按照宜长则长、宜短则短，长短相宜、强弱搭配的各种林火类型和特殊林火行为，构设真实的火场环境。但要注意，由于演练通常在野外有林地进行，存在一定的安全隐患，在特定的天气、地形、植被条件下，一旦控制不好，就容易出现跑火，引发真正的森林火灾，造成不必要的损失。因此在组织演练前，要及时报告地方林业部门，争取工作支持；演练中要提前预设隔离带，落实应急力量，加强观察警戒，确保在可控范围内实施点火。

3. 设置水源

演练场地一般选择在有水源的区域。当没有水源但需要演练以水灭火问题时，可使用储水罐充当水源。

（十）演练直前准备

演练直前准备是指距演练实施开始之前不足 24 h 所进行的准备。演练直前准备是演练准备的重要阶段，对于及时发现与解决演练准备中存在的问题，确保演练顺利实施具有重要作用。演练直前准备主要包括听取准备情况报告、召开演练协调会、检查演练准备工作等三项内容。

四、森林灭火预案的演练实施

（一）导演部工作

1. 导演的主要工作

全面了解情况，掌握推演进程，及时处理演练中的重大问题，精心指导演练全过程；当发现演练失调时，及时采取调整、变更措施，并将调整、变更事项通知有关人员；经常与调理员保持联系，协调各调理组及调理员之间的工作；保证情况显示、调理工作与参演者的行动相协调；检查、督促各项保障、安全工作，及时发现和消除安全隐患。

2. 调理员的主要工作

组织传递、报送演练文书，或提供演练补充条件，或组织情况显示；根据演练内容和导演意图，以灵活的方法和手段，不间断地实施调理；把握好演练进程，掌握上下级情况的通达和处置结果；与导演、调理组保持经常的联系，及时向导调机构报告情况；演练完一个问题或情况，有针对性地进行扼要讲评，肯定成绩，指出不足，提出改进措施。

3. 情况显示（保障）分队（人员）的主要工作

各情况显示、保障分队（人员）根据演练实施进程和导演、调理员的指令，适时进行情况显示；根据演练需要和指令实施警戒勤务、通信联络和生活给养等保障；随着演练的推进，及时变换或转移保障场所；认真履行职责，消除隐患，保障演练安全顺畅地运行。

（二）参演队伍的工作

依据提供的演练条件，按照组织指挥战斗的一般程序、内容，在规定时间内，演练各自动作并接受调理。指挥员重点是分析判断情况、定下决心和处理情况；机关主要是围绕首长定下决心和实现决心这两个基本环节，展开业务工作；队伍（分队）按照指挥员和机关指示，严肃认真、灵活逼真地进行演练。

1. 启动应急响应

通常在火灾发生后，根据国家、地方应急指挥机构或者队伍上级、本级首长命令指示实施。主要有五项工作：一是了解核实火灾发生的时间、地点、规模、火场气象、地形、植被、水源、交通、驻地社民情，地方党委政府采取的措施，以及上级意图、队伍任务和出动力量数量等；二是加强应急值班或者开设基本指挥所，视情况派出前进指挥所（组），向队伍通报情况；三是启用指挥信息系统，收集各种作战数据，组织应急指挥通信，沟通与军地各方灭火力量的通信联络；四是传达上级指示，分析判断情况，计划安排工作，请示报告用兵事项；五是视情况下达预先号令，通报事件的简要情况，明确队伍（分队）将要遂行的概略任务，队伍（分队）应进行的人员、思想、装备物资等准备，完成准备的时限，有关要求等。

2. 组织力量投送

主要有四项工作：一是研究确定机动方式、路线，调整补充物资装备器材，组织队伍做好机动准备；二是派出先遣组勘察机动路线，与交通运输部门沟通协调，落实机动途中保障，与火灾地党委政府和应急部门先期对接任务；三是下达机动命令，明确出动人数、携（运）行装备、梯队编成、机动方式和路线、出发（集结）地、出发（到达）时间、途中保障以及到位后主要任务等，组织队伍机动；四是实时掌握队伍机动情况，加强机动途中指挥控制，将灭火队伍快速投送到位。

3. 组织直前准备

通常在队伍到达任务地域后、展开灭火行动前实施。主要有五项工作：一是参加现场应急指挥机构（联指），领会上级意图、了解情况、明确任务，提出灭火行动建议，参与联合指挥；二是组织开设前进指挥所（组）、开通指挥信息系统，组织各指挥要素展开工作；三是组织火场勘察，了解掌握当前火场态势及发展趋势；四是根据上级意图和火场态势，定下灭火行动决心，明确具体任务、力量编成、处置原则及方法、组织指挥、协同动作、各项保障、完成准备时限等，依据灭火行动决心制定行动方案和相关保障计划；五是组织动员教育，落实各项保障，视情况展开针对性训练，及时对队伍（分队）理解上级意图和本级任务以及人员思想、装备物资、临战训练、指挥通信等直前准备情况进行检查。

4. 组织灭火行动

通常在地方应急指挥机构（联指）下达命令后实施。主要有两项工作：一是根据上级决心意图、火场态势和队伍情况，在综合权衡利弊的基础上，准确选择灭火时机，及时下达命令，主要内容包括火情判断结论，上级意图，本级决心及任务，各队伍（分队）编成、配置、任务，携带装备种类和数量，友邻任务、分界线及结合部保障，灭火原则及情况处置方法，组织指挥，协同动作，各项保障，完成处置行动准备时限等；二是掌握灭火行动进展情况，按照灭火决心和计划，围绕主要方向和执行主要任务队伍（分队），适时调控队伍行动，组织协同动作和各项保障。

5. 组织后续行动

通常在主要灭火行动完成，火情得到基本控制后实施。主要有两项工作：一是了解掌握火情后续发展（是否实现"三无"，有无复燃可能），参战队伍人员伤亡和武器装备损耗及主要战果；二是根据地方应急指挥机构（联指）统一部署，适时调整任务及力量部署。

6. 组织撤离返营

通常在完成灭火任务后，根据地方应急指挥机构（联指）及队伍上级指挥机构的命令指示实施。主要有四项工作：一是研究确定回撤计划，下达撤离命令，明确撤离时间、路线、机动方式、完成准备时限以及有关要求等；二是组织清点装备物资、移交火场等；三是检查群众纪律，归还临时使用的场地、物资，协调开展补偿工作；四是组织返营输送、休整，整理相关资料，做好总结、表彰、慰问、抚恤等工作。

五、森林灭火预案演练评估

森林灭火预案的演练评估是围绕森林灭火预案演练目标和要求，对演练的准备、实施、结束进行全过程、全方位的跟踪考察，查找演练中暴露出的错误、不足和缺失之处，对演练效果作出判定，并举一反三，对有关灭火工作提出改进意见和建议。通过演练，进一步总结完善对策手段，提高队伍灭火作战（行动）能力。总结时，应着重查找组织指挥、战斗编成、战法运用、队伍行动、综合保障等方面的问题。

（一）目的与作用

1. 森林灭火预案演练评估的目的

森林灭火预案演练评估的目的主要有以下几个方面：

（1）发现预案文本存在的问题和不足。

（2）各参演人员的职能履行、技术操作、协调配合、设备设施运行等执行方面存在的问题和不足。

（3）判定森林灭火行动成效，即完成程度如何，如成功、失败等。

（4）举一反三，对森林灭火预案及行动提出改进意见和建议。

2. 森林灭火预案演练评估的作用

通过演练评估，不仅能发现演练暴露出的一些表面问题，同时通过集思广益，深入讨论，还能发现一些深层次问题，通过集体的智慧，最大限度地发掘演练价值，为森林灭火行动的改进提出系统全面的建议。演练评估对森林灭火行动的改进具有非常重要的作用。一次演练评估所得，其价值不逊于一次实战的经验所得，对于提高森林灭火实战水平具有重要作用。

（二）评估内容

森林灭火演练评估的内容是全过程、全方位的，主要包括：

（1）人员行动情况，包括是否履行森林火灾处置原则，任务完成程度如何，效果如何。

（2）组织协调联动机制是否按照既定要求建立运行，效果如何。

（3）森林灭火装备、设施运行情况，是否完好，效果如何。

（4）组织、人员、队伍、装备、设施、技术、措施等方面存在的各种问题。

（5）改进意见和建议。

（三）评估依据

演练评估主要依据包括有关法律、法规、标准及有关规定和要求，演练涉及的相关森林灭火预案和演练文件，相关技术标准、操作规程、应急救援典型案例等文献。

（四）评估程序

评估程序可分成评估准备、评估实施和评估总结三个步骤。

（1）评估准备：主要是前期演练评估策划，包括成立评估小组、人员培训、有关评估文件制作等。

（2）评估实施：与演练行动同步启动，对需要评估的内容进行全过程、全方位跟踪考察、记录、分析。

（3）评估总结：对评估内容进行全面分析，分析存在的各种不足和问题，判定演练成效，对有关应急工作提出改进意见和建议。

（五）评估准备

1. 成立评估小组

评估小组可由本单位森林灭火预案演练与评估的人员组成，最好由本单位及外部专家共同组成，并由外部具有较高专业水平的人员担任评估小组组长，保证评估客观真实。评估人员应诚实守信，思维敏捷，具备良好的思想品质，丰富的专业知识，较好的语言、文字表达能力和组织协调能力。评估人员数量根据森林灭火预案演练规模和类型合理选定，不可过少，也不必过多。

2. 评估小组任务确定

由演练策划小组将演练的类型、对象、目标、时间等相关资料提交给评估小组。评估小组要明确评价人员各自职责与分工，明确评价方法，编制评估工作方案。

3. 培训评估人员

评估人员了解演练日程、演练现场规则、演练方案、模拟事故等事项，掌握森林灭火预案和执行程序，熟悉森林灭火预案演练评估方法。

评估方法优选表格打分法，即把要评估的内容设计成表格，并进行量化打分，对重大、关键内容应设否决项。

（六）评估实施

1. 记录演练表现

演练过程中，评估人员记录并收集演练情况。应根据需要采用计时设备、摄像或录音设备等现代辅助手段，以便事后回放、研判分析。

演练结束后，评估人员应立即访谈演练人员，咨询演练人员对演练过程的意见和建议，特别是询问问题与不足。

2. 编写初步评估报告

演练结束，如要立即召开演练总结会，评估小组应尽快形成演练效果初步评估报告。列出重大问题，指出明显成绩，作出演练总体成功、基本成功、基本失败、失败等初步结论。

3. 汇报、讨论与评定

评估小组尽快将初步评价结果报告策划小组，策划小组应尽快吸取评估人员对演练过程的观察与分析，确定演练效果评估结论，确定采取何种纠正措施。一般来讲，评估结论可分为4个等级。

（1）总体成功：演练总体按照演练策划方案顺利进行，虽有策划不周、操作不妥等不足之处，但没有明显的缺陷，圆满实现了既定的演练目标。

（2）基本成功：演练总体按照演练策划方案进行，既定的演练目标基本实现，但出现较大缺陷和不足。

（3）基本失败：演练基本按照演练策划方案进行，但是个别重要演练目标没有实现。

（4）失败：在演练过程中，出现重大错误、不足或缺陷，并导致既定的演练目标总体没有实现，甚至发生了不应发生的人员伤亡，正常生产受到严重影响，周围公众生活受到损害等事故。

（七）改进跟踪

改进跟踪是指导演部在演练总结与讲评过程结束之后，安排人员督促相关执行主要任务队伍（分队）解决发现的问题或改进事项的活动。为确保参演执行主要任务队伍（分队）能从演练中取得最大益处，导演部应对演练中发现的问题进行充分研究，确定导致该问题的根本原因、纠正方法、纠正措施及完成时间，并指定专人负责对演练中发现的不足项和整改项的纠正过程实施追踪，监督、检查纠正措施的进展情况，确保在以后的应急响应中不出现同样问题。

总之，森林灭火预案演练要重点与提高实战能力有机结合，与普及应急处置知识有机结合，与提高忧患意识和应急能力有机结合。针对目前演练的主要问题，一要突出重点，不要求大求全；二要注重实效，不要流于形式；三要厉行节约，不要铺张浪费；四要不怕在演练过程中发现问题；五要确保演练过程中的安全。

📖 习题

1. "分级负责"原则中"级"的内涵是什么？
2. "分级负责"在实施过程中应该注意什么问题？
3. 森林灭火预案的构成要素有哪些？
4. 编制森林灭火预案有哪些注意事项？
5. 森林灭火预案演练在实际扑火中的作用是什么？
6. 如何通过森林灭火预案演练来保障预案的有效性？

参 考 文 献

［1］ AGEE J K, SKINNER C N. Basic principles of forest fuel reduction treatments ［J］. Forest Ecology and Management, 2005, 211 (1 – 2): 83 – 96.

［2］ BENSCOTER B W, THOMPSON D K, WADDINGTON J M, et al. Interactive effects of vegetation, soil moisture and bulk density on depth of burning of thick organic soils ［J］. International Journal of Wildland Fire, 2011, 20 (3): 418 – 429.

［3］ ELLISON D, MORRIS C E, LOCATELLI B, et al. Trees, forests and water: Cool insights for a hot world ［J］. Global Environmental Change, 2017, 43: 51 – 61.

［4］ STUART M, ANDDREW L, SULLIVAN L, et al. Climate change, fuel and fire behavior in a eucalypt forest ［J］. Global Change Biology, 2012, 18 (10): 3212 – 3219.

［5］ 齐方忠, 殷继艳. 林火原理与应用 ［M］. 北京: 中国林业出版社, 2020.

［6］ 白夜, 王博, 武英达, 等. 2021 年全球森林火灾综述 ［J］. 消防科学与技术, 2022, 41 (5): 705 – 709.

［7］ 秦富仓, 王玉霞. 林火原理 ［M］. 北京: 机械工业出版社, 2014.

［8］ 陈长坤. 燃烧学 ［M］. 北京: 机械工业出版社, 2012.

［9］ 曹萌, 白夜, 郭赞权, 等. 妙峰山林场针阔枯叶可燃物地表火行为影响因素研究 ［J］. 消防科学与技术, 2021, 40 (7): 1078 – 1081.

［10］ 吴大明, 陈阳, 李文清, 等. 全球森林火灾现状与典型案例启示 ［J］. 中国减灾, 2020 (19): 10 – 15.

［11］ 王秋华, 舒立福, 何诚, 等. 无人机在森林消防中的应用探讨 ［J］. 林业机械与木工设备, 2017, 45 (3): 4 – 8.

［12］ 魏宏征. 甘肃子午岭林区森林防火工作面临的问题与应对策略 ［J］. 森林防火, 2020 (3): 1 – 4, 23.

［13］ 褚腾飞, 孙广明, 李宇. 黑龙江大兴安岭地区火源管理工作探讨 ［J］. 森林防火, 2020 (3): 24 – 27.

［14］ 郭明昌, 闫方进. 甘肃迭部林区森林火灾预防与扑救措施浅析 ［J］. 森林防火, 2020 (3): 9 – 12.

［15］ 郑尚平. 新时期三明市森林防火工作的实践探索 ［J］. 林业勘察设计, 2020, 40 (2): 23 – 26.

［16］ 王桢, 何建勇. 森林防火: 保护绿水青山, 森林防火当先 ［J］. 绿化与生活, 2017 (12): 7 – 10.

［17］ 白夜, 王博, 武英达. 加强我国森林消防指挥员培训的思考 ［J］. 森林防火, 2020 (1): 16 – 17, 26.

［18］ 张明灿. 消防救援队伍参加森林火灾扑救新实践新路径 ［N］. 中国应急管理报, 2020 – 04 – 18 (007).

［19］ 黄苑英. 浅谈森林火灾的预防与扑救 ［J］. 低碳世界, 2020, 10 (9): 205 – 206.

［20］ 郑春生. 远程供水系统在火灾扑救中的应用探讨 ［J］. 消防科学与技术, 2016, 35 (8): 1145 – 1148.

［21］ 石宽, 白夜, 郭赞权, 等. 森林火灾以水灭火实战能力探究及分析 ［J］. 消防科学与技术, 2021, 40 (1): 12 – 15.

［22］ 金可参, 马学金, 李全斌. 以水灭火是扑救森林火灾的最佳选择 ［J］. 森林防火, 1993 (1):

22 – 25.

［23］潘颖瑛，潘江灵，茅史亮，等．浅谈水在浙江森林消防工作中的应用及发展［J］．森林防火，2014（1）：28 – 31.

［24］龙腾腾，王儒龙，王猛，等．基于"人 – 机 – 环"系统的山地森林灭火和以火攻火实践［J］．森林防火，2019（4）：44 – 47.

［25］刘智超．自走式风水灭火机的设计与研究［D］．哈尔滨：东北林业大学，2020.

［26］魏建珩，张文文，闫想想，等．集雨井在森林消防中的应用研究综述［J］．防护林科技，2020（1）：66 – 69.

［27］阎铁铮，于泽蛟，李文馨，等．北方森林航空消防发展思路的探讨［J］．森林防火，2014（3）：30 – 33.

［28］闫铁铮，胡博文，闫德民，等．森林航空消防在森林火灾扑救中的作用分析［J］．森林防火，2019（1）：41 – 45.

［29］闫鹏，杨帅．试析我国森林航空消防建设现状与发展需求［J］．森林防火，2020（1）：41 – 43.

［30］滕波，严恩泽，滕志奇，等．森林火灾应急通信保障方案研究与设计［J］．软件导刊，2020，19（8）：192 – 196.

［31］徐兴东，吕永进，王相波，等．试论无人机技术在林业工作中的应用［J］．农业与技术，2020，40（18）：83 – 84.

［32］崔航，张运林，舒展．轮式森林消防车与高压储能式脉冲灭火水枪的组合与应用［J］．中南林业科技大学学报，2018，38（3）：109 – 114.

［33］蔡胜安．基于 Android 的灭火资源调度系统［D］．长沙：中南林业科技大学，2019.

［34］张文文，王秋华，闫想想，等．森林草原防火灭火装备研究进展［J］．林业机械与木工设备，2020，48（5）：9 – 14.

［35］王佩，齐方忠，郭赞权．森林灭火实训基地建设路径的探索与思考［J］．消防科学与技术，2022，41（1）：128 – 132.

［36］孙辉，穆绍禹．森林灭火装备实战教学探索研究［J］．林业机械与木工设备，2021，49（12）：76 – 78.

［37］王默，唐静静．森林灭火指挥"一张图"系统建设研究［J］．电子世界，2021（12）：90 – 91，94.

［38］齐方忠．森林防灭火指挥人才培养模式研究与实践［J］．武警学院学报，2011，27（6）：73 – 76.

［39］毛学刚．森林灭火仿真系统的设计与实现［D］．哈尔滨：东北林业大学，2008.

［40］马玉春，赵彦飞．森林灭火安全防范与紧急避险探讨［J］．消防科学与技术，2021，40（1）：5 – 7.